M262 物联网控制器应用技术

李 融 龚子华 编著

机械工业出版社

本书主要以施耐德电气在OEM领域主推的Modicon M262工业物联网控制器为题材，不仅全方位地介绍了Modicon M262控制器的硬件结构、刷固件、上下载程序、Modbus通信、Ethernet/IP通信、CANopen通信等传统应用，并且全面地面向读者剖析了OPC通信、SERCOS通信、CNC功能应用、工业物联网等高级应用。在工业4.0背景下，工业物联网应用成为PLC发展的必然趋势，本书从工业物联网MQTT、HTTP、FTP、SQL、CSV、JSON、XML、Email、TCP/UDP、DNS等应用出发，详细地介绍了在EcoStruxure Machine Expert平台下的Modicon M262控制器相关功能块的应用。

本书注重实用性，主要读者为自动化从业人员、工程技术人员，同时也适合高等院校相关专业的师生阅读。通过学习本书不仅能够提升Modicon M262控制器的编程实践能力，还能提高SERCOS运动总线下运动控制的应用能力。

图书在版编目（CIP）数据

M262物联网控制器应用技术 / 李融，龚子华编著 . —北京：机械工业出版社，2023.5（2024.1重印）

ISBN 978-7-111-73089-7

Ⅰ . ① M… Ⅱ . ①李… ②龚… Ⅲ . ①物联网 – 通信技术 – 研究 Ⅳ . ① TP393.4 ② TP18

中国国家版本馆 CIP 数据核字（2023）第 074188 号

机械工业出版社（北京市百万庄大街 22 号 邮政编码 100037）
策划编辑：林春泉　　　　　责任编辑：林春泉　杨　琼
责任校对：梁　园　翟天睿　封面设计：马若濛
责任印制：邬　敏
中煤（北京）印务有限公司印刷
2024 年 1 月第 1 版第 2 次印刷
184mm×260mm · 19 印张 · 453 千字
标准书号：ISBN 978-7-111-73089-7
定价：99.00 元

电话服务　　　　　　　　网络服务
客服电话：010-88361066　机 工 官 网：www.cmpbook.com
　　　　　010-88379833　机 工 官 博：weibo.com/cmp1952
　　　　　010-68326294　金 书 网：www.golden-book.com
封底无防伪标均为盗版　机工教育服务网：www.cmpedu.com

序
PREFACE

近年来，随着中国政府对碳中和、碳达峰做出承诺以及"中国制造2025"的持续推进，以及人口基数的变化等因素，中国工业企业的挑战和机遇都空前巨大。数字化转型和变革对于每个工业企业来说都是一道"必答题"。在此背景下，基于互联和移动技术的工业物联网的快速发展，会极大地加速产业的"四维融合"，即能效管理和自动化融合、云边融合、从设计建造到运营维护的融合、从分散式管理到集成式企业管理的融合。

新的挑战会带来新的机遇，施耐德电气推出的 Eco-StruXure 三层架构，从互联互通产品到边缘控制，再到应用分析及服务会帮助广大的工业企业迎接挑战并抓住机遇，帮助中国工业企业快速并高质的发展，加速数字化转型及智能制造并积极实现双碳战略。在边缘控制层，适用于 OT 与 IT 技术结合的控制产品会是未来的一个大的趋势。由施耐德电气资深的技术专家李融和龚子华领衔编写的《M262 物联网控制器应用技术》一书，深入浅出地阐述了基于工业物联网技术的 M262 控制器的硬件特性、应用编程，以及各种实际应用案例。同时为广大读者，特别是对工业自动化技术人员从传统的 PLC 到基于工业互联的新技术中 PLC 的应用打开了一扇窗。本书详细地阐述了各种先进技术，还非常注重实用性，对广大工程技术人员是非常好的参考书，对高校的教学发展亦如此。

施耐德电气秉承着从实际出发，坚持创新，洞察各种前沿技术并积极地推广到社会，在此特别感谢李融和龚子华两位专家，理论与实际相结合，积极地推动新技术的应用，为中国工业的进步添砖加瓦。

期待该书早日上市，以飨读者！

施耐德电气（中国）有限公司 副总裁
工业自动化 OEM 业务负责人
崔志达
2023 年 3 月

前言
PREFACE

Modicon M262 控制器，支持逻辑 / 运动控制器，内嵌工业物联网（IIoT）协议和安全加密（TLS）功能，可以提供直接云连接和数字化服务。内嵌工业物联网（IIoT）是指相互连接的仪器和使用计算机的工业应用，包括制造和能源管理联网在一起的其他装置。这种连通性允许数据收集、交换和分析，从而促进生产力和效率的提高以及收获其他经济利益。IIoT 是分布式控制系统（DCS）的发展，它通过使用云计算来完善和优化过程控制，从而实现了更高程度的自动化。Modicon M262 控制器是施耐德电气在 OEM 领域主推的控制器，适用于高性能机器，可将机器整合至云端和本地环境中。

本书首先从 Modicon M262 控制器硬件结构出发，结合其环境特性、电源特性、编程环境等内容阐述了 Modicon M262 控制器本体的 IO、编码器接口、Mini-USB 编程口、串口、以太网口等。进一步介绍了 Modicon M262 控制器的扩展功能，包括扩展通信、连接 TM3 I/O、TM5 I/O、TM7 I/O（安全 I/O）等。介绍了基础应用如何刷固件、上下载程序，首次联机 Modicon M262 控制器、取消用户管理权限、上传下载程序及使用离线帮助等，介绍了结合 Modicon M262 控制器强大的通信能力，本体的 Modbus RJ45 口支持 RTU、ASCII、IOScanner、Machine_Expert_Network_Manager 等方式。本体的以太网 1 口支持 SERCOS（运动控制器）总线协议，包括高速总线 SERCOS 配置等应用，从单轴控制到多轴控制，从实轴到虚轴，从电子齿轮到电子凸轮，从增量式编码器到 SSI 编码器以及 SERCOS 总线在 Modicon M262 控制器中的应用。基于 SERCOS 总线的数控机床（CNC）应用，介绍了常用的 G 代码、CNC 编辑工具、CNC 基本功能块、H 功能、M 功能以及导入 CAD 文件生成 G 代码等应用，以及后到本体的以太网 2，支持 Modbus TCP/EtherNet/ IP 双向并行运行，EtherNet/ IP 同施耐德变频器、TM3BCEIP IO 从站相关的配置及设置。基于以太网 2 物理口的 OPC，Modicon M262 控制器支持 OPC UA 的同时也支持 OPC DA，分别从不同的维度介绍了 OPC DA 同施耐德 OPC 软件 OFS 通信的示例以及 OPC UA 同 OPC 测试工具 UA Expert 通信的示例。对于扩展 CANopen 通信口，介绍了同施耐德伺服 Lxm28A 通信配置中的接线、组态、配置、编程等全过程。在 Modicon M262 控制器内嵌的工业物联网协议应用，阐述了在 EcoStruxure Machine Expert 平台下添加相关库文件来支持 MQTT、HTTP、FTP、SQL、CSV、JSON、XML、Email、TCPUDP、DNS 等相关功能块的应用以及相关编程实例。最后介绍了 Modicon M262 控制器的一些高级应用，比如 Modicon M262 控制器与施耐德触摸屏软件 Vijeo Designer 的仿真连接、ESME 平台仿真与 Vijeo Designer 仿真连接等；Modicon M262 控制器与 HMI、Scada 通信时地址对应关系，Modicon M262 控制器通过串口与计算机上的 Vijeo Designer 仿真连接，以及 ESME 平台下载 PLC 中添加配方的应用。通过本书的学习就可以得心应手地应用 Modicon M262 控制器。

本书由施耐德电气专家李融、龚子华共同编写，近 20 年来我们长期致力于客户现场应用，熟悉 OEM 客户的各种机型，积累了许多宝贵的经验。

在本书的编写过程中，施耐德电气（中国）有限公司高级副总裁庞邢健先生、施耐德电气（中国）有限公司工业事业部副总裁崔志达先生、上海区区域经理李文亮先生、技术能力中心经理沈伟峰先生、技术专家李幼涵、王兆宇、刘允松、杜云飞、方平、李振（排名不分先后）提出了许多宝贵的意见以及给予了多方面的支持。专家陆魏强、续志峰、陈俊豪（排名不分先后）对本书的排版、校对、统览等方面提出了修改意见，在此一并表示感谢！

因本书涉及的内容比较多，加之时间比较仓促，书中难免有不足之处，希望各方面专家和读者提出宝贵意见，以便进一步修改。

李　融　龚子华
2023 年 3 月

目录
CONTENTS

第 1 章
M262 控制器的硬件结构与特性

当今工业正在迈进工业 4.0 时代，对机器制造商来说一款能支持网络安全，提供检测、分析和预防性维护功能并内置云平台连接的逻辑或运动控制器的需求越来越显著。

施耐德电气 Modicon M262 逻辑和运动控制器（以下简称 M262 控制器）是专门为高性能要求的机器而打造；支持工业物联网（MQTT、HTTP、OPCUA、TLS 等），并结合了运动和安全控制，能够充分满足这些新的需求，M262 控制器的外形如图 1-1 所示。

图 1-1　M262 控制器

M262 控制器有 5 款不同性能的控制器，2 款用于逻辑控制（TM262L…），为 3 ~ 5ns/指令；3 款用于运动控制（TM262M），分别支持 4 轴（1ms）、8 轴（2ms）、16 轴（2ms）/24 轴（4ms）的同步控制。

1.1　基本信息

1.1.1　性能

M262 控制器配有双核处理器：

1）内核 1 专用于管理程序任务，并为应用代码的实时执行提供最大限度的资源。

2）内核 2 专用于执行通信任务，因而对应用性能无任何影响。

3）它们的周期时间仅为 500μs，并配有能够存储数据和应用的 256MBRAM 内存（其中 32MB 用于应用），以及用于应用和数据备份的 256MB 闪存。除了嵌入式内存以外，还可以使用 SD 卡（最大 32GB）。

4）M262 控制器的性能为 3～5ns/ 指令。

1.1.2 环境特性

1）运行环境温度：

① 水平安装：−20～60℃；

② 垂直安装：−20～50℃；

③ 平面安装：−20～45℃。

2）存储温度：−40～85℃。

3）相对湿度：5%～95%（无冷凝）。

4）运行海拔：0～2000m。

5）存储海拔：0～3000m。

1.1.3 电源特性

M262 控制器适应非隔离 24V 直流电源，内置有过载保护。

1）电压限值：20.4～28.8V。

2）短暂断电承受能力（类别 PS-2）：<10μs。

3）控制器的最大运行功耗：100W。

1.1.4 编程软件

EcoStruxure Machine Expert（简称为 ESME）软件是机器制造商解决方案软件，可用于开发、配置和调试 M262 控制器，并且整个机器处于单个软件环境中，包括逻辑控制、运动控制、远程 I/O 系统、安全控制、电机控制、HMI 设计，以及相关的网络自动化功能。

1）ESME 软件环境涵盖了整个工程生命周期，这得益于：

① 协作式团队合作和版本管理。

② 工业物联网和标准库整合。

③ 自动测试和仿真。

④ 代码质量控制（机器代码分析）。

⑤ 部署和调试。

⑥ 诊断和远程服务。

2）ESME 软件还能够通过开放式接口与多种工程工具进行交互。

① IEC61131-3 编程语言：指令表（IL）、梯形图（LD）、功能块图（FBD）、顺序功能图 / 流程图（SFC）、结构化文本（ST）以及连续功能图（CFC）。

② 集成现场总线配置器。

③ 专家诊断和调试功能。

④ 符合 PLCopen 运动控制的运动设计和多种功能，用于调试、维护和可视化。

1.2　M262 控制器本体硬件结构

M262 控制器的硬件结构如图 1-2 所示。

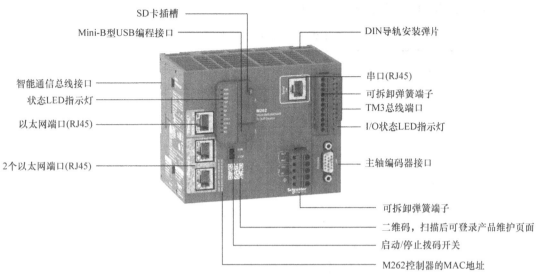

图 1-2　M262 控制器本体结构

1.2.1　嵌入式 IO

M262 控制器具有 4 个快速数字量输入和 4 个快速数字量输出，通过位于控制器正面的螺钉端子与控制器相连接，其 IO 引脚见表 1-1。

表 1-1　嵌入式 IO 引脚描述

引脚	标签	描述	引脚	标签	描述
1	I0	数字量输入 0	7	Q1	数字量输出 1
2	I1	数字量输入 1	8	Q2	数字量输出 2
3	I2	数字量输入 2	9	Q3	数字量输出 3
4	I3	数字量输入 3	10	24V	输出和编码器 DC 24V 电源
5	C	输入公共端口	11	0V	输出和编码器 DC 0V 电源
6	Q0	数字量输出 0			

4 个快速输入（I0 ~ I3）类型为源型 / 漏型，DC24V、8.1mA、带滤波功能。在上升沿或下降沿或这两种情况下均出现后的 20μs 内激活事件任务，闭锁、捕捉位于编码器上的位置值。

4 个快速输出（Q0 ~ Q3）类型为源型，24Vdc、50 ~ 200mA、3μs、故障预置，即当故障发生时，输出点可以保持预设的自定义状态输出。

所有输入 / 输出（I/O）的状态可以通过面板上对应的 LED 指示灯进行显示。当指示灯为绿色时，表示相应的输入 / 输出通道已激活；当指示灯熄灭时，表示对应的输入 / 输出通道已停用，如图 1-3 所示。

图 1-3　I/O 状态 LED 灯

3

1.2.2 编码器接口

M262M 系列的运动控制器可以通过编码器接口将外部编码器信号接入，作为主轴参与运动控制。该编码器接口支持两种类型的编码器：增量（RS422 5V 或 24V）和绝对值（SSI），编码器接口的引脚定义见表 1-2。

表 1-2 编码器接口引脚定义

描述	编码器	引脚
增量编码器	A+	1
	A−	2
	Z+	4
	Z−	5
	B+	10
	B−	11
绝对值（SSI）编码器	SSI 数据 +	1
	SSI 数据 −	2
	CLKSSI+	6
	CLKSSI−	14
5V 编码器电源	DC + 5V	15
	DC 0V	8
24V 编码器电源	DC + 24V	7
	DC 0V	8
编码器配电反馈电源回路		12
屏蔽层		外壳

1.2.3 Mini-B 型 USB 编程端口

Mini-B 型 USB 端口是编程端口，可以通过 ESME 软件连接到带 USB 主机端口的 PC。使用 USB 电缆时，此连接适合用于程序的快速更新或持续时间较短的连接，以及执行维护和检查数据值。如果没有使用抗电磁干扰强的专用电缆，则此连接不适合长时间连接，端口如图 1-4 所示。

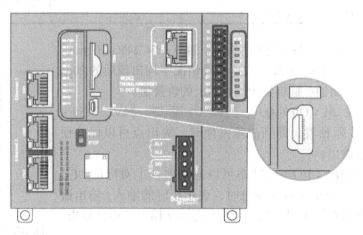

图 1-4 Mini-B 型 USB 端口

1.2.4　串口

串口可以与支持 Modbus 协议（作为主站或从站）、ASCII 协议（打印机、调制解调器等）和 MachineExpert 协议（HMI 等）的设备进行通信，如图 1-5 所示。串口的引脚定义见表 1-3。

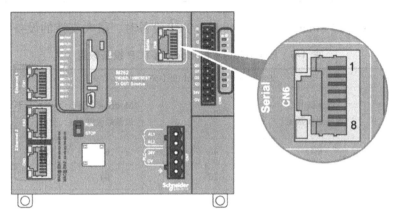

图 1-5　M262 控制器的串口

表 1-3　串口引脚定义

引脚	RS232	RS485	引脚	RS232	RS485
1	RxD	N.C.	5	N.C.	D0
2	TxD	N.C.	6	N.C.	N.C.
3	N.C	N.C.	7	N.C.	N.C.
4	N.C.	D1	8	公共端	公共端

串口的特性参数见表 1-4。

表 1-4　串口特性参数

特性		描述
功能		软件中配置了 RS485 或 RS232
连接器类型		RJ45
隔离		AC 550V
波特率		300 ~ 115200 bit/s
电缆	类型	屏蔽
	最大长度	30m、适用于 RS485 15m、适用于 RS232
极化		当节点配置为主站时，使用软件配置 576Ω 极化二极管

1.2.5　以太网

M262 控制器集成了两组以太网端口，这两组以太网口特性见表 1-5。

表 1-5　以太网端口特性

端口名称	端口数	型号
以太网 1	1（100BASE-T）	TM262L*
	1（100BASE-T/SERCOS）	TM262M*
以太网 2	2（双 1000BASE-T 以太网交换机）	TM262*

当通过以太网连接 EtherNet/IP 或 Modbus TCP 设备时，最大支持的设备数量见表 1-6。

表 1-6　EtherNet/IP 和 Modbus TCP 设备数量

EtherNet/IP 和 Modbus TCP 设备				
控制器	以太网 IP 设备最大数量	RPI/ms	Modbus TCP 设备最大数量	以太网 /IP+ ModbusTCP 设备最大数量
TM262L10	64	40	64	96
TM262L20	64	20	64	128
TM262M15	64	40	64	96
TM262M25	64	20	64	128
TM262M35	64	20	64	128

当通过以太网 1 作为 Sercos 总线连接设备时，最大支持的从站数量见表 1-7。

表 1-7　Sercos 总线上设备数量及特性

Sercos、同步轴、运动轴，以及单电缆设备					
运控控制器	同步轴数	Sercos 周期时间 /ms	Sercos 从站（非同步）	Sercos 从站（总数）	Sercos 总线上 EtherNet/IP 从站	RPI/ms
TM262M15	4	1	4	8	6	10
	4	2	12	16	6	10
	4	4	12	16	6	10
TM262M25	4	1	8	12	6	6
	8	2	8	16	6	6
	8	4	16	24	6	6
TM262M35	8	1	8	16	6	6
	16	2	8	24	6	6
	24	4	16	40	6	6

1.2.6　运行 / 停止

　　M262 控制器前方的运行 / 停止拨码开关可以将控制器置于运行 / 停止状态，如图 1-6 所示。

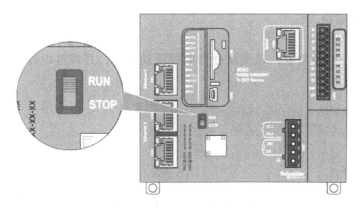

图 1-6　运行 / 停止拨码开关

1.2.7　SD 卡插槽

M262 控制器上的 SD 卡插槽如图 1-7 所示，可以识别 FAT 或 FAT32 格式的 SD 卡（最大 32GB），SD 卡可以用于：

1）下载新的应用程序。

2）更新控制器固件。

3）克隆控制器应用程序或固件。

4）对控制器应用后配置更改（更改 IP 地址等）。

5）运行指令文件。

6）检索数据记录文件。

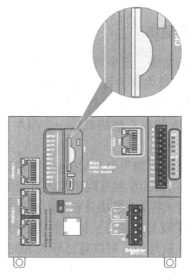

图 1-7　SD 卡插槽

1.2.8　报警继电器

M262 控制器集成了可连接到外部报警的继电器，如图 1-8 所示。当控制器正常运行时，报警继电器会激活，且触点会合闸。在以下情况下时，会断开继电器触点：

1）出现停用错误。

2）电源电压消失。

对控制器执行电源重置，以便从硬件监视活动恢复，并将继电器输出触点重置为合闸状态。

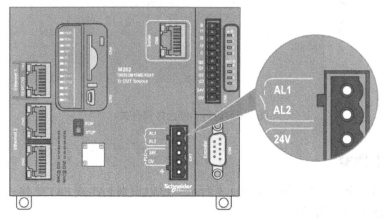

图 1-8　报警继电器

1.3　M262 控制器扩展功能

M262 控制器能够与 Modicon TM3、Modicon TM5 和 Modicon TM7 产品结合使用，使得整个控制支持多种 I/O。

1.3.1　M262 控制器的扩展通信

M262 控制器通过智能通信总线，最多可连接 3 个智能通信模块，仅需在控制器左侧联锁即可完成组装。智能通信总线内嵌为智能通信模块供电的电源。针对 CANopen 和以太网连接，两种类型的智能通信模块可供选择。最多允许安装 1 个 TMSCO1 模块和 2 个 TMSES4 模块。TMSCO1 总是安装在左侧的最后一个模块。或者最多可以连接 3 个 TMSES4 模块。

1）TMSCO1 模块：为控制器增加一个 CANopen 主站接口，如图 1-9 所示。

① 该连接可以在 20kbit/s ~ 1Mbit/s 的区间范围内进行配合，最多支持 63 个从站。

② 基于 CANopen 的架构用于将 I/O 模块分布至距离传感器和执行器尽可能近的位置，从而减少布线成本和时间，并实现与变频器、伺服驱动器等各种设备间的通信。

③ CANopen 集成于 ESME 软件中，可以通过导入 EDS 文件添加设备描述文件。

2）TMSES4 模块：最多可以扩展 3 个以太网模块，如图 1-10 所示。

① 4 个 RJ45 开关端口作为网络中心。

② 支持工业物联网。

③ 网络隔离。

④ 以太网千兆字节数据交换。

⑤ AchillesL1 网络安全认证。

图 1-9   TMSCO1 模块

图 1-10   TMSES4 模块

1.3.2   将 M262 控制器连接至 TM3 I/O 系统

通过 M262 控制器右侧的 TM3 总线端口可以连接 TM 扩展模块，用于本地、远程或分布式 I/O 的配置，如图 1-11 所示。

1）本地 I/O：最大支持 7 块 Modicon TM3 扩展模块。

2）远程 I/O：通过总线扩展模块（发射器和接收器以及总线扩展电缆）增加 7 块远程模块（连接 14 块 TM3 模块：7 个本地 +7 个远程）。

3）分布式 I/O：最多 64 个 TM3 总线连接器（EtherNet/IP 或 ModbusTCP）。

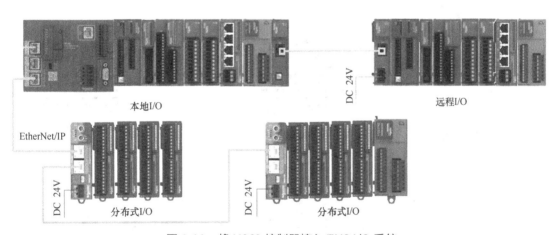

图 1-11   将 M262 控制器接入 TM3 I/O 系统

1.3.3   将 M262 控制器连接至 TM5 和 TM7 I/O 系统

在 M262 控制器的嵌入式以太网端口可以实现分布式 I/O 系统扩展其容量，使机器设备具备灵活性和可扩展性，如图 1-12 所示。

1）使用 Modicon TM5 模块进行扩展可以实现 IP20 的工作性能范围。

2）使用 Modicon TM7 模块则可以实现 IP67 的工作性能范围。

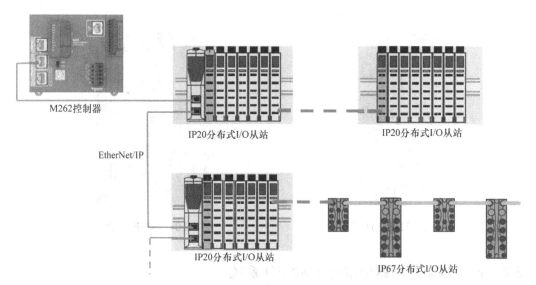

图 1-12　将 M262 控制器接入 TM5 和 TM7 I/O 系统

1.3.4　将 M262 控制器连接至 TM5 和 TM7 安全 I/O 系统

在 M262 控制器的嵌入式 SERCOS 端口上：利用 TM5CSLC 安全逻辑控制器、Modicon TM5 安全 I/O 和 Modicon TM7 安全 I/O 实现嵌入式安全，如图 1-13 所示。

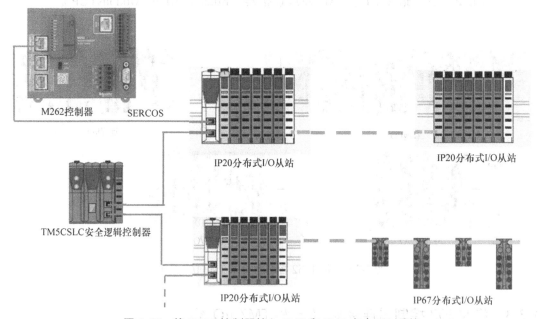

图 1-13　将 M262 控制器接入 TM5 和 TM7 安全 I/O 系统

2.1 固件更新

为什么要更新 M262 控制器的固件？当控制器的固件与所连接计算机上的软件版本中所含的固件不一致时，应将控制器中固件更新至与软件中的所含的固件一致。有时可能是升级固件，比如说控制器的固件是 V5.0.4.83，而计算机上所安装的 ESME 软件为 V2.0 版本且其所包含的固件版本为 V5.1.6.3，这时需要将控制器的固件更新。反之可能是降级固件，比如控制器是刚出厂的，而计算机的软件还是一个相对比较老的版本，这时就需要降级固件至相对比较老的版本。还有一种情况，即新固件修复了某个 bug，而我们在使用控制器时正好碰到这个 bug，为了规避这个 bug，我们"被迫"升级软件且升级固件。

M262 控制器可以使用以下两种方式来更新固件：Controller Assistant、兼容脚本文件的 SD 卡。而通过 Controller Assistant 更新固件又可以分为 USB、以太网两种方式。更新固件可能会删除控制器中的应用程序，包括闪存中的引导应用程序，所以在更新固件之前请备份控制器中的程序文件。

V1.2 版本 ESME 软件联机新版本 M262 时，出现提示"所选的目标系统与所连接的设备不匹配，版本不匹配：需求 =5.1.6.3，在线 =5.0.4.83"如图 2-1 所示，这时就需要更新控制器的固件。

图 2-1　所选的目标系统与所连接的设备不匹配

2.1.1 USB 更新固件

通过 USB 更新固件，请选用施耐德官方推荐的 USB 编程电缆（型号为：TCSXCNA-MUM3P），首选通过开始菜单找到 Controller Assistant，或者通过 ESME 软件工具菜单→

外部工具→打开 Controller Assistant，如图 2-2 所示。

图 2-2　打开 Controller Assistant

在 Home 界面，打开"Controller Assistant"后，单击"Update firmware"，如图 2-3 所示。

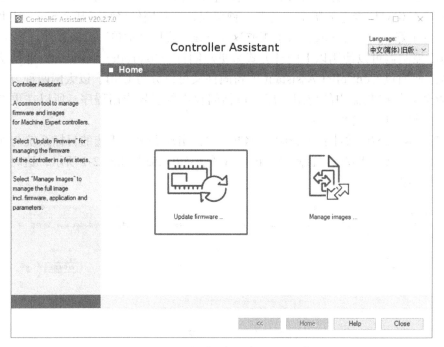

图 2-3　单击"Update firmware"

在"Update firmware（step 1 from 4）"界面，选择"Controller type"为"M262"，在"Controller firmware version"处选择所需要的固件包，单击"Next"，如图 2-4 所示。

在"Update firmware（step 2 from 4）"界面，USB 更新固件时，IP 地址设置这一步可以直接单击"Next"，如图 2-5 所示。

在"Update firmware（step 3 from 4）"界面，USB 更新固件，单击"Write on controller"，如图 2-6 所示。

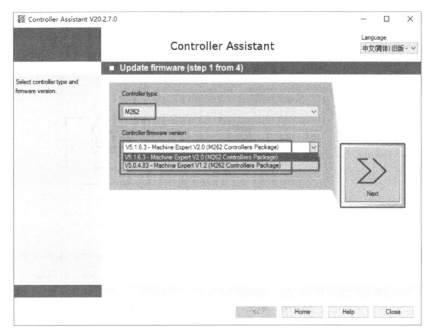

图 2-4　单击 "Update firmware"

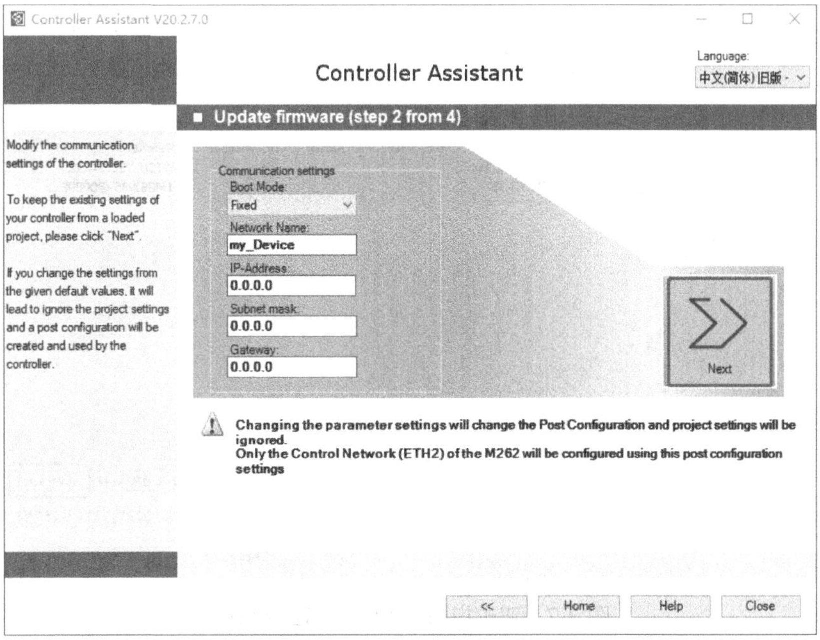

图 2-5　单击 "Next"

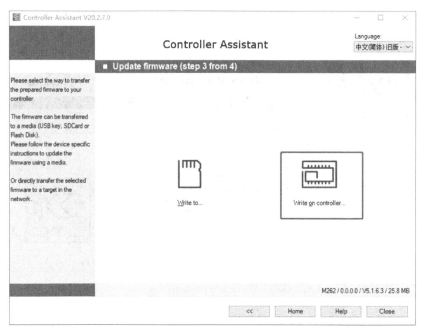

图 2-6　单击 "Write on controller"

在 "Update firmware（step 4 from 4）" 界面，双击扫描出来的 M262 控制器，单击 "Connect" 按钮，如图 2-7 所示。

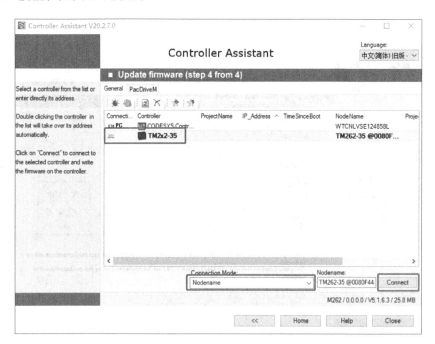

图 2-7　双击扫描出来的 M262 控制器

在 "Update firmware（step 4 from 4）" 界面，如果该控制器是之前使用过且设置过用户名及密码的，需要输入之前的用户名及密码，如果是一个新的控制器，User Name："Administrator"，Password："Administrator"，如图 2-8 所示。

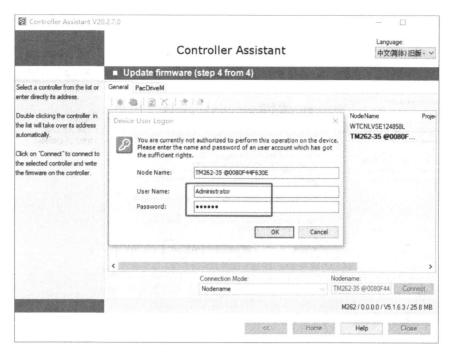

图 2-8　输入用户名及密码

在"Update firmware（step 4 from 4）"界面，提示刷固件时会将用户权限管理恢复到出厂设置，如图 2-9 所示。

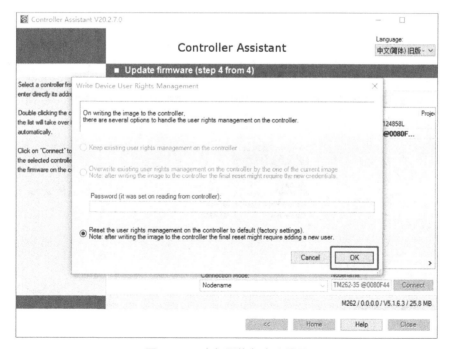

图 2-9　用户权限恢复出厂设置

在"Update firmware（step 4 from 4）"界面，提示刷固件时，所有的应用程序将停止，如果继续请按下"Alt+F"快捷键，如图 2-10 所示。

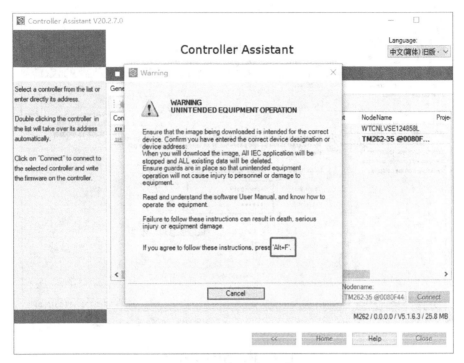

图 2-10 按下 "Alt+F"

在 "Update firmware（step 4 from 4）" 界面，固件在更新中，如图 2-11 所示。

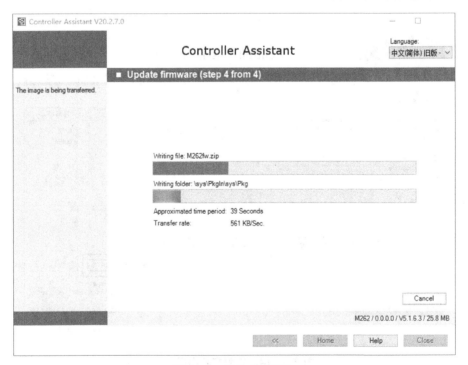

图 2-11 固件在更新中

在 "Update firmware（step 4 from 4）" 界面，如果出现 "The image was written suc-cessfully⋯⋯" 等字样说明更新固件成功，如图 2-12 所示。

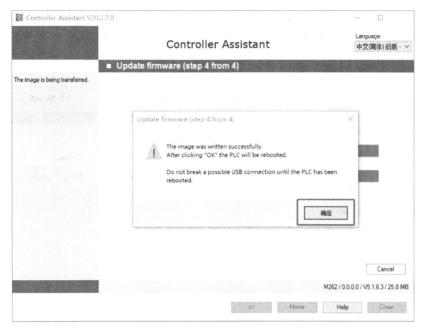

图 2-12　固件更新成功

2.1.2　以太网更新固件

以太网更新固件时，M262 控制器通过 ETH2 口来更新固件。Update firmware（step 1 from 4）如图 2-3、图 2-4 所示。Update firmware（step 2 from 4）中更改或者设置的 IP 地址为 ETH2 口的 IP 地址，该 IP 为更新固件成功后写入控制器 ETH2 口的 IP 地址，如图 2-13 所示。

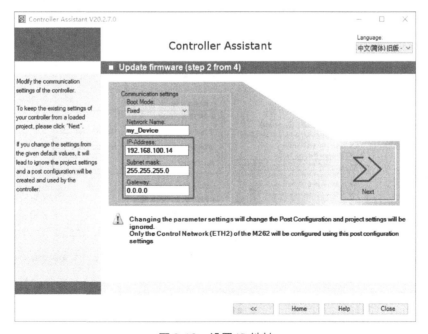

图 2-13　设置 IP 地址

"Update firmware（step 3 from 4）"界面如图 2-6 所示，在"Update firmware（step 4 from 4）"界面中，双击以太网所扫描出来的控制器，如图 2-14 所示。

图 2-14　双击扫描出来的控制器

双击本地计算机的 Ethernet →属性→ TCP/IPv4 → IP 地址设置，查看本地计算机 IP 地址，如图 2-15 所示。

图 2-15　本地计算机 IP 配置

如果扫描出来的控制器的 IP 地址与计算机不是在同一网段，或者你在刷固件时就想配置好控制器的 IP 地址，则选中控制器，右键选中"处理通信设置"，如图 2-16 所示。

图 2-16　处理通信设置

在处理通信设置中，同样可以设置刷完固件时你想给 M262 控制器 ETH2 口所配置的 IP 地址，单击"确定"按钮，如图 2-17 所示。

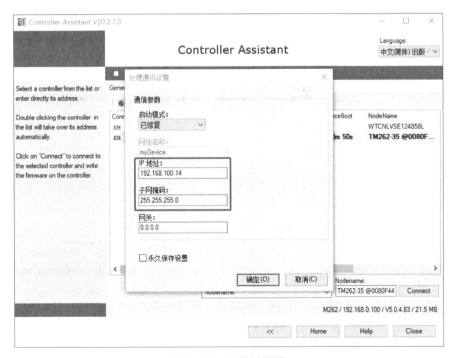

图 2-17　IP 地址配置

这个时候会提示"设置通信参数需要几秒到 1 分钟的时间，系统已尝试自动刷新该列表"，如果看到 IP_Address 下方出现了新的 IP 地址，说明设置成功，如图 2-18 所示。

图 2-18　IP 设置成功

双击设置后的控制器，单击"Connect"按钮，如图 2-19 所示。

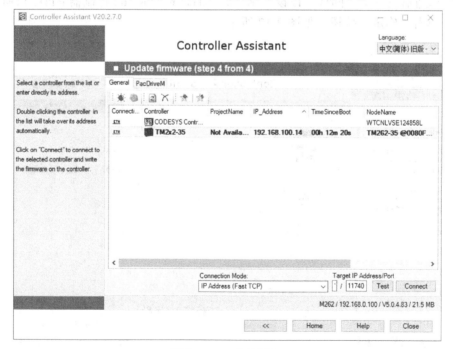

图 2-19　双击控制器

在"Update firmware（step 4 from 4）"界面，这个时候会提示"……create a new admin user……"，如果需要，单击"是"按钮，不需要，单击"否"按钮，如图 2-20 所示。

图 2-20　create a new admin user

在"Update firmware（step 4 from 4）"界面，添加新的用户名及密码，如图 2-21 所示。

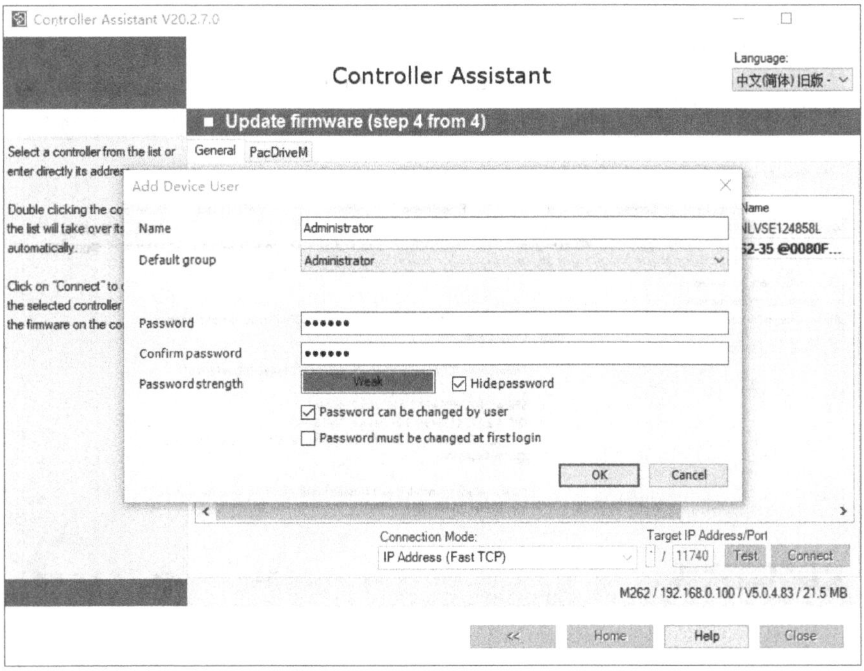

图 2-21　添加新用户及密码

输入用户名及密码，如图 2-21 所示，单击"OK"按钮，出现用户权限恢复出厂设置提示，如图 2-9 所示，并且提示应用程序将停止，请按"Alt+F"快捷键，如图 2-22 所示。

图 2-22　输入用户名及密码

在"Update firmware（step 4 from 4）"界面，出现提示："The certificate of device 'TM262-35@0080F44F630E' is not signed by a trusted authority……"单击"确定"按钮，如图 2-23 所示。

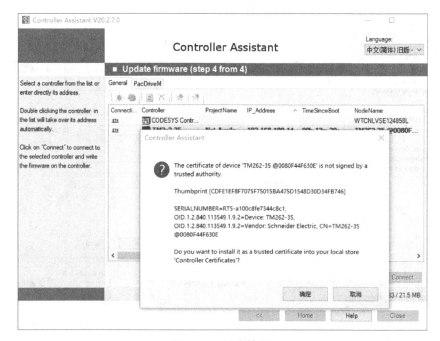

图 2-23　证书管理

"Update firmware（step 4 from 4）"界面显示，固件更新中，如图 2-24 所示。如果出现"The image was written successfully……"等字样，说明更新固件成功，如图 2-12 所示。

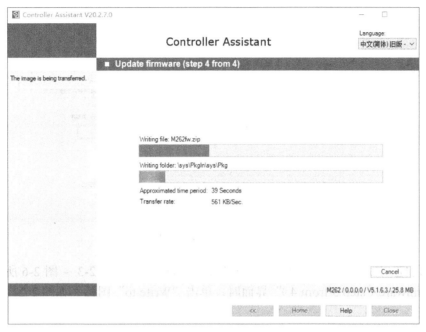

图 2-24　固件更新中

2.1.3　SD 卡更新固件

看一下 M262 控制器的 SD 卡指示灯位置，如图 2-25 所示。

SD 卡指示灯的变化情况见表 2-1。

图 2-25　M262 控制
器的 SD 卡指示灯

表 2-1　M262 控制器的 SD 卡指示灯变化情况

标签	描述	LED 指示灯	
		状态	描述
		绿灯亮	正在更新固件
		绿灯闪烁	正在更新固件或执行脚本
SD	SD 卡	黄灯亮	更新固件或执行脚本时失败
		黄灯闪烁	正在访问 SD 卡（正在执行脚本）
		熄灭	没有 SD 卡活动

M262 控制器更新固件时，只接受格式化为 FAT 或 FAT32 的 SD 卡，所以需要将 SD 格式化，如图 2-26 所示。

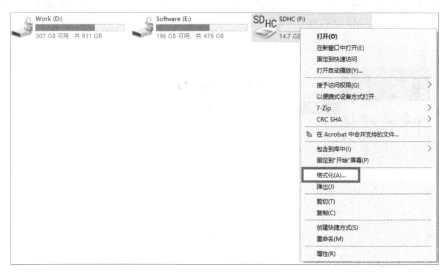

图 2-26　格式化 SD 卡

格式化完 SD 卡之后，打开"Controller Assistant"，如图 2-3 ~ 图 2-6 所示，进入"Update firmware（step 3 from 4）"界面时，单击"Write to"图标，如图 2-27 所示。

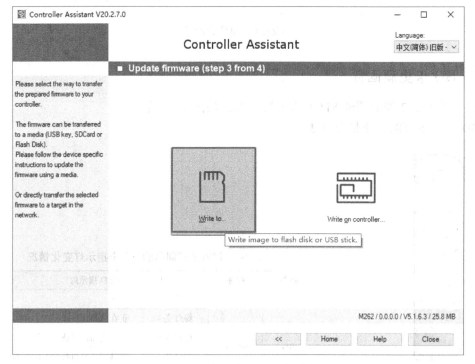

图 2-27　单击"Write to"图标

在"Update firmware（step 3 from 4）"界面，选择 SD 卡所在的盘符目录，单击"Write"图标，如图 2-28 所示。

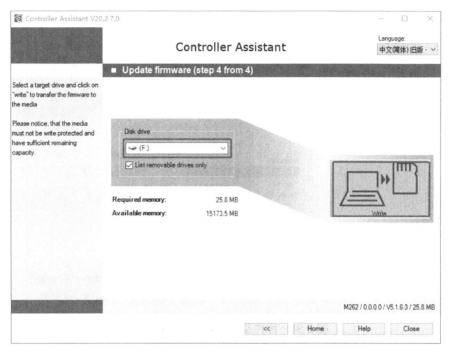

图 2-28　选择盘符单击"Write"

在"Update firmware（step 4 from 4）"界面，出现提示"In the next step you will delete all data of the selected drive……"等字样，单击"Yes"按钮，如图 2-29 所示。

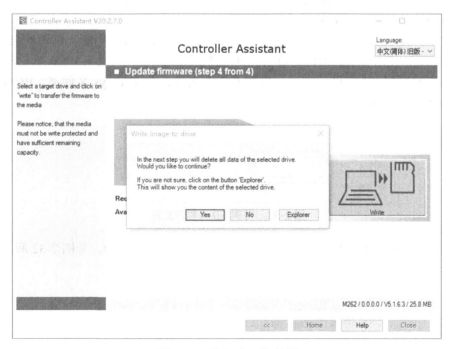

图 2-29　单击"Yes"按钮

将固件及相关脚本写入 SD 卡中，如图 2-30 所示。

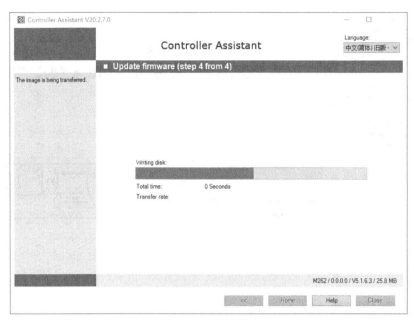

图 2-30　固件及脚本文件写入 SD 卡中

完成之后，正常将 SD 卡退出计算机，M262 控制器断电，将 SD 卡插进 M262 控制器的 SD 卡插槽中，重新给 M262 控制器上电，上电之后能看到 SD 卡指示灯由常亮变成绿色闪烁，表示 SD 卡更新固件及脚本进行中，待 SD 卡指示灯常亮绿色后，M262 控制器断电并拔出 SD 卡，重新上电，M262 控制器 SD 卡更新固件完成。

在刷固件的过程中，如果移除设备电源，或者在应用程序的数据传输期间出现断电或通信中断，则设备可能无法正常工作。如果出现断电或通信中断，请再次尝试传输。在这种情况下，使用有效的固件并重新尝试固件更新。

我们查看写到 SD 卡里的文件，发现有 3 个文件，分别是 sys 文件夹、BOOT_ETH.BIN、BOOT_SER.BIN，如图 2-31 所示。

图 2-31　写到 SD 卡里的文件

再进入 sys 文件夹，手动把 Script.cmd 文件的扩展名改成 .txt，如图 2-32 所示。

图 2-32　Script.txt 文件

双击打开 Script.txt 文件，发现以下脚本程序，其中 Download "/sys/Pkg/*" 为下载固件包。

```
Format "/usr"
UpdateBoot "/BOOT_SER.BIN" "/BOOT_ETH.BIN"
Format "/sys"
Download "/sys/Pkg/*"
Download "/usr/*"
Reboot
```

2.2 下载程序

面对一款控制器，使用者比较关心的问题之一就是如何下载程序，对于 M262 控制器来讲，可以通过 USB 电缆来下载程序，也可以通过以太网来下载程序，还可以通过 SD 卡来下载程序。

程序下载有以下 3 个前提条件：

- 为正确的控制器设置了活动路径。
- 要下载的应用程序是活动的。
- 应用程序编译没有错误。

2.2.1 通过 USB 电缆下载程序

M262 控制器上电，并将 USB 电缆的 Min-USB 一端插入 PLC，USB 一端插入 PC，双击"MyController"，在通信设置窗口下，单击"刷新"按钮，如图 2-33 所示。

图 2-33 单击"刷新"按钮

在 Gateway 正常启动的情况下，可以通过 USB 刷新的控制器，下载之前并双击至其 TM2x2-35 变成黑色粗体，如图 2-34 所示。

图 2-34 扫描到的控制器

要连接到控制器，请单击在线菜单→登录，会出现意外操作设备的提示，请按 "Alt+F" 快捷键，如图 2-35 所示。

图 2-35　按 "Alt+F" 快捷键

首次登录，会提示你输入初始用户名及密码，用户名为 Administrator，密码为 Administrator，如果不是首次登录或者改过用户名或密码，请输入改后的用户名及密码，如图 2-36 所示。

图 2-36　输入用户名及密码

首次登录 Administrator 用户会提示你及时修改密码，并出现提示密码强度字样，如图 2-37 所示。

修改密码后，会提示 "您确定要登录到地址为……吗？"，单击 "是" 按钮，如图 2-38 所示。

如果这台控制器里没有程序，则会提示 "应用 Application 不存在于设备 MyController 中，希望创建并继续下载吗？" 如图 2-39 所示。

图 2-37 修改密码

图 2-38 确定登录控制器

图 2-39 下载程序

如果您的程序使用了输入或输出产生了直接地址（%IX、%IB、%IW、%ID、%IL、%QX、%QB、%QW、%QD、%QL）……，则会再次提示按"Alt+F"快捷键，也可以勾选"Do not show this warning again in this session"，使该对话框不再显示，如图 2-40 所示。

如果您是更新程序，并非首次下载程序，下载之前 M262 控制器处于 RUN 状态，则会出现"警告：PLC 上的应用程序'Application'当前处于 RUN 模式。由于没有匹配的编译信息，这个现有的应用程序需要被替换……"单击"是"按钮，如图 2-41 所示。

图 2-40　直接地址"Alt+F"快捷键提示　　　　　图 2-41　更新程序

如果是更新程序，则会出现如下提示："最后一次下载后，代码已改变。想要如何做？"，如图 2-42 所示。

图 2-42　在线修改 / 重新下载程序

1）在线修改后登录：只有正在运行项目的已修改部分才会重新加载到控制器中，默认选项。

注意：程序代码的行为与全面初始化后的行为不同，因为控制器会保持其状态，如果之前是运行（RUN）状态则不会导致控制器 STOP。指针变量会保留其在上个循环中的值。如果变量上有指针，并且该指针由于在线修改而改变了其大小，该值将不再正确。确认在每个循环中重新分配指针变量。

2）登录并下载：整个已修改的应用程序会重新加载至控制器，同时激活更新启动项目。

注意：程序代码文件重新更新，控制器会 STOP，然后再转为 RUN 状态。

3）没有变化后的登录：不加载修改。

注意，如果您选择了该选项，您在 ESME 软件应用程序中执行的更改将不会下载至控制器。在该情况下，ESME 软件中的信息和状态栏将显示操作状态 RUN，并将指明程序已修改（在线修改）。这不同于选项在线修改后登录或登录并下载，其中信息和状态栏指示程序未改变。在这种情况下，可监控变量，但是逻辑流程可能让人混淆，因为功能块输出上的值可能与输入上的值不匹配。

4）更新启动项目：对项目启动文件重新更新，勾选后即使是选择了在线修改后登录，也会把最新的程序下载至 PLC 中，PLC 重新上电后会运行最新的程序。

单击图 2-42 中右下角的"更多信息"按钮可查看项目哪些地方做过修改，如图 2-43 所示。

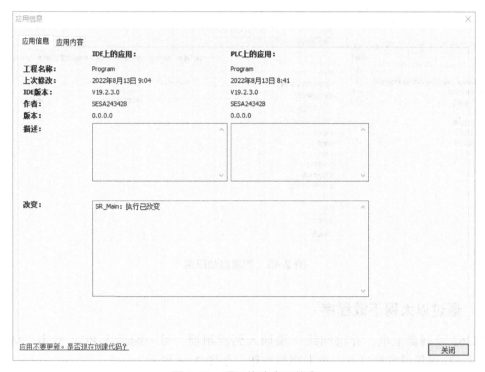

图 2-43 项目修改应用信息

这时如果 M262 控制器处于 STOP 状态，可通过快捷键"F5"或者"在线"菜单下的启动选项来启动控制器，如图 2-44 所示。

图 2-44 启动控制器

单击"在线"菜单下的"创建启动应用"，该功能的作用是把 application.app 文件复制到名为 <projectname>.app 的文件中，并由此使其成为控制器的启动应用程序。如果你创建了启动应用，并且你的计算机上的程序没有变化，下次登录控制器不会提示图 2-42 在线修改 / 重新下载程序，可以在控制器 STOP 的情况下、离线的情况下，"创建启动应用"，如图 2-45 所示。

图 2-45　创建启动应用

2.2.2　通过以太网下载程序

M262 控制器上电，并将网线一端插入到控制器，另一端插入 PC，双击"MyController"，在通信设置窗口下，单击刷新按钮，如图 2-46 所示。

图 2-46　通过以太网刷新出控制器

此时会有两种情况：其一是你的计算机 IP 地址与控制器的 IP 地址不在同一网段，其二是你的计算机 IP 地址与控制器的 IP 地址在同一网段。

面对计算机的 IP 地址与控制器 IP 地址不在同一网段的情况，可以选择设置计算机的 IP 地址，也可以通过"处理通信设置"来改变控制器的 IP 地址，右键单击扫描出来的控制器，选择"处理通信设置"，如图 2-47、图 2-48 所示。

注意：需关注在以太网口上配置的 IP 地址。

此时进入与 USB 下载程序（见图 2-35）一致的步骤，如图 2-49 所示，后面的步骤与 USB 下载一致，接下来的步骤此处省略，请参考图 2-36～图 2-45。

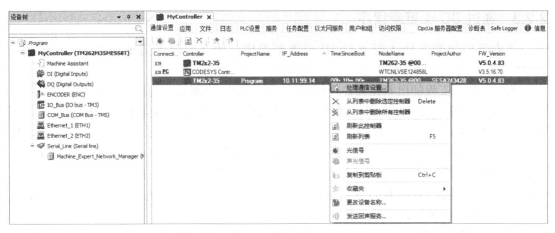

图 2-47　处理通信设置

图 2-48　处理控制器的 IP 地址

图 2-49　按"Alt+F"快捷键

2.2.3 通过 SD 卡更新程序

首先是要知道为什么要通过 SD 卡更新程序？什么情况下需要通过 SD 卡来更新程序？

比如说某某工程师出差在客户现场调试一台 M262 控制器，现场调试结束后，设备运行效果不错，客户也比较满意。这时工程师收拾行李回到家，静下心来回想白天调试现场时，突然发现某个地方可能存在安全隐患或者某个地方可能存在一个小 bug，为了规避安全隐患或者这个小 bug，要么将更新后的程序发给客户，让客户重新下载一次，或远程下载，要么自己跑一趟客户现场重新下载程序。但是当客户不会下载、又不具备远程下载的条件时怎么办，这时我们可以通过 SD 卡来更新程序，以此来避免"售后路上来回 3天，现场处理 3 分钟"的情况发生。

通过 SD 卡更新程序，首先将 SD 卡格式化，只接受格式化为 FAT 或 FAT32 的 SD 卡，如图 2-26 所示。

格式化完 SD 卡后，将 SD 卡插入计算机 SD 卡槽，打开项目文件，单击"工程"→"大容量存储（USB 或 SD 卡）"，如图 2-50 所示。

图 2-50　打开大容量存储

执行命令"宏"→"Download App（a）"命令，如图 2-51 所示，宏命令解释见表 2-2。

图 2-51　Download App（a）命令

表 2-2　宏命令

宏	描述	目录 / 文件
Download App	将 SD 卡中的应用程序下载到控制器	/usr/App/*.app
		/usr/App/*.crc
		/usr/App/*.map
Upload App	将控制器中的应用程序上传到 SD 卡	/usr/App/*.conf
Download Sources	将 SD 卡中的项目存档下载到控制器	/usr/App/*.prj
Upload Sources	将控制器中的项目存档上传到 SD 卡	
Download Multi-files	将 SD 卡中的多个文件下载到控制器目录	由用户定义
Upload Log	将控制器中的日志文件上传到 SD 卡	/usr/Log/*.log

单击生成"命令"，选择 SD 卡盘符，如图 2-52 所示。

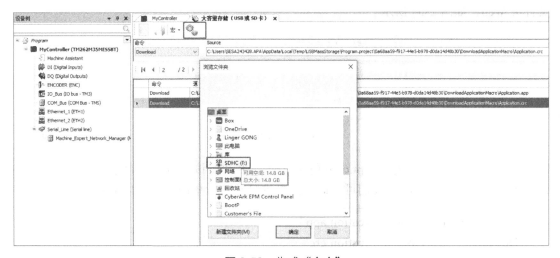

图 2-52　生成"命令"

生成后，展开 SD 卡盘符，可以看到 SD 卡盘符下多了"sys"和"usr"文件夹，如图 2-53 所示。

图 2-53　SD 卡盘符下的"sys"和"usr"文件夹

　　完成之后，正常将 SD 卡退出计算机，M262 控制器断电，将 SD 卡插入 M262 控制器 SD 卡插槽中，重新给 M262 控制器上电，上电之后能看到 SD 卡指示灯由常亮变成绿色闪烁，表示 SD 卡更新程序及脚本进行中，待 SD 卡指示灯常亮绿色后，将 M262 控制器断电并拔出 SD 卡，重新上电，M262 控制器 SD 卡更新程序完成。

　　下载程序的过程中，如果移除设备电源，或者在应用程序的数据传输期间出现断电或通信中断，则设备可能无法正常工作。如果出现断电或通信中断，请再次尝试传输；如果在程序更新过程中出现断电或通信中断，或者使用了无效程序及脚本文件，则设备可能无法正常工作。在这种情况下，使用有效的程序文件并重新尝试更新程序。

　　回过头我们查看写到 SD 卡里的文件，发现有两个文件夹，分别是 sys 文件夹、usr 文件夹，如图 2-53 所示。

　　在 sys 文件夹中有执行脚本文件夹 Cmd，有操作系统文件夹 OS，有网页服务器相关文件夹 Web，如图 2-54 所示。

图 2-54　sys 文件夹

　　在 Cmd 文件夹中，有 Script.cmd 脚本文件，手动将该文件的扩展名改为 .txt，使文件名为 Script.txt，这个时候我们可以通过记事本打开查看里面的脚本如下：

```
Download "/usr/App/Application.app"
Download "/usr/App/Application.crc"
```

　　执行完下载后，在 Cmd 文件夹中会产生新的 Script.log 文件如下：

```
Ref=TM262-35，MAC=00.80.f4.4f.63.0e，1660386314（13/08/2022 10：25：
14.447）：#Start SdCard script*
```

Ref=TM262-35，MAC=00.80.f4.4f.63.0e，1660386314（13/08/2022 10：25：14.647）：Download "/usr/App/Application.app"（line 1）returned Ok；

Ref=TM262-35，MAC=00.80.f4.4f.63.0e，1660386314（13/08/2022 10：25：14.753）：Download "/usr/App/Application.crc"（line 2）returned Ok；

Ref=TM262-35，MAC=00.80.f4.4f.63.0e，1660386314（13/08/2022 10：25：14.756）；前面插入 # End script #（见图 2-55）

以上分别开始执行脚本文件、Download "/usr/App/Application.app" 并返回 OK、Download "/usr/App/Application.crc" 并返回 OK、结束执行脚本文件，如图 2-55 所示。

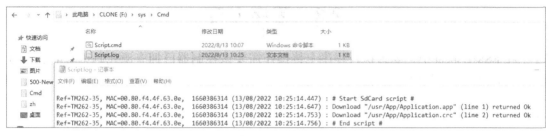

图 2-55　Script.log 文件

其他命令描述见表 2-3。

表 2-3　其他命令

命令	描述	源极	目标	语法
下载	将 SD 卡中的文件下载到控制器	选择要下载的文件	选择控制器目标目录	'Download "/usr/Cfg/*"'
SetNodeName	设置控制器节点名称	新的节点名称	控制器节点名称	'SetNodeName "Name_PLC"'
	复位控制器的节点名称	默认节点名称	控制器节点名称	'SetNodeName'
上传	将控制器目录中包含的文件上传到 SDcard.	选择目录	—	'Upload "/usr/*"'
删除	删除控制器目录中包含的文件	选择目录，输入具体文件名称。重要注意事项：默认情况下，将选择所有目录文件	—	'Delete "/usr/SysLog/*"'
	注意：删除 "*" 不会删除系统文件			
	从控制器中删除 UserRights	—	—	'Delete "/usr/*"'
重新启动	重新启动控制器（仅在脚本结束后可用）	—	—	'重新启动'

在 usr 文件夹中有执行程序文件夹 App，在执行程序文件夹 App 中，有 Application.app，该文件为不可打开文件。还有 OPC UA 等的配置文件，如图 2-56 所示。

图 2-56   usr 文件夹

2.3   程序上传

在 ESME 软件中，要想执行程序上传操作需要该控制器已拥有源代码（之前已经对该控制器执行过源代码下载操作）。

2.3.1   下载源代码

单击"文件"→"下载源代码"到连接设备上的命令用于创建实际项目的存档文件并将其传输到当前连接的控制器。执行此命令后，将在状态栏中指示创建和下载存档文件的进度。右下角会提供取消按钮。在默认情况下，存档文件名为 archive.prj。在离线模式下，可通过执行源上载命令将该文件重新加载到编程系统。与源代码下载的目标设备、内容和时间有关的默认设置是在项目设置、下载源代码中定义的，如图 2-57 所示。

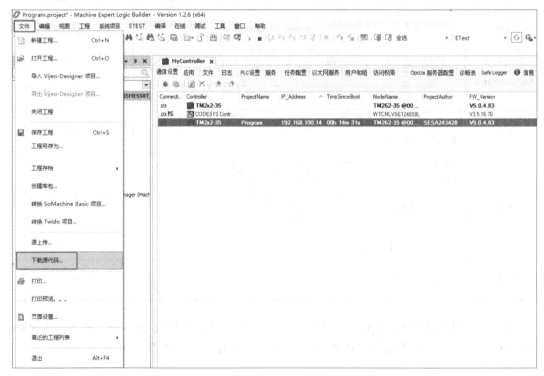

图 2-57   下载源代码

双击下载源代码的控制器，如图 2-58 所示。

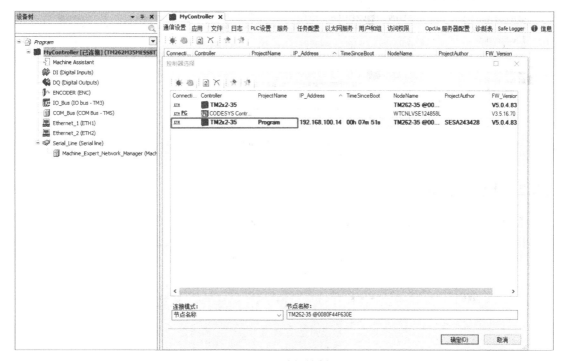

图 2-58　选择控制器

如果控制器设置了用户名及密码，则应输入用户名及密码，如图 2-59 所示。

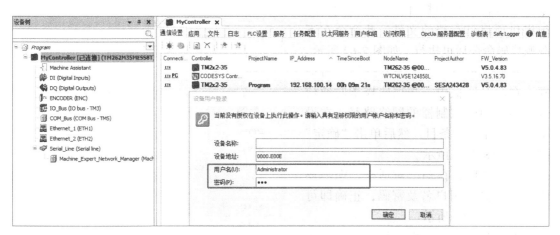

图 2-59　输入用户名及密码

输入用户名及密码后会提示"下载源需要先保存项目……"，单击"是"按钮，源代码下载到控制器中，如图 2-60 所示。

图 2-60 保存项目

2.3.2 上传源代码

打开 ESME 软件，新建空项目，如图 2-61 所示。

图 2-61 新建空项目

在线菜单→单击"源上传 ..."该命令用于从控制器中打开项目。为此，必须提供项目已存档的文件，此命令在下载源代码命令后可执行，如图 2-62 所示。

此命令可打开"控制器选择"对话框，在此对话框中，必须选择指向通信设置视图中的控制器的网络路径。在设备树中选择相应条目，然后单击"确定"按钮，如图 2-63 所示。

打开"项目存档"对话框，您需要输入控制器的用户名及密码，正确即可上传，如图 2-64 所示。

随后会显示一个对话框，询问是否在编程系统中打开解压的项目。可单击"压缩"按钮进行解压，并将解压后的程序复制到指定路径的文件夹，使用此对话框相当于使用项目存档 / 解压存档功能，通过单击"确定"按钮进行确认后，

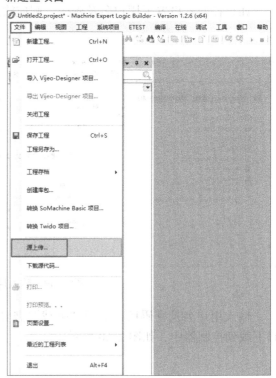

图 2-62 源上传

文件将被复制。如果指定路径中已有某个文件，系统则会询问是否将其覆盖，如图 2-65
所示。

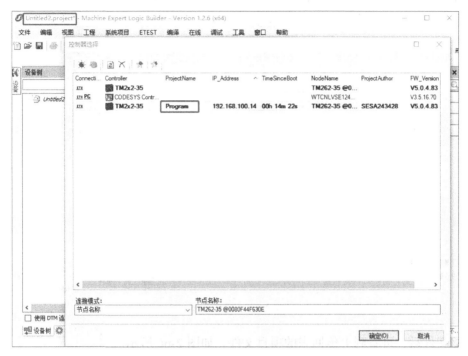

图 2-63　控制器选择

图 2-64　输入用户名及密码

图 2-65　解压文件

压缩文件后，可看到上传回来的项目文件，如图 2-66 所示。

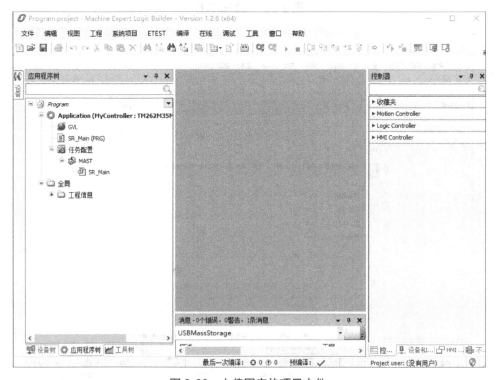

图 2-66　上传回来的项目文件

2.4 登录控制器权限

2.4.1 首次登录 M262 控制器

为了满足不断提升网络安全的需求，从 ESME V1.2 版本开始，在使用 ESME 软件的情况下，M262 控制器激活了用户权限管理。于是每当执行访问时，每个配有最新 EcoStruxure Machine Expert 固件的控制器都会提醒您输入用户凭据。由于控制器中默认激活了用户管理，首次登录时，会弹出图 2-67 所示的对话框。

图 2-67　首次登录 M262 控制器

输入默认凭据，默认的用户名和密码均为 Administrator（注意区分大小写）。随即出现图 2-68 所示密码修改对话框，修改密码后，即可登录控制器。

图 2-68　修改密码

注意：

1）从 ESME V1.2 版本开始，软件重启需重新输入用户名和密码登录控制器；

2）控制器断电重启无需重新输入用户名和密码；

3）通过软件执行初始值复位，用户权限管理恢复出厂默认设置；

4）密码丢失可以使用 SD 卡更新固件将用户管理权限恢复出厂默认设置。

2.4.2 禁用用户权限管理

使用 ESME V1.2 版本修改登录密码后，在浏览器中禁用用户权限管理，免去输入用户名和密码。

如果使用 USB 电缆联机，在浏览器中地址栏输入默认的 IP 地址对应的 Web 服务器地址：https：//192.168.200.1 ；如果使用以太网联机，请在浏览器中输入程序配置有效的 IP 地址对应的 Web 服务器地址：https：//×××.×××.×××.××× ；（https 是在 http 下加入了 ssl 层，使数据传输变成加密模式，从而保护了交换数据隐私和完整性，简单来说它就是安全版的 http，该协议使用以太网端口 443）。例如在 Google Chrome 浏览器中输入 https：//10.11.18.74，如图 2-69 所示。

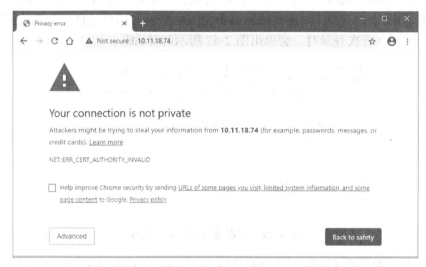

图 2-69　登录控制器

单击"Advanced"按钮，如图 2-70 所示。

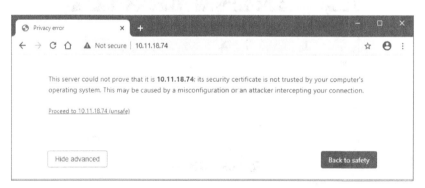

图 2-70　单击"Advanced"后界面

单击"Proceed to 10.11.18.74（unsafe）"链接，进入图 2-71 所示界面。

在"Maintenance"界面，单击红色标记处"Disable"按钮，弹出图 2-72 所示对话框，询问用户是否在这个设备上禁用用户权限管理，并提示 ESME 软件连接到控制器不再需要用户名和密码，登录 FTP 服务器、Web 服务器和 OPCUA 服务器时使用匿名登录方式，如图 2-72 所示。

单击"OK"按钮，弹出图 2-73 所示对话框，通过警告的方式提醒用户，如果未经授权的人员可以直接或通过网络访问您的机器或过程控制，请不要禁用用户权限管理。不遵循上述说明可能导致人员伤亡或设备损坏，如图 2-73 所示。

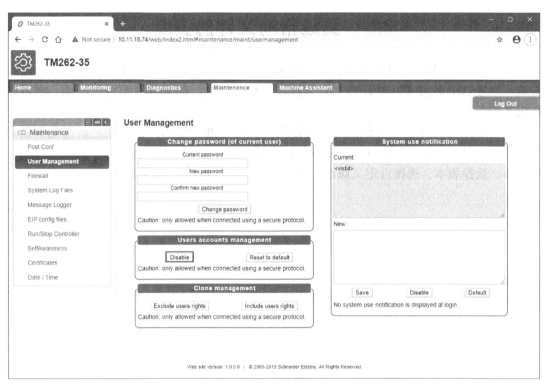

图 2-71 登录控制器

图 2-72 Disable 提示

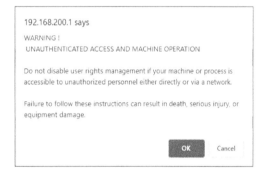

图 2-73 WARING 提示

单击"OK"按钮，弹出图 2-74 所示对话框，提示命令成功执行。

图 2-74 去掉用户名成功

完成以上步骤后，再次通过浏览器登录 Web 服务器时，用户名为 Anonymous，密码空白。

2.5　离线帮助文件的安装

在 ESME 软件的帮助文件中，不像以前版本的 Somachine 软件随着安装软件的同时安装。在 ESME 软件中，默认是不安装离线帮助文件的，如果计算机可以联网，则可以使用在线帮助。

但是如果当计算机不能联网时，可以使用离线帮助，使用离线帮助之前需先下载离线帮助包，打开"Schneider Electric Software Install"选择修改现有软件，选择在线，选择产品，选择版本，选择自定义版本，单击"下一步"按钮，如图 2-75 所示。

图 2-75　修改现有软件

单击"帮助"选项卡，选择语言，单击"下一步"按钮，如图 2-76 所示。

在安装路径选项卡中，可查看：下载的离线帮助文件的目录，默认为 C：\ProgramData\EcoStruxure Machine Expert\OnlineHelp，单击"下一步"按钮，如图 2-77 所示。

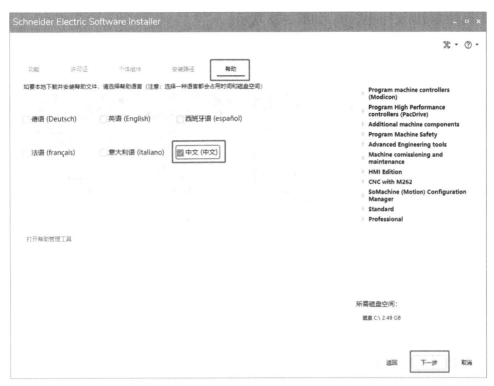

图 2-76　选择语言

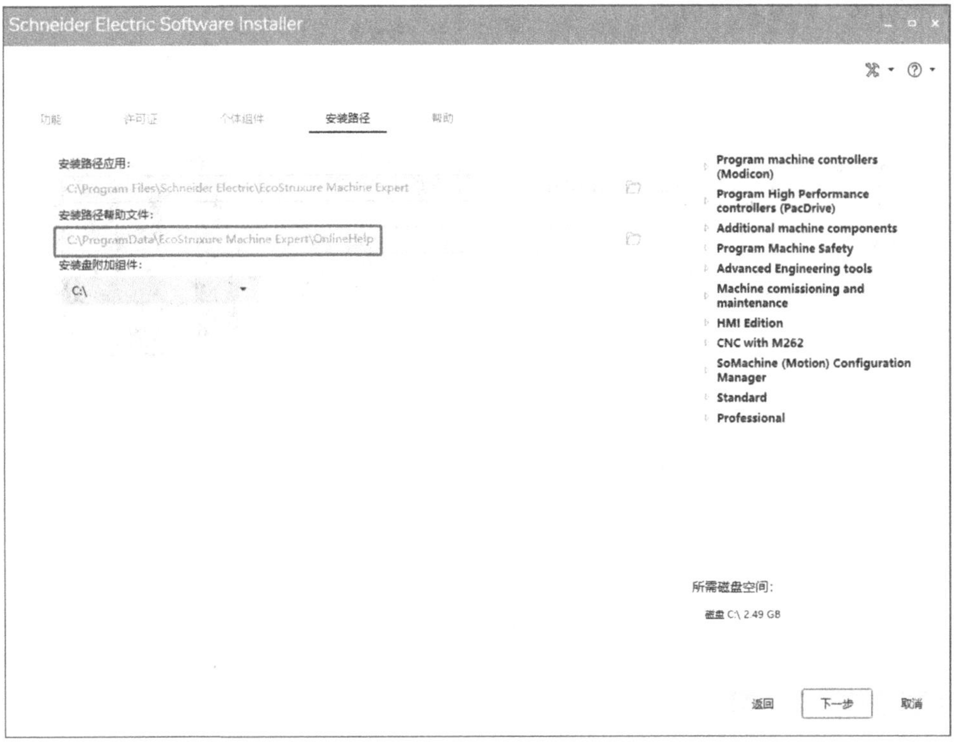

图 2-77　安装路径

下载离线帮助文件进行中，如图 2-78 所示。

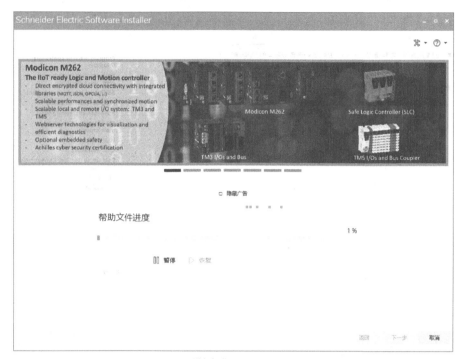

图 2-78　离线帮助文件下载中

下载完成，如图 2-79 所示。

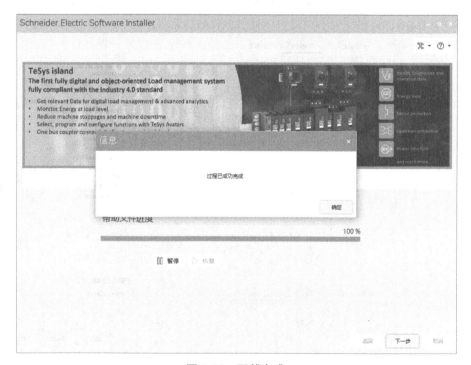

图 2-79　下载完成

打开离线帮助下载的目录 C：\ProgramData\EcoStruxure Machine Expert\OnlineHelp\
Machine Expert\V2.0\LandingPages\zh，有 index.html 文件，如图 2-80 所示。

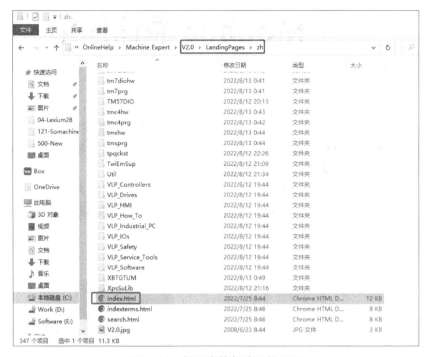

图 2-80　打开离线帮助下载目录

双击"index.html"文件，如图 2-80 所示。也可将其快捷方式发送到桌面上或者将
其发送到方便、快速打开的地方，在需要时打开就方便多了。离线帮助文件如图 2-81
所示。

图 2-81　离线帮助文件

第3章
Modbus 通信应用

Modbus 是一种串行通信协议，是 Modicon 公司（现在的施耐德电气）于 1979 年为使用可编程序控制器（PLC）通信而发表。Modbus 已经成为工业领域通信协议的业界标准，目前仍然是工业电子设备之间常用的连接方式。

M262 控制器内部集成串行通信接口，支持 Modbus 协议（作为主站或从站）、ASCII（打印机、调制解调器等）和 MachineExpert 协议（HMI 等）的设备进行通信。常见的 Modbus 通信架构如图 3-1 所示。

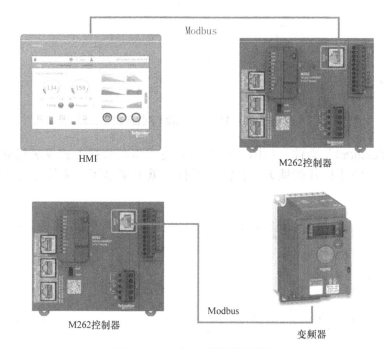

HMI   M262控制器

M262控制器   变频器

图 3-1　Modbus 通信常见架构

打开 ESME 软件，在"设备树"中双击"Serial_Line"，进入配置界面中配置串口通信的参数。包括波特率、校验位、数据位和停止位等。还可以选择通信的物理介质以及是否启用极化电阻器，如图 3-2 所示。

在"设备树"中，右键单击"Serial_Line"选择"添加设备"，如图 3-3 所示。

ESME 软件在串口协议下支持 4 种协议管理器：ASCII_Manager、Modbus_Manager、Modbus_IOScanner 和 Machine Expert-Network Manager，可以根据不同的应用选择对应的协议管理器，如图 3-4 所示。

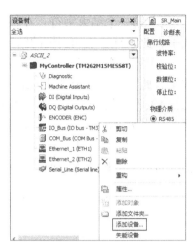

图 3-2　串口参数设置　　　　　　　　　图 3-3　添加设备

图 3-4　串口支持的协议

3.1　ASCII_Manager 协议管理器

3.1.1　ASCII_Manager 协议管理器配置

在"添加设备"界面中，选择"ASCII_Manager"并单击"添加设备"按钮确认。双击"ASCII_Manager"，在配置界面中配置 ASCII 通信相关参数，如图 3-5 所示。

1）起始字符：在接收模式下使用相应的 ASCII 字符检测帧的开头。在发送模式下，此字符将添加到帧的开头。如果为 0，则帧中不使用起始字符。

2）第一个结束字符：在接收模式下使用相应的 ASCII 字符检测帧的结尾。在发送模式下，此字符将添加到帧的结尾。如果为 0，则帧中不使用第一个结束字符。

3）第二个结束字符：在接收模式下使用相应的 ASCII 字符检测帧的结尾。在发送模式下，此字符将添加到帧的结尾。如果为 0，则帧中不使用第二个结束字符。

4）收到的帧长度：此参数使系统可以在控制器收到指定的字符数后推断接收的帧结尾。如果为 0，则不使用此参数。

5）帧收到超时（毫秒）：使用此参数可以使系统在无收发时间达到指定毫秒数后，推断接收的帧的结束。如果为 0，则不使用此参数。

图 3-5　ASCII_Manager 参数配置

3.1.2　ASCII_Manager 协议相关功能块

1）ADDM 功能块可将显示为字符串的目标地址转换为 ADDRESS 结构，如图 3-6 所示，输入 / 输出引脚描述见表 3-1。

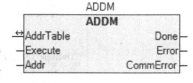

图 3-6　ADDM 功能块

表 3-1　ADDM 功能块输入 / 输出引脚描述

输入 / 输出	数据类型	描述
AddrTable	ADDRESS	由功能块转换的 ADDRESS 结构体变量
输入	数据类型	描述
Execute	BOOL	上升沿触发功能块
Addr	STRING	要被转换为 ADDRESS 类型的 STRING 类型地址
输出	数据类型	描述
Done	BOOL	TRUE：功能成功完成
Error	BOOL	TRUE：执行功能块时检出错误
CommError	BYTE	通信故障代码

对于 ASCII 通信，其中 Addr 值设置成通信使用的端口号即可，如：'1'即对应串口 1。

2）SEND_RECV_MSG 功能块发送和 / 或接收用户定义的消息。

此功能块与 ASCII 管理器配合使用，用于发送和接收用户定义的消息。它在选定介质（如串行线路）上发送消息，然后等待响应。另外，它也可以发送消息但不等待响应，或者仅接收消息而不发送消息，如图 3-7 所示，SEND_RECV_MSG 功能块输入 / 输出引脚描述见表 3-2。

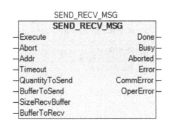

图 3-7　SEND_RECV_MSG 功能块

表 3-2　SEND_RECV_MSG 功能块输入 / 输出引脚描述

输入	数据类型	描述
Execute	BOOL	此功能在此输入的上升沿上执行
Abort	BOOL	上升沿中止正在执行的操作
Addr	ADDRESS	目标外部设备的地址（可以是 ADDM 功能块的输出）
Timeout	WORD	交换超时为 100ms 的倍数（0 表示无限）
QuantityToSend	UINT	要发送的字节数
BufferToSend	POINTER TO BYTE	存储要发送消息的缓冲区（字节数组）的地址。如果为 0，则该功能进行"仅接收"操作
SizeRecvBuffer	UINT	接收缓冲区的可用大小（以字节为单位）
BufferToRecv	POINTER TO BYTE	存储收到消息的缓冲区（SizeRecvBuffer 字节数组）的地址。如果为 0，则该功能进行"仅发送"操作
输出	数据类型	描述
Done	BOOL	True：功能成功完成
Busy	BOOL	True：功能正在执行
Aborted	BOOL	使用 Abort 输入中止功能后，Aborted 设置为 True
Error	BOOL	True：执行功能块时检出错误
CommError	BYTE	通信错误代码
OperError	DWORD	操作错误代码

3.1.3　ASCII_Manager 协议示例程序

当变量 g_xStart 为 True 时，通过串口发送 10 个字节的字符串，同时读取 20 字节长度的字符串数组，程序如图 3-8 所示。

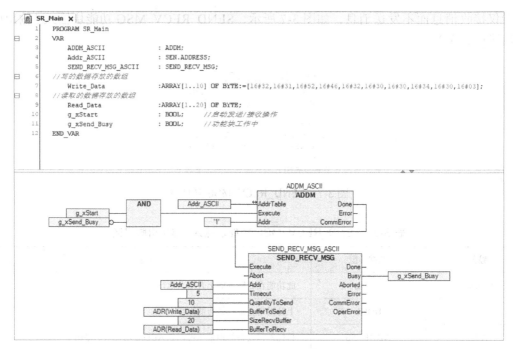

图 3-8 ASCII_Manager 通信示例

3.2 Modbus_Manager 协议管理器

3.2.1 Modbus_Manager 协议管理器配置

在"添加设备"界面中，选择"Modbus_Manager"并单击"添加设备"按钮确认。双击"Modbus_Manager"，在配置界面中配置 Modbus_Manager 通信相关参数，如图 3-9 所示。

1）传输方式：RTU 或 ASCII。

2）寻址：主站/从站选择，如果作为从站时需要设置从站地址。

3）帧间时间：避免总线冲突的时间。对于链路上的每个 Modbus 设备，此参数设置值必须完全相同。

图 3-9 Modbus_Manager 配置

54

3.2.2　Modbus_Manager 协议相关功能块

1）功能块 READ_VAR 用于从 Modbus 从站设备读取参数，如图 3-10 所示，READ_VAR 功能块输入 / 输出引脚描述见表 3-3。

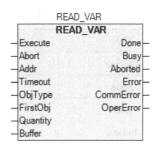

图 3-10　READ_VAR 功能块

表 3-3　READ_VAR 功能块输入 / 输出引脚描述

输入	数据类型	描述
Execute	BOOL	上升沿上执行
Abort	BOOL	上升沿中止正在执行的操作
Addr	ADDRESS	目标外部设备的地址（可以是 ADDM 功能块的输出）
Timeout	WORD	交换超时为 100ms 的倍数（0 表示无限）
ObjType	ObjectType	要读取对象的类型（MW、I、IW 和 Q）
FirstObj	DINT	要读取第一个对象的索引
Quantity	UINT	要读取对象数：1 ~ 125：寄存器（MW 和 IW 类型）；1 ~ 2000：位（I 和 Q 类型）
Buffer	POINTER TO BYTE	用于存储对象值缓冲区的地址。Addr 标准功能必须用于定义关联指针
输出	数据类型	描述
Done	BOOL	True：功能成功完成
Busy	BOOL	True：功能正在执行
Aborted	BOOL	True：使用 Abort 输入中止功能
Error	BOOL	True：执行功能块时检出错误
CommError	BYTE	通信错误代码
OperError	DWORD	操作错误代码

2）功能块 WRITE_VAR 用于将数据写入 Modbus 从站设备，如图 3-11 所示，WRITE_VAR 功能块输入 / 输出引脚描述见表 3-4。

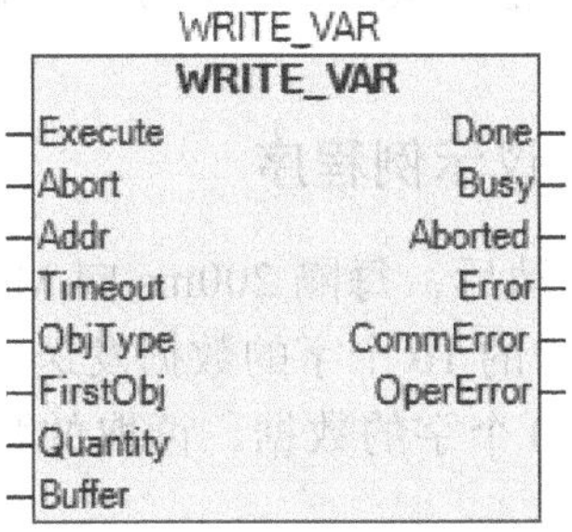

图 3-11　WRITE_VAR 功能块

表 3-4   WRITE_VAR 功能块输入 / 输出引脚描述

输入	数据类型	描述
Execute	BOOL	上升沿上执行
Abort	BOOL	上升沿中止正在执行的操作
Addr	ADDRESS	目标外部设备的地址（可以是 ADDM 功能块的输出）
Timeout	WORD	交换超时为 100ms 的倍数（0 表示无限）
ObjType	ObjectType	要写入对象的类型（MW 和 Q）
FirstObj	DINT	要读取第一个对象的索引
Quantity	UINT	要读取对象数：1 ~ 123：寄存器（MW 类型）；1 ~ 1968：位（Q 类型）
Buffer	POINTER TO BYTE	用于存储对象值缓冲区的地址。Addr 标准功能必须用于定义关联指针
输出	数据类型	描述
Done	BOOL	True：功能成功完成
Busy	BOOL	True：功能正在执行
Aborted	BOOL	True：使用 Abort 输入中止功能
Error	BOOL	True：执行功能块时检出错误
CommError	BYTE	通信错误代码
OperError	DWORD	操作错误代码

3）功能块 WRITE_READ_VAR 可以同时读写从站设备内部寄存器数据，对象仅限 MW 类型，如图 3-12 所示。

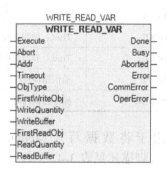

图 3-12   WRITE_READ_VAR 功能块

3.2.3   Modbus_Manager 协议示例程序

当变量 g_xStart 为 TRUE 启动后，每隔 200ms 向 Modbus 接口上从站地址为 2 的从站进行读写操作。将 SendBufer 中的 10 个字的数据发送到目标的 MW0 ~ MW9；随后再从该从站读取 MW0 ~ MW9 这 10 个字的数据，读取的数据存入 ReceiveBuffer 中，程序如图 3-13 所示。

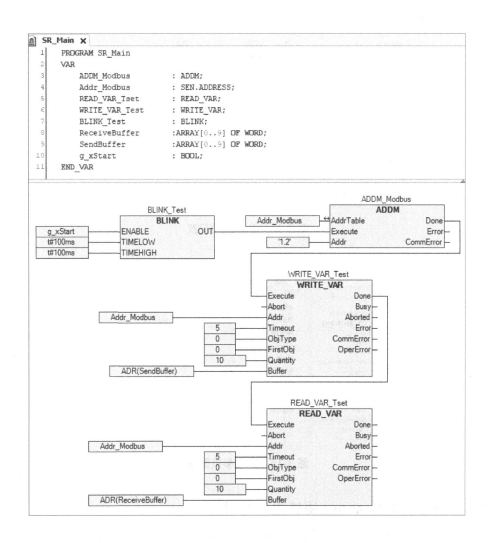

图 3-13　Modbus_Manager 通信示例

3.3　Modbus_IOScanner 协议管理器

本节以 M262 控制器通过 Modbus_IOScanner 对 M241 进行读写为例，介绍 IOScanner 的使用方法。

3.3.1　Modbus_IOScanner 协议管理器配置

1）设置对应串口的通信波特率、校验位、数据位、停止位等，如图 3-14 所示。

2）在"配置"界面中设置从站寻址方式为"从站"，并设置从站地址，如图 3-15 所示。

图 3-14　从站串口配置

图 3-15　从站参数配置

3.3.2　Modbus_IOScanner 协议主站的配置

1）在"添加设备"界面中，选择"Modbus_IOScanner"，并单击"添加设备"按钮确认。双击"Modbus_IOScanner"，在通信界面中选择传输模式，设置响应超时和帧之间的时间等相关参数，如图 3-16 所示。

图 3-16　主站 IOScanner 通用参数配置

2）右键单击 Modbus_IOScanner，选择"添加设备"，在"添加设备"界面中选择通用设备"Generic Modbus Slave"，修改名称为"M241"，单击"添加设备"按钮，如图 3-17 所示。

图 3-17　添加 IOScanner 从站

3）双击添加的 "M241"，在通用属性界面中，设置从站地址和响应超时时间（需要与之前从站配置的地址一致），如图 3-18 所示。

图 3-18　配置从站参数

4）进入 "Modbus 从站通道" 界面，通过单击 "添加通道" 按钮来添加通信的通道，单个设备最多允许添加 10 条通道，如图 3-19 所示。

图 3-19　添加通道

5）通道参数界面如图 3-20 所示。在通道字段中，可以添加下列值：

① 名称：输入通道名称。

② 访问类型：读取、写入或读 / 写多个寄存器或线圈。

③ 触发器：选择交换的触发器。该触发器可以使用在循环时间（ms）字段中定义周期进行循环；也可以通过某个布尔变量的上升沿来启动。

④ 注释：添加有关此通道的注释。

6）在读寄存器字段中，可以配置要在 Modbus 从站上读取的寄存器或 I/O 地址。

① 偏移：要读取的寄存区首地址。

② 长度：要读取的数量。

③ 错误处理：选择通信中断时相关 %IW 的行为。

图 3-20　通道参数

7）在写寄存器字段中，可以配置要写入 Modbus 从站的寄存器或 I/O 地址。

① 偏移：要写入的设备寄存器首地址。

② 长度：要写入的数量。

3.3.3　Modbus_IOScanner 协议示例程序

1）添加了两个通道，通道 0，从读 %MW100（16#64）开始连续 10 个字；通道 1，向 %MW100 开始的连续 10 个字写入。两个通道都是采用循环方式触发，如图 3-21 所示。

图 3-21　添加的通道

2）进入"Modbus MasterI/O 映射"界面可以看到两个通道对应分配给主站的地址，如图 3-22 所示。

图 3-22　I/O 映射

3）对两台 PLC 程序下载后，在线时对写入通道映射的输出寄存器赋值，这 10 个字的值将写入 M241 的 %MW100～%MW109 中，如图 3-23 所示。

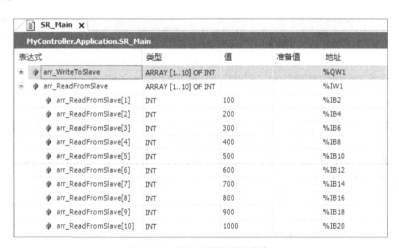

图 3-23　对输出通道赋值

4）监控从 M241 读取通道对应的 10 个字，这 10 个字的值与之前写入的值一致，如图 3-24 所示。

图 3-24　输入通道读取数据

3.4　Machine_Expert_Network_Manager 协议管理器

Machine_Expert_Network_Manager 通信方式是 PLC 和 HMI 都使用 MachineExpert 软件时，直接将 PLC 中的变量（无需分配地址）共享给 HMI，HMI 可以直接使用这些共享的变量，而无需根据地址寻址。

3.4.1　Machine_Expert 中的配置

1）在"设备树"中右键单击"Serial_Line"选择"添加设备"。在"添加设备"界面中选择"Machine_Expert_Network_Manager"并单击"添加设备"按钮确认。

2）在"设备树"中右键单击工程名（MachineExpert_Network），选择"添加设备"，如图 3-25 所示。

3）在弹出的界面中，选择目标的 HMI 设备，并单击"添加设备"按钮进行添加，如图 3-26 所示。

图 3-25　添加设备

图 3-26　选择 HMI 设备

4）新添加的 HMI 设备已开启 Machine_Expert_Network_Manager 功能，此处无需做任何配置，如图 3-27 所示。

图 3-27　添加完 HMI 设备

5）在应用程序中，添加测试用变量并添加测试程序，如图 3-28 所示。

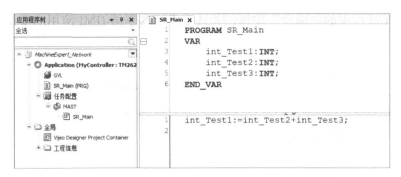

图 3-28　测试程序

6）在"工具树"中，右键单击"Application"，选择"添加对象"→"符号配置"，如图 3-29 所示。

图 3-29　添加符号配置

7）在弹出的"添加符号配置"界面中，单击"打开"按钮，如图 3-30 所示。

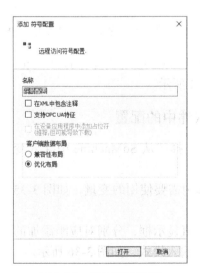

图 3-30　打开符号配置

8）单击工具栏中的"编译"按钮，并选中需要共享给 HMI 使用的变量，如图 3-31 所示。

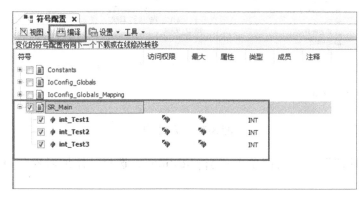

图 3-31 选择共享的变量

9）下载程序至 TM262 控制器中，并记录控制器的节点名称和设备登录用户名及密码（如没有取消该功能），如图 3-32 所示。

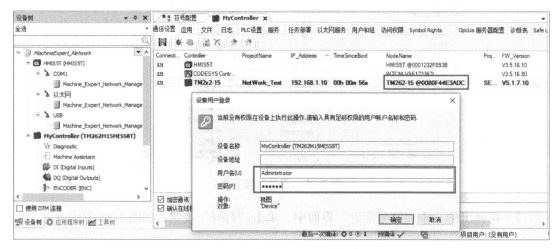

图 3-32 下载程序至 TM262 控制器

10）双击"工具树"中的 HMI 应用程序，打开 Vijeo Designer 编程软件，如图 3-33 所示。

3.4.2 Vijeo Designer 软件中的配置

1）右键单击"变量"，选择"从 SoMachine 中导入变量"，如图 3-34 所示。

2）在弹出的窗口中，选中需要使用的变量，如图 3-35 所示。

3）在画面中添加 3 个数值显示框，分别对应刚添加的 3 个变量，并启用该数显框的输入模式，如图 3-36 所示。

图 3-33 打开 HMI 程序

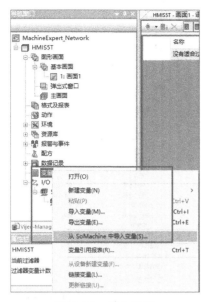

图 3-34　导入变量

图 3-35　选择变量

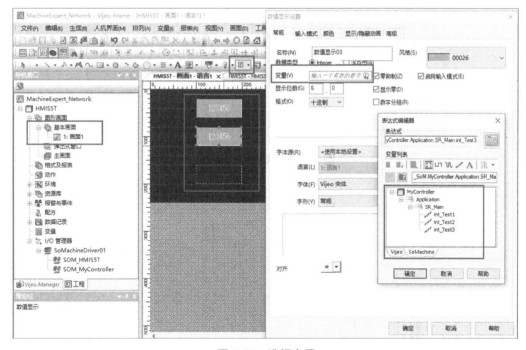

图 3-36　选择变量

4）分别双击"I/O 管理器"下的两个控制器，添上"节点名称"和用户名、密码（如果已禁用用户权限则可以不勾选"启用安全性"）。所填写的内容应与下载 PLC 程序时的参数一致，如图 3-37 所示。

5）由于下载程序前，HMI 设备不能直接找到 PLC，需要通过 USB 电缆、U 盘或以太网等方式下载程序。例如选择"文件系统"，路径指向 U 盘，如图 3-38 所示。

6）单击"生成"→"下载目标"，将 HMI 程序下载到 U 盘中，如图 3-39 所示。

7）下载完成后，U 盘将包含以下文件及文件夹，如图 3-40 所示。

图 3-37　配置控制器参数

图 3-38　通过 U 盘下载程序

图 3-39　下载程序到 U 盘

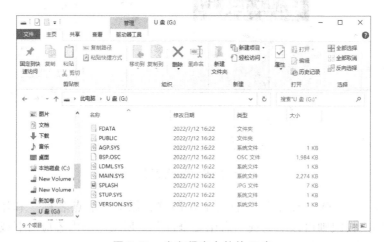

图 3-40　含有程序文件的 U 盘

8）将 U 盘插入 HMI 设备的 USB 接口，设备将会提示是否从 USB 安装新工程？选择"是"后，等待程序下载。完成后拔出 U 盘并重启设备。设备重启后可以与 TM262 控制器正常通信。

第4章
EtherNet/IP 通信应用

EtherNet/IP 是指以太网工业协议（Ethernet Industrial Protocol，EtherNet/IP），是开放的工业联网标准支持实时 I/O 控制和消息传递功能，是基于将以太网应用于工业控制应用日益明显的需求。在讨论 EtherNet/IP 细节之前，首先应该从它的名字讲起。EtherNet/IP 顾名思义，"EtherNet"表示采用以太网技术，也就是 IEEE802.3 标准，完全没有进行修改；"IP"表示工业协议，以区别其他以太网协议。不同于其他工业以太网协议，EtherNet/IP 采用广泛使用的开放协议作为其应用层协议 [也就是 CIP（协议）]。所以，可以认为 EtherNet/IP 就是 CIP 在以太网 TCP/IP 基础上的具体实现。

EtherNet/IP 是一个工业使用的应用层通信约定，可以使控制系统及其元件之间建立通信，例如可编程序控制器、I/O 模组、变频器、伺服等。

M262 控制器的内部集成了 EtherNet/IP 通信接口，本章将以 M262 控制器通过 EtherNet/IP 总线控制 ATV340 变频器和连接 TM3BCEIP 远程 IO 从站的示例介绍其具体的使用方法。

4.1 对 ATV340 变频器的控制

M262 控制器通过 Ethernet/IP 总线与 ATV340 变频器的连接系统架构如图 4-1 所示。

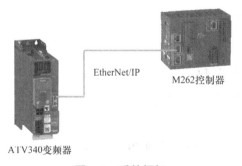

EtherNet/IP

M262控制器

ATV340变频器

图 4-1　系统框架

4.1.1 控制器中的配置（ESME 软件）

1）在"设备树"界面中，右键单击"Ethernet_2"，选择"添加设备"，如图 4-2 所示。

2）在弹出的"添加设备"界面中，选择"EtherNet/IP Scanner"，单击"添加设备"按钮进行确认，如图 4-3 所示。

图 4-2 添加设备

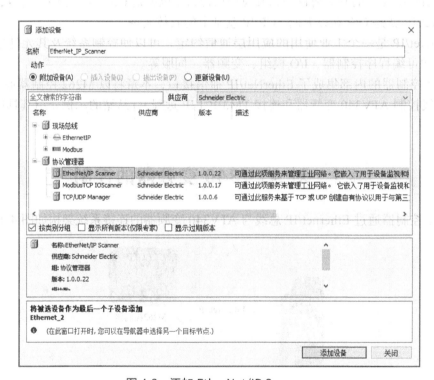

图 4-3 添加 EtherNet/IP Scanner

3）在"设备树"界面中，双击"Ethernet_2"，配置 Ethernet/IP 主站参数，如图 4-4 所示。

① IP 地址的分配方式：DHCP 分配 IP、BOOTP 分配 IP 和固定 IP。

② 如果选择了固定 IP，则需要填写 IP 地址、子网掩码和网关地址。

③ 选择需要激活的通信协议。

④ 环网拓扑选项。

图 4-4　选择通信协议

4）在"设备树"界面中，右键单击"Ethernet_IP_Scanner"，选择"添加设备"，如图 4-5 所示。

图 4-5　添加设备

5）在弹出的"添加设备"界面中，选择"Altivar 340"，单击"添加设备"按钮进行确认，如图 4-6 所示。

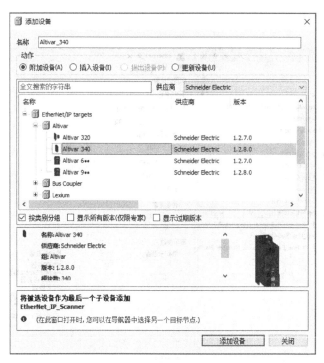

图 4-6　添加 ATV340 变频器从站

6）双击 ATV340 变频器，从地址设置中选择固定 IP 的方式，配置 IP 地址，例如设为192.168.0.6，如图 4-7 所示。

图 4-7　配置从站 IP 地址

4.1.2　变频器中的配置（Somove 软件）

1）设置频率给定通道为本体以太网，组合通道模式，如图 4-8 所示。

2）设置变频器的 IP 地址，选择固定 IP 的方式，配置与控制器中一致的 IP，192.168.0.6，如图 4-9 所示。

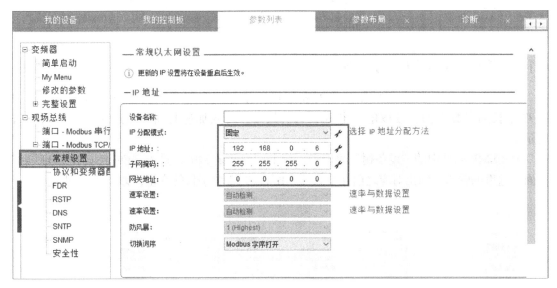

图 4-8　ATV340 变频器频率给定方式

图 4-9　ATV340 IP 地址

4.1.3　使用功能块控制变频器

可以通过功能块 Control_ATV 来控制变频器的
运行，如图 4-10 所示，Control_ATV 功能块引脚描
述见表 4-1。

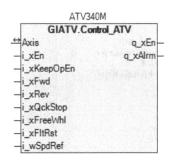

图 4-10　Control_ATV 功能块

表 4-1　Control_ATV 功能块引脚描述

输入	数据类型	描述
i_xEn	BOOL	True：激活功能块
i_xKeepOpEn	BOOL	True：如果没有激活任何命令，则输出级将保持启用状态
i_xFwd	BOOL	True：以速度参考值 i_wSpdRef 启动正方向运动
i_xRev	BOOL	True：以速度参考值 i_wSpdRef 启动反方向运动
i_xQckStop	BOOL	False：如果存在电机运动，则驱动器触发"快速停止" True：不触发"快速停止"
i_xFreeWhl	BOOL	False：如果存在电机运动，则驱动器触发"滑行停止" True：不触发"滑行停止"
i_xFltRst	BOOL	True：驱动器触发"故障复位"
i_wSpdRef	WORD	驱动器的参考速度
输出	数据类型	描述
q_xEn	BOOL	True：已激活功能块
q_xAlrm	BOOL	True：驱动器检测到错误
输入 / 输出	数据类型	描述
Axis	Axis_Ref	将执行该功能块的轴（实例）（与该轴的名称相对应）

4.1.4　使用过程通道读写参数

使用 Somove 软件在变频器参数列表配置中添加读取与写入的参数，最多可以添加 32 个字长的参数例如：读取电机电流和电机频率，写入加速时间和减速时间，如图 4-11 所示。

在 ESME 软件中的"设备树"界面中，双击"Altivar_340"，进入"EtherNet/IP I/O 映射"界面。这里的输入、输出对应之前在变频器内配置的 32 个字长的变量，如图 4-12 所示。

图 4-11　ATV340 变频器参数的配置

图 4-12　EtherNet/IP I/O 映射

4.1.5　示例程序

使用 Control_ATV 功能块控制变频器的启停、方向和工作频率。通过过程通道读取实际电机电流和电机频率；通过过程通道修改变频器的加、减速度，读写时应注意单位，加减速的单位是 0.1s，比如说设置 int_SetAcc=5，则所设置的加速度是 0.5s，如图 4-13 所示。

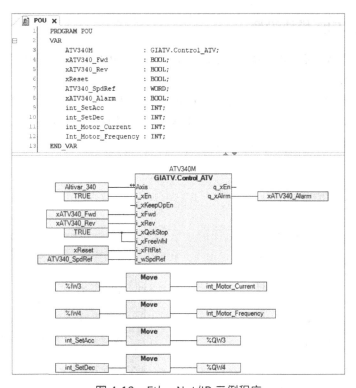

图 4-13　EtherNet/IP 示例程序

4.2 连接 IO 站 TM3BCEIP 模块

在 1.3.2 节，我们讲过 M262 控制器可以连接本地 IO，也可以通过 Ethernet/IP 扩展 TM3BCEIP 分布式 IO 站，还可以扩展 TM5NEIP1 分布式 IO 站，在本章节我们以 TM3B-CEIP 分布式 IO 站为例讲述 M262 控制器通过 Ethernet/IP 连接 TM3BCEIP 分布式 IO 站。

每个分布式 IO 站，通过总线扩展模块（发射器、接收器和总线扩展电缆）增加 7 块远程模块（连接 14 块 TM3 模块：7 个本地 +7 个远程）。M262 控制器最多连接 64 个 TM3 总线连接器（EtherNet/IP 或 ModbusTCP），如图 4-14 所示。

图 4-14　TM3BCEIP 图 1

4.2.1　TM3BCEIP 模块设置

先了解一下 TM3BCEIP 模块，如图 4-15 所示。其正面具有拨码开关 ONES y、TENS x，如图 4-16 所示。

TM3BCEIP 模块具有 DHCP 分配 IP 地址、BOOTP 分配 IP 地址、固定 IP 地址三种方式，无论哪种方式都需要通过拨码开关 ONES y、TENS x 打到不同位置。本章节主要介绍 TM3BCEIP 模块设定固定 IP 地址。

图 4-15　TM3BCEIP 图 2

图 4-16　拨码开关放大图

分为以下三个步骤：

1）图 4-16 中拨码 TENS x 开关打到"0"，拨码 ONES y 开关打到"AUTO"位置。

2）上电，连接 USB 编程电缆，修改 USB 电缆的网址为 90.0.0.1。

3）打开浏览器，输入网址 http：//90.0.0.1，初始用户名和密码都是：Administrator，如果忘记用户名和密码，请单击"Restore user accounts"按钮，如图 4-17 所示。

图 4-17　登录 TM3BCEIP

设置成功后，再次通过 USB 电缆进去，Restore user accounts 按钮不再存在，这时候有可能是通过 https://90.0.0.1 进去，如果设置了实际的 IP 地址，也可以通过实际 IP 地址，比如 https：//192.168.10.15 如图 4-18、图 4-19 所示。

图 4-18　单击高级按钮

图 4-19　单击继续访问

在"MAINTENANCE"界面下，单击"Ethernet"，设置 IP 地址，单击"Apply"，如图 4-20 所示。

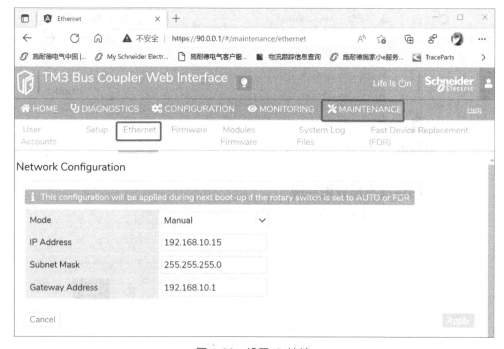

图 4-20　设置 IP 地址

同 M262 控制器 Ethernet/IP 连接是否成功、设置 IP 是否成功等都可以通过模块上的指示灯来判别，指示灯如图 4-21 所示，指示灯变化情况见表 4-2。

TM3BCEIP 模块上以太网指示灯如图 4-22 所示，以太网状态描述见表 4-3。

图 4-21　指示灯

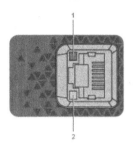

图 4-22　以太网指示灯

表 4-2　TM3BCEIP 指示灯描述

LED 指示灯	颜色	状态	描述
PWR	绿色	亮起	已通电
		熄灭	已断电。所有 LED 指示灯均熄灭
MS	绿色 / 红色	闪烁	设备正执行自检
	绿色	常亮	设备正在运行
		闪烁	设备检测到无效的配置，或者未配置设备
	红色	常亮	设备检测到在大多数情况下不可逆的错误
		闪烁	设备检测到在大多数情况下可逆的错误
			例如：在运行模式期间，旋转开关位置更改。在固件更新期间检测到错误
NS	绿色 / 红色	熄灭	IP 地址未配置
		闪烁	设备正执行自检
	绿色	常亮	已建立至少一个 CIP 连接，且专有所有者连接未超时
		闪烁	已配置 IP 地址，但未建立 CIP 连接，且专有所有者连接已超时
	红色	常亮	设备检测到 IP 地址已在使用
		闪烁	IP 地址已配置，但以此设备作为目标的独占所有者连接已超时
I/O	绿色	常亮	设备正与扩展模块通信

表 4-3　以太网状态描述

标签	描述	LED 指示灯		
		颜色	状态	描述
1	Ethernet 活动	绿色	熄灭	无活动
			闪烁	正在传输或接收数据
2	Ethernet 链路	绿色 / 橙色	熄灭	无链路
			橙色灯亮起	链路速率为 10Mbit/s
			绿灯亮起	链路速率为 100Mbit/s

4.2.2　TM3BCEIP IO 站配置

在 ESME 软件中，右键单击"Ethernet_2"，选择添加设备，找到协议管理器下面的"Ethernet/IP Scanner"，如图 4-23 所示。

图 4-23　添加 Ethernet/IP Scanner

在 ESME 软件中，右键单击"Ethernet/IP Scanner"，选择添加设备，找到 Bus Coupler 下面的"TM3BCEIP"模块，如图 4-24 所示。

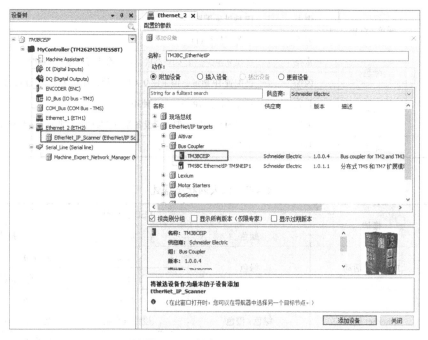

图 4-24　添加 TM3BCEIP

在 ESME 软件中，右键单击"TM3BCEIP"模块，添加相应的输入 / 输出模块，如图 4-25 所示。

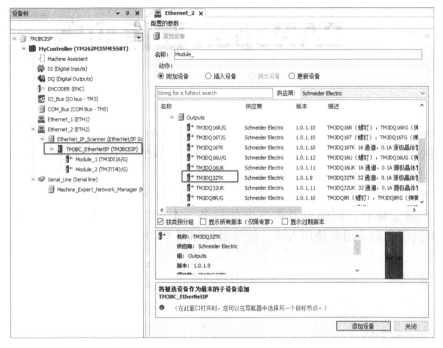

图 4-25　添加 IO 模块

在每一个 TM3BCEIP IO 站上添加模块，使其配置如图 4-14 一致，配置结果如图 4-26 所示。

图 4-26　整体匹配

79

第 5 章
CANopen 通信应用

CANopen 是一种架构在控制局域网路（Controller Area Network，CAN）上的高层通信协定，包括通信子协议及设备子协议，常在嵌入式系统中使用，也是工业控制常用的一种现场总线。

M262 控制器通过扩展 TMSCO1 模块后可以作为 CANopen 的主站，通过 CANopen 总线可以控制变频器、伺服以及第三方的设备。本章以 M262 控制器控制施耐德 LX-M28A 系列伺服为例介绍其使用方法。硬件架构如图 5-1 所示。

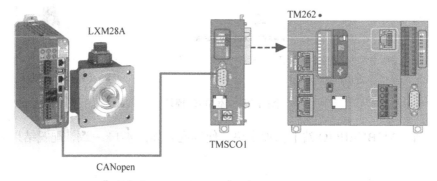

图 5-1　M262 控制器通过 TMSCO1 模块 CANopen 总线控制 LXM28A 伺服

5.1　硬件接线

5.1.1　TMSCO1 模块侧的接线

TMSCO1 模块上的 CANopen 接口是一个 SUB-D9 孔的插头，如图 5-2 所示，针脚定义见表 5-1。

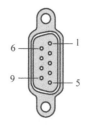

图 5-2　TMSCO1 模块上的接口

表 5-1　TMSCO1 模块上的接口引脚定义

引脚	名称	描述	引脚	名称	描述
1	N.C.	保留	6	CAN_GND	CAN 0Vdc
2	CAN_L	CAN 总线低	7	CAN_H	CAN 总线高
3	CAN_GND	CAN 0Vdc	8	N.C.	保留
4	N.C.	保留	9	N.C.	保留
5	CAN_SHLD	可选 CAN 屏蔽			

5.1.2　LXM28A 伺服侧的接线

LXM28A 伺服的 CAN4 接口是 CANopen 接口，由两个 RJ45 的接口组成，如图 5-3 所示，针脚定义见表 5-2。

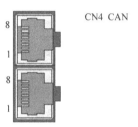

图 5-3　LXM28A 上的 CANopen 接口

表 5-2　LXM28A 上的 CANopen 接口引脚定义

引脚	名称	描述
1	CAN_H	CAN 总线高
2	CAN_L	CAN 总线低
3	CAN_GND	CAN 0Vdc
4, 5		保留
6	CAN_SHLD	可选 CAN 屏蔽
7	CAN_GND	CAN 0Vdc
8		保留

5.1.3　传输速度和电缆长度

CANopen 总线的传输速度受所使用的总线长度限制，其对应关系见表 5-3。

表 5-3　传输速度与总线长度关系

最大传输波特率 /（kbit/s）	总线长度 /m	最大传输波特率 /（kbit/s）	总线长度 /m
1000	20	125	500
800	40	50	1000
500	100	20	2500
250	250		

5.2　LXM28A 伺服通信参数设置

在作为从站的 LXM28A 驱动器上设置 CANopen 从站的节点地址和通信的波特率等参数，这些参数需要与后续编程软件中的硬件组态时的配置一致。

1）波特率 P3-01：　　　Lx0xx　　　　125kbit/s

　　　　　　　　　　　　Lx1xx　　　　250kbit/s

　　　　　　　　　　　　Lx2xx　　　　500kbit/s

　　　　　　　　　　　　Lx4xx　　　　1Mbit/s

2）从站地址 P3-05：从站地址为十进制 1 ~ 127 的整数，每个从站的地址必须唯一。

在实际使用过程中，除通信参数以外还应根据需要对部分 IO 参数进行设定，具体信息可以查询 LXM28A 的产品手册，本文不做详细介绍。

5.3 组态与编程

5.3.1 硬件组态

1）新建程序，选择"缺省项目"，在"控制器栏"选择对应的运动控制器（本例中使用 TM-262M15MES8T），选择主程序的语言类型，修改填写项目"名称"和保存路径，并单击"确定"按钮。

2）在"设备树"中，右键单击"COM_Bus"选择"添加设备"，在弹出的界面中选择"TM-SCO1"模块，并单击"添加设备"按钮进行确认，如图 5-4、图 5-5 所示。

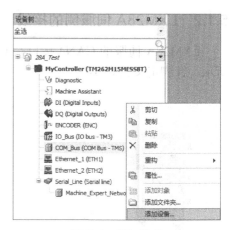

图 5-4 添加设备

图 5-5 添加扩展 TMSCO1 模块

3）在"设备树"中，双击新添加的"TMSCO1"，可以设置 CANopen 主站的通信波特率，如图 5-6 所示。

图 5-6　设置 CANopen 通信波特率

4）在"设备树"中，右键单击"CANopen_Performance"，选择"添加设备"，如图 5-7 所示。

5）在弹出的界面中，选择"Lexium 28 A"伺服，根据需要修改名称后，单击"添加设备"按钮确认，如图 5-8 所示。

6）双击新添加的从站，在"概述"界面中设置从站的"节点"号，如图 5-9 所示。

7）在"SDO"界面中，单击"添加 SDO"按钮。弹出的"对象字典"中包含驱动器的部分参数，可以根据需要添加一些 SDO 参数。PLC在初始化时会将这些参数写入到伺服驱动器，如图 5-10 所示。

图 5-7　添加从站设备

图 5-8　添加 LXM28A 伺服

图 5-9　为从站配置节点号

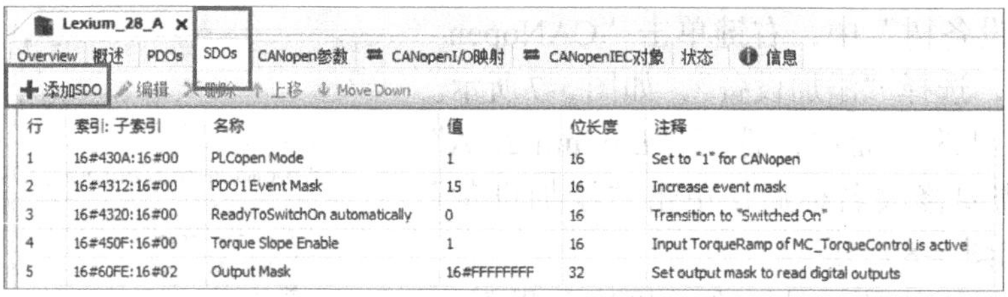

图 5-10　从站的 SDO 页面

例如：LXM28A 伺服在 CANopen 模式下的电子齿轮比是通过两个参数 16#6091/6092 来设定的，齿轮比 = $\dfrac{6091sub1 \times 6092sub1}{6091sub2 \times 6092sub2}$ ，默认情况下是 1280000 脉冲对应一圈，如图 5-11 所示。16#6091 对应的是减速机的减速比，16#6092 对应的是电机转数与脉冲个数对应关系。

本例中 6091sub1=1，6091sub2=1，6092sub1=10000，6092sub2=1 表示 10000 个脉冲每圈。

图 5-11　从对象字典中添加参数

8）PDO 通道配置：在"PDO"界面中，左侧是从 PLC 发送到伺服的 PDO 数据，右侧是从伺服反馈到 PLC 的 PDO 数据。收发各有 4 个 PDO 通道，每个通道最大支持 4 个字。可以对除默认已使用的 PDO1 通道外其余 3 个通道的数据进行编辑，如图 5-12 所示。

例如：在右侧的 PDO4 通道中添加了实际力矩（16#6077）和实际跟随误差（16#60F4），并勾选上 PDO4 左侧的按钮。

图 5-12　PDO 通道

9）在"CANopenI/O 映射"界面中，可以看到新增加的参数以及对应的 IO 地址，在程序里可以映射或直接读取这两个变量的地址就可以获取该参数的数值，如图 5-13 所示。

图 5-13　CANopenI/O 映射

5.3.2　总线状态读取

应先检查从站的状态，只有当从站进入了 Operational 状态后，才可以对该 CANopen 从站进行控制操作。本例为添加 CANopen 从站检测程序，当从站进入 Operational 状态后，变量 xComOk 将为 True，如图 5-14 所示。

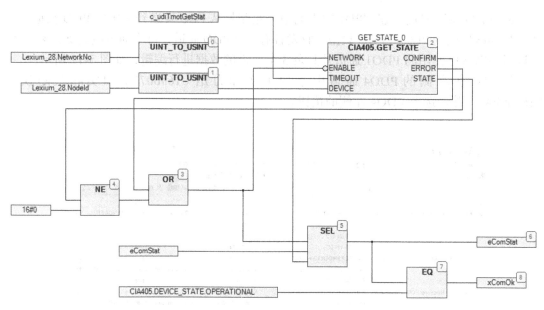

图 5-14　读取 CANopen 从站的状态示例

5.3.3　轴控制功能块

　　M262 控制器通过 CANopen 通信控制 LXM28A 伺服需要使用的功能块包含在库 "Lexium 28"，在硬件组态中添加了 LXM28A 从站后会自动添加，如果没有添加可以手动添加，如图 5-15 所示。

图 5-15　库管理器

　　CANopen 下 LXM28A 运动控制功能块之间的流程如图 5-16 所示。

1. 使能

　　伺服可以正常使能是做所有运动控制的前提，功能块 MC_Power_LXM28 用于控制伺服使能。在正常伺服控制过程中，输入引脚 Enable 需要始终保持 True，如图 5-17 所示，MC_Power_LXM28 功能块输入 / 输出引脚描述见表 5-4。

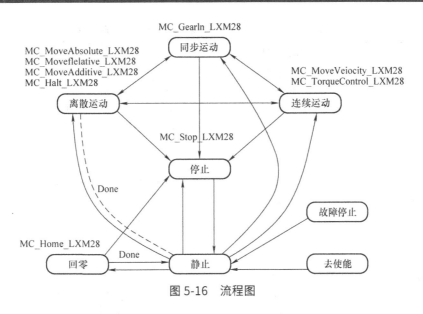

图 5-16　流程图

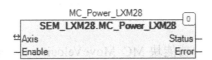

图 5-17　MC_Power_LXM28 功能块

表 5-4　MC_Power_LXM28 功能块引脚描述

输入	数据类型	描述
Axis	Axis_Ref_LXM28	功能块将引用的轴
Enable	BOOL	True：持续执行功能块
输出	数据类型	描述
Status	BOOL	True：输出级已启用
Error	BOOL	True：执行功能块时检出错误

2. 点动模式

伺服使能以后，通常可以使用功能块 MC_Jog_
LXM28 控制伺服进行点动操作，伺服轴根据指令
进行正反转运行，可以达到检测机械的目的，如
图 5-18 所示，MC_Jog_LXM28 输入 / 输出引脚描述见
表 5-5。

点动功能块支持两种点动方式：连续运动和步进
运动。当正向点动或反向点动输入信号时间小于 "Wait-
Time" 时，电机运动 "TipPos" 设定的步进距离；当正
向点动或反向点动输入信号时间大于 "WaitTime" 时，电机执行连续运动。

图 5-18　MC_Jog_LXM28 功能块

表 5-5　MC_Jog_LXM28 功能块输入 / 输出引脚描述

输入	数据类型	描述
Axis	Axis_Ref_LXM28	功能块将引用的轴
Forward	BOOL	True：正向点动（顺时针）
Backward	BOOL	True：反向点动（逆时针）
Fast	BOOL	FALSE：低速点动 True：高速点动
TipPos	DINT	步进距离
WaitTime	INT	步进转变到连续点动模式的时间（1..32767）[ms]
VeloSlow	DINT	点动低速
VeloFast	DINT	点动高速
输出	数据类型	描述
Done	BOOL	True：功能块成功执行
Busy	BOOL	True：功能块正在执行中
CommandAborted	BOOL	True：执行已被另一个功能块所中止
Error	BOOL	True：已在执行功能块时检出错误

3. 速度模式

伺服使能后，可以使用的功能块 MC_MoveVelocity_LXM28 控制伺服根据设定的速度进行运行，如图 5-19 所示，MC_MoveVelocity_LXM28 功能块输入 / 输出引脚描述见表 5-6。

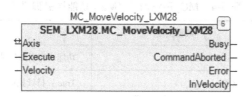

图 5-19　MC_MoveVelocity_LXM28 功能块

输入"Velocity"是以所设定一圈对应的脉冲数进行计算。以 10000 个脉冲每圈为例，如果希望电机运行的 1200r/min，则需要输入 $Velocity = \dfrac{1200 \times 10000}{60} = 200000$。

表 5-6　MC_MoveVelocity_LXM28 功能块输入 / 输出引脚描述

输入	数据类型	描述
Axis	Axis_Ref_LXM28	功能块将引用的轴
Execute	BOOL	上升沿可启动功能块
Velocity	DINT	目标速度
输出	数据类型	描述
InVelocity	BOOL	True：达到目标速度
Busy	BOOL	True：功能块正在执行中
CommandAborted	BOOL	True：执行已被另一个功能块所中止
Error	BOOL	True：已在执行功能块时检出错误

新的速度设定值将在输入信号"Execute"上升沿后被激活。例如前后两次分别给定了 2000 和 3000 的转速，新的速度设定值只会在 Execute 的上升沿后生效，如图 5-20 所示。

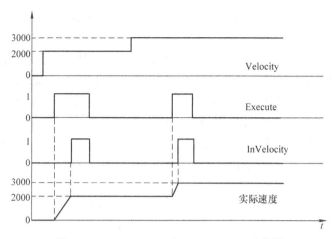

图 5-20　MC_MoveVelocity_LXM28 功能块

4.回零模式

在一个运动控制机械系统中，通常需要确定一个基准点来作为整个运动系统的坐标零点，即原点。可以使用 MC_Home_LXM28 和 MC_Set-Position_LXM28 来实现原点的设定。

（1）MC_Home_LXM28

寻零功能块根据设置好的寻零模式进行寻零，完成后轴静止，如图 5-21 所示，MC_Home_LXM28 功能块输入 / 输出引脚描述见表 5-7。

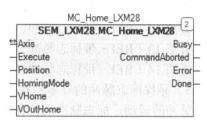

图 5-21　MC_Home_LXM28 功能块

表 5-7　MC_Home_LXM28 功能块输入 / 输出引脚描述

输入	数据类型	描述
Axis	Axis_Ref_LXM28	功能块将引用的轴
Execute	BOOL	上升沿可启动功能块
Position	DINT	顺利结束基准点定位之后，就会将该位置值自动设定在基准点上
HomingMode	UINT	回零方式
VHome	DINT	搜索原点开关时的速度
VOutHome	DINT	退出原点开关范围时的速度
输出	数据类型	描述
Done	BOOL	True：无检出错误时执行终止
Busy	BOOL	True：功能块正在执行中
CommandAborted	BOOL	True：执行已被另一个功能块所中止
Error	BOOL	True：已在执行功能块时检出错误

回零方式（HomingMode）主要可以分为限位开关、零点开关、电机零脉冲和设置零点 4 类。

1）寻找限位开关的寻零：电机将朝向正限位或负限位运动；在到达限位开关后，电机将停转，将执行驶离限位开关点的运动；再从限位开关点出发，运动将朝向电机的下一个标志脉冲或朝向所设定的至开关点间距位置。标志脉冲或所设定的至开关点间距位置就是零点。

寻找正限位的方法：方法 18（正限位）和方法 2（正限位 + 标志脉冲）。

寻找负限位的方法：方法 17（负限位）和方法 1（负限位 + 标志脉冲）。

2）寻找基准开关的寻零：在寻找基准开关的寻零运行中，执行的运动将朝向基准开关。在到达基准开关后，电机将停转，将执行驶离基准开关的开关点的运动。从基准开关的开关点出发，运动将朝向电机的下一个标志脉冲或朝向至开关点的可设定的间距。标志脉冲或所设定的至开关点间距位置就是基准点。

正向寻基准开关的方法：

方法 7（REF+ 带标志脉冲，向外逆转）、方法 23（REF+，向外逆转）。

方法 8（REF+ 带标志脉冲，向内逆转）、方法 24（REF+，向内逆转）。

方法 9（REF+ 带标志脉冲，未向内逆转）、方法 25（REF+，未向内逆转）。

方法 10（REF+ 带标志脉冲，未向外逆转）、方法 26（REF+，未向外逆转）。

反向寻基准开关的方法：

方法 11（REF- 带标志脉冲，向外逆转）、方法 27（REF-，向外逆转）。

方法 12（REF- 带标志脉冲，向内逆转）、方法 28（REF-，向内逆转）。

方法 13（REF- 带标志脉冲，未向内逆转）、方法 29（REF-，未向内逆转）。

方法 14（REF- 带标志脉冲，未向外逆转）、方法 30（REF-，未向外逆转）。

3）寻找标志脉冲的寻零：在标志脉冲的寻零运行中，将执行从实际位置朝向下一个标志脉冲的运动。标志脉冲的位置就是零点。

寻找标志脉冲的方法：方法 33（反向寻找标志脉冲）和方法 34（正向寻找标志脉冲），如图 5-22 所示。

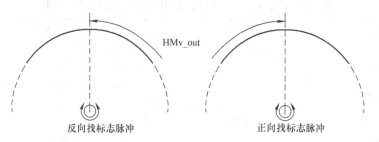

图 5-22　寻找标志脉冲

4）位置设定：在位置设定时，将当前的电机位置设至成参数 Position 的位置值。于是定义了零点。只能在电机处于停止状态时，才可以执行位置设定。

位置设置的方法：方法 35。

（2）MC_SetPosition_LXM28

该功能块将电机当前位置设成某个目标值，与 MC_Home_LXM28 不同，功能块执行过程中轴保持静止状态。其中模式如果为绝对，则功能块执行完成后，轴的当前位置等于参数"Position"的值；如果模式为相对，则功能块执行完后，轴的当前位置等于执行前的位置与参数"Position"的和，如图 5-23 所示，MC_SetPosition_LXM28 功能块输入 / 输出引脚描述见表 5-8。

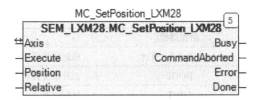

图 5-23　MC_SetPosition_LXM28 功能块

表 5-8　MC_SetPosition_LXM28 功能块输入 / 输出引脚描述

输入	数据类型	描述
Axis	Axis_Ref_LXM28	功能块将引用的轴
Execute	BOOL	上升沿可启动功能块
Position	DINT	设定的位置
Relative	BOOL	False：绝对方式。True：将设定位置与当前位置相对方式计算
输出	数据类型	描述
Done	BOOL	True：无检出错误时执行终止
Busy	BOOL	True：功能块正在执行中
CommandAborted	BOOL	True：执行已被另一个功能块所中止
Error	BOOL	True：已在执行功能块时检出错误

5. 定位模式

在运动控制应用中，定位模式是经常用到的一种控制模式，根据控制的要求不同，定位常常分为绝对定位与相对定位两种模式。定位相关的功能块包括 MC_MoveAbsolute_LXM28、MC_MoveRelative_LXM28 和 MC_MoveAdditive_LXM28。

1）执行相对运动时，运动以当前电机位置为参考，如图 5-24 所示，定位功能块引脚定义见表 5-9。

2）执行的绝对运动以系统零点为参考，在执行绝对运动前，系统必须已确定零点，如图 5-25 所示，定位功能块引脚定义见表 5-9。

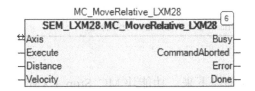

图 5-24　MC_MoveRelative_LXM28 功能块

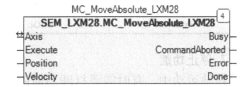

图 5-25　MC_MoveAbsolute_LXM28 功能块

3）叠加定位是当前正在执行的目标位置基础上叠加一个位置，如图 5-26 所示，定位功能块引脚定义见表 5-9。

定位功能块的输入 "Position" 以脉冲为单位；输入 "Velocity" 是以所设定一圈对应的脉冲数进行计算。以 10000 个脉冲每圈为例，如果希望电机以 1200r/min 的转速相对定位 3 圈，则输入需要输入 Position=30000，

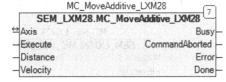

图 5-26　MC_MoveAdditive_LXM28 功能块

$$\text{Velocity} = \frac{1200 \times 10000}{60} = 200000 \text{。}$$

表 5-9　定位功能块引脚定义

输入	数据类型	描述
Axis	Axis_Ref_LXM28	功能块将引用的轴
Execute	BOOL	上升沿可启动功能块
Position/Distance	DINT	目标位置
Velocity	DINT	定位时的速度
输出	数据类型	描述
Done	BOOL	True：无检出错误时执行终止
Busy	BOOL	True：功能块正在执行中
CommandAborted	BOOL	True：执行已被一个功能块所中止
Error	BOOL	True：已在执行功能块时检出错误

6. 力矩模式

伺服使能以后，可以控制伺服根据设定的力矩进行运行，使用的功能块为 MC_Torque-Control_LXM28，如图 5-27 所示，MC_Torque-Control_LXM28 功能块引脚描述见表 5-10。

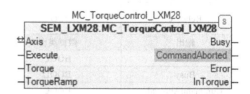

图 5-27　MC_TorqueControl_LXM28 功能块

表 5-10　MC_TorqueControl_LXM28 功能块引脚描述

输入	数据类型	描述
Axis	Axis_Ref_LXM28	功能块将引用的轴
Execute	BOOL	上升沿可启动功能块
Torque	INT	设定力矩 [单位额定力矩的 0.1%]
TorqueRamp	DINT	转矩加速度
输出	数据类型	描述
InTorque	BOOL	True：达到目标力矩
Busy	BOOL	True：功能块正在执行中
CommandAborted	BOOL	True：执行已被另一个功能块所中止
Error	BOOL	True：已在执行功能块时检出错误

7. 停止功能

在轴运动中，有时需要打断当前的运动，让轴停下来。功能块 MC_Stop_LXM28 和 MC_Halt_LXM28 都可以中断所有正在执行的运动任务，使轴按照设定的减速度停止下来，完成后轴进入静止状态。

通常 MC_Halt_LXM28 用于正常的停止；而 MC_Stop_LXM28 多用于急停，如图 5-28 所示，MC_Halt_LXM28/MC_Stop_LXM28 功能块引脚描述见表 5-11。

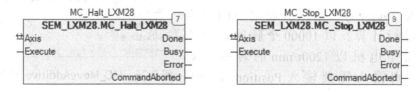

图 5-28　MC_Halt_LXM28/MC_Stop_LXM28 功能块

表 5-11 MC_Halt_LXM28/MC_Stop_LXM28 功能块引脚描述

输入	数据类型	描述
Axis	Axis_Ref_LXM28	功能块将引用的轴
Execute	BOOL	上升沿可启动功能块
输出	数据类型	描述
Done	BOOL	True：无检出错误时执行终止
Busy	BOOL	True：功能块正在执行中
CommandAborted	BOOL	True：执行已被另一个功能块所中止
Error	BOOL	True：已在执行功能块时检出错误

8. 探针功能

在包装、印刷等应用中，常常需要对色标等信号进行高速捕捉，获取检测到色标传感器时刻某些轴的位置。如果通过程序去读取轴的位置，受程序扫描周期的影响，导致捕捉的准确性会与实际值有一定的误差，稳定性不够好。LXM28A 伺服的数字量输入 DI6 和 DI7 分别对应捕捉的通道 1 和通道 2，直接将传感器信号接入伺服驱动器，在进行色标捕捉等操作时，捕捉动作不受程序扫描周期影响，无论是准确性还是稳定性都能获得比较好的效果。

1）捕捉功能块：功能块 MC_TouchProbe_LXM28 用于位置捕捉，可以根据信号状态选择是上升沿有效或下降沿有效。当检测接入 LXM28A 伺服的 DI6 或 DI7 的信号有动作后，立即将该伺服当前的位置值保存，供后续程序使用，如图 5-29 所示，MC_TouchProbe_LXM28 引脚描述见表 5-12。

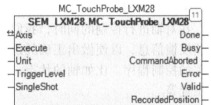

图 5-29 MC_TouchProbe_LXM28 功能块

表 5-12 MC_TouchProbe_LXM28 功能块引脚描述

输入	数据类型	描述
Axis	Axis_Ref_LXM28	功能块将引用的轴
Execute	BOOL	上升沿可启动功能块
Unit	UINT	通道选择（1=CAP1，2=CAP2）
TriggerLevel	BOOL	选择触发模式，True：上升沿，FALSE：下降沿
SingleShot	BOOL	False：连续触发，True：触发单次
输出	数据类型	描述
Done	BOOL	True：无检出错误时执行终止
Busy	BOOL	True：功能块正在执行中
CommandAborted	BOOL	True：执行已被另一个功能块所中止
Error	BOOL	True：已在执行功能块时检出错误
Valid	BOOL	True：触发生效
RecordedPosition	DINT	捕捉到的位置值

2）取消捕捉功能块：由于某些原因希望取消那些已经激活但还未检测到的 TP 信号。MC_TouchProbe_LXM28 功能，是可以使用 MC_AbortTrigger_LXM28 功能块来处理，如图 5-30 所示，MC_AbrotTrigger_LXM28 功能块引脚描述见表 5-13。

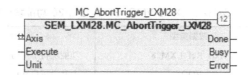

图 5-30　MC_AbrotTrigger_LXM28 功能块

表 5-13　MC_AbrotTrigger_LXM28 功能块引脚描述

输入	数据类型	描述
Axis	Axis_Ref_LXM28	功能块将引用的轴
Execute	BOOL	上升沿可启动功能块
Unit	UINT	通道选择（1=CAP1，2=CAP2）
输出	数据类型	描述
Done	BOOL	True：无检出错误时执行终止
Busy	BOOL	True：功能块正在执行中
Error	BOOL	True：已在执行功能块时检出错误

9. 信息读取

在对轴进行控制的同时，我们需要读取轴的一些反馈信息，以便做出正确的逻辑判断，完善相关的控制程序。比如轴的状态、实际速度和实际位置等。

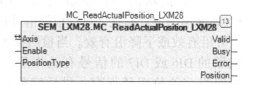

图 5-31　MC_ReadActualPosition_LXM28 功能块

1）读取轴的位置，如图 5-31 所示，MC_ReadActualPosition_LXM28 功能块引脚描述见表 5-14。

表 5-14　MC_ReadActualPosition_LXM28 功能块引脚描述

输入	数据类型	描述
Axis	Axis_Ref_LXM28	功能块将引用的轴
Enable	BOOL	True：功能块持续执行
PositionType	INT	所读位置的类型。0：实际位置；1：给定位置；2：目标位置
输出	数据类型	描述
Valid	BOOL	True：功能块正常执行，数据有效
Busy	BOOL	True：功能块正在执行中
Error	BOOL	True：已在执行功能块时检出错误
Position	DINT	读取的位置值

2）读取轴的速度，如图 5-32 所示，MC_ReadActualVelocity_LXM28 功能块引脚描述见表 5-15。

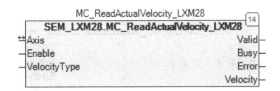

图 5-32　MC_ReadActualVelocity_LXM28 功能块

表 5-15　MC_ReadActualVelocity_LXM28 功能块引脚描述

输入	数据类型	描述
Axis	Axis_Ref_LXM28	功能块将引用的轴
Enable	BOOL	True：功能块持续执行
VelocityType	INT	读取速度的类型。0：实际速度；1：给定速度
输出	数据类型	描述
Valid	BOOL	True：功能块正常执行，数据有效
Busy	BOOL	True：功能块正在执行中
Error	BOOL	True：已在执行功能块时检出错误
Velocity	DINT	读取的速度值

3）读取轴的力矩，如图 5-33 所示，MC_ReadActualTorque_LXM28 功能块引脚描述见表 5-16。

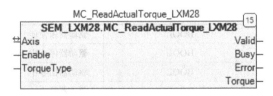

图 5-33　MC_ReadActualTorque_LXM28 功能块

表 5-16　MC_ReadActualTorque_LXM28 功能块引脚描述

输入	数据类型	描述
Axis	Axis_Ref_LXM28	功能块将引用的轴
Enable	BOOL	True：功能块持续执行
TorqueType	INT	读取力矩的类型。0：实际力矩；1：给定力矩；2：目标力矩
输出	数据类型	描述
Valid	BOOL	True：功能块正常执行，数据有效
Busy	BOOL	True：功能块正在执行中
Error	BOOL	True：已在执行功能块时检出错误
Torque	INT	读取的力矩值

4）读取轴的状态，如图 5-34 所示，MC_ReadStatus_LXM28 功能块引脚描述见表 5-17。

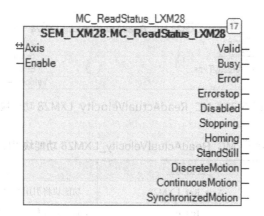

图 5-34 MC_ReadStatus_LXM28 功能块

表 5-17 MC_ReadStatus_LXM28 功能块引脚描述

输入	数据类型	描述
Axis	Axis_Ref_LXM28	功能块将引用的轴
Enable	BOOL	True：功能块持续执行
输出	数据类型	描述
Valid	BOOL	True：功能块正常执行，数据有效
Busy	BOOL	True：功能块正在执行中
Error	BOOL	True：已在执行功能块时检出错误
Errorstop	BOOL	驱动器由于故障导致停止
Disabled	BOOL	驱动器未使能
Stopping	BOOL	驱动器停止中
Homing	BOOL	驱动器回零中
StandStill	BOOL	驱动器静止
DiscreteMotion	BOOL	驱动器离散运动方式移动
ContinuousMotion	BOOL	驱动器连续运行中
SynchronizedMotion	BOOL	驱动器同步中

5）读取轴的故障代码。当伺服驱动器发生故障时，可以使用功能块 MC_ReadAxisError_LXM28 读取当前的故障代码，如图 5-35 所示，MC_ReadAxisError_LXM28 功能块引脚描述见表 5-18。

图 5-35 MC_ReadAxisError_LXM28 功能块

表 5-18　MC_ReadAxisError_LXM28 功能块引脚描述

输入	数据类型	描述
Axis	Axis_Ref_LXM28	功能块将引用的轴
Enable	BOOL	True：功能块持续执行
输出	数据类型	描述
Valid	BOOL	True：功能块正常执行，数据有效
Busy	BOOL	True：功能块正在执行中
Error	BOOL	True：执行功能块时检出错误
ErrorID	DWORD	故障代码
ErrorFB	STRING	发生了错误中的功能块实例

10. 复位

当伺服发生的故障被排除后，可以使用功能块 MC_Reset_LXM28 对伺服驱动器进行复位操作，如图 5-36 所示，MC_Reset_LXM28 功能块引脚描述见表 5-19。

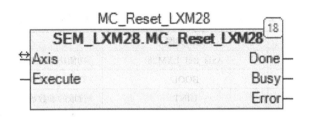

图 5-36　MC_Reset_LXM28 功能块

表 5-19　MC_Reset_LXM28 功能块引脚描述

输入	数据类型	描述
Axis	Axis_Ref_LXM28	功能块将引用的轴
Execute	BOOL	上升沿可启动功能块
输出	数据类型	描述
Done	BOOL	True：无检出错误时执行终止
Busy	BOOL	True：功能块正在执行中
Error	BOOL	True：已在执行功能块时检出错误

11. 参数读写

前文介绍的通过 PDO 通道读写参数，由于是实时通道，如果添加参数太多会造成通信堵塞，引起通信故障。我们可以通过读写参数的功能块以 SDO 的方式分时对参数进行读写操作。

1）功能块 MC_ReadParameter_LXM28 可以读取伺服参数列表的参数，如图 5-37 所示，MC_ReadParameter_LXM28 功能块引脚描述见表 5-20。

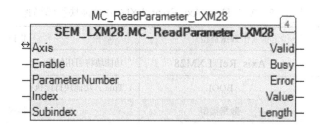

图 5-37　MC_ReadParameter_LXM28 功能块

参数 ParameterNumber 的值不同，所读取的参数也有所差异：

1：命令位置

2：正向软限位位置

3：反向软限位位置

10：实际速度

11：命令速度

1000：根据参数索引号和子索引读取参数

1001：正 / 反向软限位是否有效

表 5-20　MC_ReadParameter_LXM28 功能块引脚描述

输入	数据类型	描述
Axis	Axis_Ref_LXM28	功能块将引用的轴
Enable	BOOL	True：连续执行功能块
ParameterNumber	UINT	读取的参数数量
Index	UINT	索引号。ParameterNumber = 1000 时有效
Subindex	UINT	子索引号。ParameterNumber = 1000 时有效
输出	数据类型	描述
Valid	BOOL	True：功能块正常执行，数据有效
Busy	BOOL	True：功能块正在执行中
Error	BOOL	True：已在执行功能块时检出错误
Value	DINT	读取的参数值
Length	UINT	参数数据长度（字节）

2）功能块 MC_WriteParameter_LXM28 可以修改伺服列表的参数，如图 5-38 所示，MC_WriteParameter_LXM28 功能块引脚描述见表 5-21。

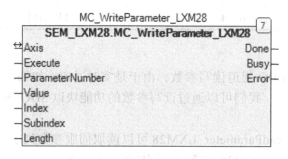

图 5-38　MC_WriteParameter_LXM28 功能块

参数 ParameterNumber 的值不同，所写入的参数也有所差异：

2：正向软限位位置

3：反向软限位位置

1000：根据参数索引号和子索引写参数

表 5-21　MC_WriteParameter_LXM28 功能块引脚描述

输入	数据类型	描述
Axis	Axis_Ref_LXM28	功能块将引用的轴
Execute	BOOL	上升沿触发功能块
ParameterNumber	UINT	写入参数的数量
Value	DINT	写入的参数值
Index	UINT	索引号。ParameterNumber = 1000 时有效
Subindex	UINT	子索引号。ParameterNumber = 1000 时有效
Length	UINT	参数长度（字节数）。ParameterNumber = 1000 时有效
输出	数据类型	描述
Done	BOOL	True：无检出错误时执行终止
Busy	BOOL	True：功能块正在执行中
Error	BOOL	True：已在执行功能块时检出错误

3）读写参数示例：（参数的索引号和子索引号的相关信息请查询 LXM28A 的产品手册）

通过读写参数功能块修改并读取伺服的回零方式 HomingMethod（索引号为 16#6098，子索引号为 0，数据类型为 INT8），如图 5-39 所示。

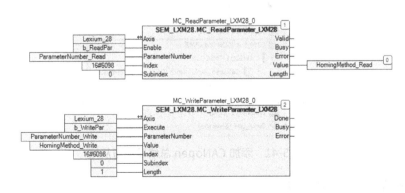

图 5-39　读写参数示例

5.4.1 项目介绍

如图 5-40 所示的伺服活塞泵，伺服电动机通过一根导程为 10mm 的丝杆控制活塞升降运动。当进液阀打开，出液阀关闭时，活塞向上运动则可以完成抽液动作；当进液阀关闭，出液阀打开时，活塞向下运动则可以完成灌液动作。

设备的基本逻辑动作：

1）打开进液阀，关闭出液阀，伺服控制活塞向上运动到原点传感器位置停下，将当前位置设为原点。

2）接收到灌装信号后，关闭进液阀，延时打开出液阀，伺服控制活塞向下根据设定的距离进行定位运动。

3）定位结束后关闭出液阀，延时打开进液阀。

4）伺服控制活塞向上运动，碰到原点传感器后停止并重新设原点。

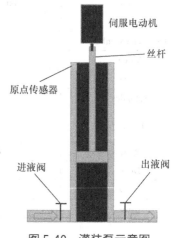

图 5-40 灌装泵示意图

5.4.2 硬件组态

新建工程，在"设备树"中，"COM_Bus"下添加"TMSCO1"模块，并添加"CANopen_Performance"以及"Lexium 28 A"伺服从站，将从站的名称修改为"Axis_Pump"，如图 5-41 所示。

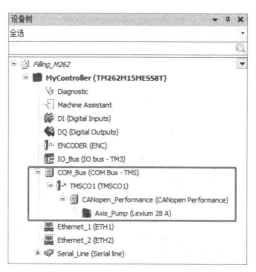

图 5-41 添加 CANopen 总线模块与从站

设置从站地址，本例中设成 3。

设置电子齿轮比，6092sub1=1000，6092sub2=1，1000 个脉冲对应丝杆 10mm。

5.4.3　程序编写

1）在"应用程序树"中添加主程序 SR_Main，语言选择顺序功能图（SFC），并添加三个分支，如图 5-42 所示。

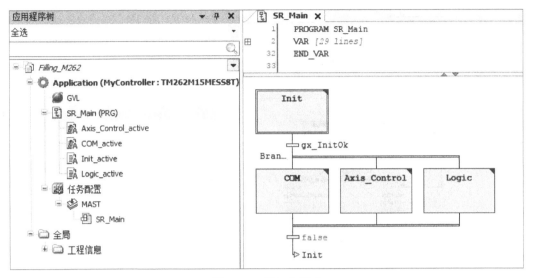

图 5-42　添加主程序

2）双击"Init"，添加初始化程序。本例的初始化程序中只对变量 gx_InitOk 进行置位操作，实际应用中可以做对变量赋初始值或延时的操作，初始化程序如图 5-43 所示。

图 5-43　初始化程序

3）双击"COM"，添加从站通信检测程序，如图 5-44 所示。

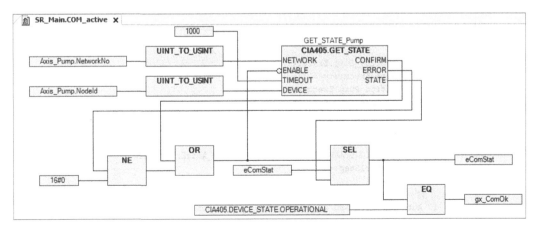

图 5-44　通信检测程序

4）双击"Axis_Control"，添加伺服运动控制相关功能块，如图 5-45 所示。

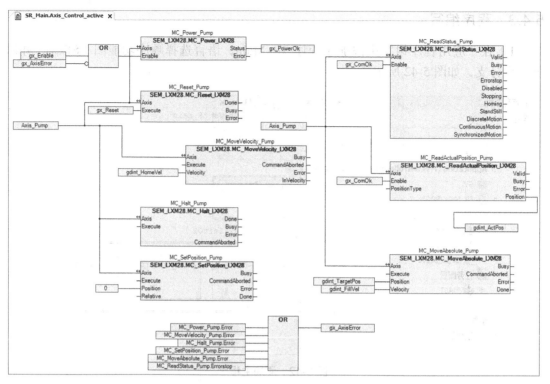

图 5-45　轴控功能块程序

5）双击"Logic"，添加逻辑控制程序，如图 5-46 所示。

```
 SR_Main.Logic_active  X
 1    Home_R_TRIG(CLK:=gx_HomeStart , Q=> );
 2    Auto_R_TRIG(CLK:=gx_AutoStart , Q=> );
 3    InDelay_TON(IN:= , PT:=T#100MS , Q=> , ET=> );
 4    OutDelay_TON(IN:= , PT:=T#100MS , Q=> , ET=> );
 5    IF gx_AxisError THEN
 6        int_ControlStep:=0;
 7    END_IF
 8
 9    CASE int_ControlStep OF
10    0:  //初始化
11        MC_MoveVelocity_Pump.Execute:=FALSE;
12        MC_Halt_Pump.Execute:=FALSE;
13        MC_SetPosition_Pump.Execute:=FALSE;
14        MC_MoveAbsolute_Pump.Execute:=FALSE;
15        InDelay_TON.IN:=FALSE;
16        OutDelay_TON.IN:=FALSE;
17        //回零
18        IF  Home_R_TRIG.Q AND gx_PowerOk AND NOT gx_AxisError THEN
19            int_ControlStep:=100;
20        END_IF
21        //灌装
22        IF Auto_R_TRIG.Q AND gx_PowerOk AND gx_HomeDone AND NOT gx_AxisError THEN
23            int_ControlStep:=200;
24        END_IF
```

图 5-46　逻辑程序

```
25    100:
26        qx_InValve:=TRUE;               //进液阀打开
27        qx_OutValve:=FALSE;             //出液阀关闭
28        gx_HomeDone:=FALSE;
29        IF NOT ix_HomeSensor THEN
30            int_ControlStep:=110;
31        ELSE
32            int_ControlStep:=130;
33        END_IF
34    110:
35        MC_MoveVelocity_Pump.Execute:=TRUE;
36        IF ix_HomeSensor THEN           //碰到原点传感器
37            int_ControlStep:=120;
38        END_IF
39    120:
40        MC_MoveVelocity_Pump.Execute:=FALSE;
41        MC_Halt_Pump.Execute:=TRUE;
42        IF MC_Halt_Pump.Done THEN
43            int_ControlStep:=130;
44        END_IF
45    130:
46        MC_Halt_Pump.Execute:=FALSE;
47        MC_SetPosition_Pump.Execute:=TRUE;    //设置原点
48        IF MC_SetPosition_Pump.Done THEN
49            gx_HomeDone:=TRUE;
50            int_ControlStep:=0;
51        END_IF
52
53    200:
54        qx_InValve:=FALSE;              //进液阀关
55        OutDelay_TON.IN:=TRUE;          //延时
56        IF OutDelay_TON.Q THEN
57            int_ControlStep:=210;
58        END_IF
59    210:
60        qx_OutValve:=TRUE;              //出液阀打开
61        MC_MoveAbsolute_Pump.Execute:=TRUE;     //开始灌装
62        IF MC_MoveAbsolute_Pump.Done THEN
63            int_ControlStep:=220;
64        END_IF
65    220:
66        MC_MoveAbsolute_Pump.Execute:=FALSE;
67        qx_OutValve:=FALSE;             //出液阀关闭
68        InDelay_TON.IN:=TRUE;
69        IF InDelay_TON.Q THEN
70            gx_HomeDone:=FALSE;
71            qx_InValve:=TRUE;           //进液阀打开
72            int_ControlStep:=110;       //执行抽液、回原点
73        END_IF
74    END_CASE
```

图 5-46　逻辑程序（续）

103

6）使用的功能块与变量的声明都在全局变量"GVL"中，如图 5-47 所示。

```
GVL X
1    VAR GLOBAL
2    //输入/输出信号
3        ix_HomeSensor    AT %IX0.0:BOOL;
4        qx_InValve       AT %QX0.0:BOOL;
5        qx_OutValve      AT %QX0.1:BOOL;
6    //从站检测
7        gx_ComOk         : BOOL;
8        GET_STATE_Pump   : CIA405.GET_STATE;
9        eComStat         : CIA405.DEVICE_STATE;
10   //逻辑控制变量
11       gx_InitOk        : BOOL;
12       gx_Enable        : BOOL;
13       gx_Reset         : BOOL;
14       gx_PowerOk       : BOOL;
15       gx_AutoStart     : BOOL;
16       gx_AxisError     : BOOL;
17       gx_HomeStart     : BOOL;
18       gx_HomeDone      : BOOL;
19       gdint_HomeVel    : DINT;
20       gdint_TargetPos  : DINT;
21       gdint_FillVel    : DINT;
22       gdint_ActPos     : DINT;
23       int_ControlStep  : INT;
24       Home_R_TRIG      : R_TRIG;
25       Auto_R_TRIG      : R_TRIG;
26       InDelay_TON      : TON;
27       OutDelay_TON     : TON;
28   //伺服运动控制功能块
29       MC_Power_Pump: SEM_LXM28.MC_Power_LXM28;
30       MC_Reset_Pump: SEM_LXM28.MC_Reset_LXM28;
31       MC_MoveVelocity_Pump: SEM_LXM28.MC_MoveVelocity_LXM28;
32       MC_Halt_Pump: SEM_LXM28.MC_Halt_LXM28;
33       MC_SetPosition_Pump: SEM_LXM28.MC_SetPosition_LXM28;
34       MC_MoveAbsolute_Pump: SEM_LXM28.MC_MoveAbsolute_LXM28;
35       MC_ReadStatus_Pump: SEM_LXM28.MC_ReadStatus_LXM28;
36       MC_ReadActualPosition_Pump: SEM_LXM28.MC_ReadActualPosition_LXM28;
37   END_VAR
```

图 5-47　全局变量

SERCOS（Serial Real Time Communication System，串行实时通信系统）于 1989 年诞生，并在 1995 年成为国际标准。目前为止，SERCOS 经历了三代的发展：SERCOS Ⅰ、SERCOS Ⅱ、SERCOS Ⅲ，其中 SERCOS Ⅲ 是 SERCOS 成熟的通信机制和工业以太网相结合的产物，它既具有 SERCOS 的实时特性，又具有以太网的特性。SERCOS Ⅲ 基于工业以太网，数据传输速率高达 100Mbit/s；能够实现标准的 TCP/IP 通信，能够使用 CATSE 双绞铜缆和光纤通信，采用 TDMA（时分多路复用）的通信机制实现以太网的实时性和确定性，它能够使用线型或环型的拓扑结构与驱动器、I/O 设备、传感器相连接，但是不支持星形结构。

M262 控制器作为一款高性能的运动控制器，支持 SERCOS Ⅲ 主站功能，可以通过 SERCOS 总线控制施耐德电气的 LXM28S 和 LXM32S 系列伺服驱动器进行运动控制，如图 6-1 所示。

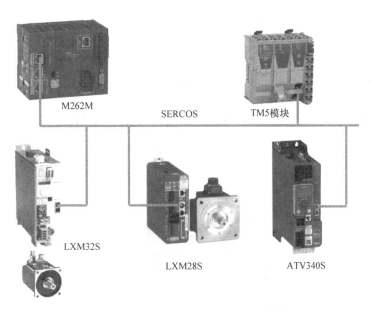

图 6-1　M262 控制器的 SERCOS 总线架构图

M262 控制器在 Motion（后台）任务的每个扫描周期计算出设定位置；通过 SERCOS 运动总线给定到伺服执行（位置闭环在驱动器中，位置动作时间为 250μs）；同时通过运动总线将实时数据读回到 M262 控制器，可用于显示。本章将以 M262 控制器控制 LXM32S 为例介绍 SERCOS 通信的应用。

6.1 组态与配置

6.1.1 添加设备

1）打开 ESME 软件，"新建项目"，选择"缺省项目"，在"控制器栏"选择对应的运动控制器（本例中使用 TM262M15MES8T），选择主程序的语言类型，修改填写项目"名称"和程序保存"位置"，最后单击"确定"按钮，如图 6-2 所示。

图 6-2 新建项目

2）在"设备树"中，右键单击"Ethernet_1"，选择"添加设备"，如图 6-3 所示。

图 6-3 添加设备

3）在弹出的窗口中，选择"Sercos Master"，单击"添加设备"按钮，如图 6-4 所示。

图 6-4　添加 Sercos Master

4）双击添加的"Sercos Master"，可以看到 SERCOS 总线的状态，并且可以设置 SERCOS 总线的扫描周期时间，如图 6-5 所示。

图 6-5　Sercos Master 属性

5）在"设备树"中，右键单击"SercosMaster"，选择"添加设备"，如图 6-6 所示。

6）在弹出的"添加设备"窗口中，选择"Lexium 32 S"，修改名称后单击"添加设备"按钮，如图 6-7 所示。

7）设置从站地址和寻址方式。系统支持两种寻址方式：拓扑模式和 Sercos 模式，如图 6-8 所示。

图 6-6　添加从站

图 6-7　添加 Lexium 32 S 从站

图 6-8　对从站寻址方式的设置

① 拓扑模式：无需在驱动器中设置从站站号，对从站的寻址只与 SERCOS 总线物理接顺序有关，也就是说与 M262 控制器的 SERCOS 口连接的那个驱动器就是 1 号驱动器。

② SERCOS 模式：需要在驱动器中设置从站站号，M262 控制器根据驱动器的从站站号进行寻址，如图 6-9 所示。

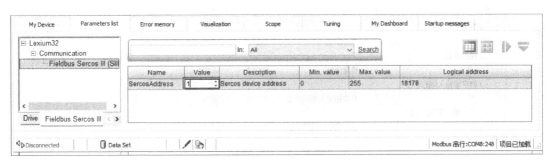

图 6-9　SoMove 软件中设置 SERCOS 从站站号

8）可以在"驱动输入 / 输出"界面中，通过底部的"添加"按钮添加部分输入 / 输出变量。这些变量无需使用功能块可以直接实时地读写，但数量有一定限制，如图 6-10 所示。

① 输入变量的个数限制：

- 最多 9 个 IDN；
- S-0-0390 诊断占 2IDN；
- TouchProbe 配置后占 3IDN。

② 输出的个数限制：

- 最多 9 个 IDN；
- TouchProbe 配置后占 1IDN。

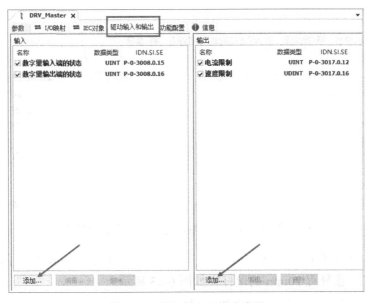

图 6-10　添加输入 / 输出变量

9）在"I/O 映射"界面中，可以看到新增加的变量对应的 IO 地址，在程序中可以直接使用这些地址，也可以通过映射到某个变量后再进行读写，如图 6-11 所示。

图 6-11　I/O 映射

6.1.2　机械参数的配置

在实际应用中，我们需要将实际物理的机械参数转换成运动控制器方便使用的用户单位。机器专机软件提供的比例设置参数只需简单地配置后就可以转化为易于理解对的用户单位，使控制更加简便。需要配置轴的机械参数包括减速比和每圈对应的用户单位等，这些参数支持离线或在线修改，可以在 SERCOS 初始化时进行配置，如图 6-12 所示。

PositionResolution：减速机出轴一圈所对应的用户单位。

GearIn：减速机速比的分子。

GearOut：减速机速比的分母。

InverDirection：转换电机的运动方向。

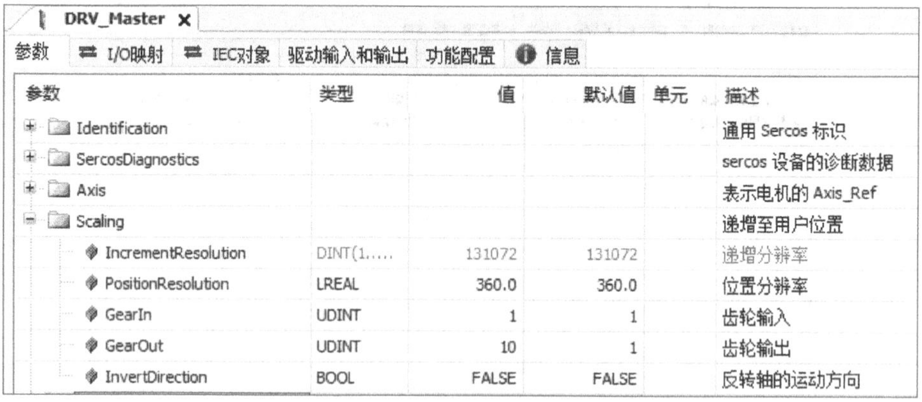

图 6-12　离线时，在"Scaling"栏中修改与机械相关的参数

例如：在初始化程序中修改机械参数，电机出轴连接了一个减速比 10:1 的减速箱，减速箱出轴带了一根导程 20mm 的丝杆，如图 6-13 所示。

GearIn =1；GearOut =10；PositionResolution=20（一个单位对应 1mm）。

图 6-13　通过程序设置与机械相关的参数

6.1.3　SERCOS 总线初始化

M262 控制器启动后，SERCOS 总线状态会先切到 NRT 状态，随后进入阶段 4。总线状态处于阶段 4 是运行 Motion 功能块的前提。如果需要在程序中初始化轴配置，如 Scaling、AxisType、position period 等，必须在状态切换为阶段 4 之前进行配置，如图 6-14 所示。

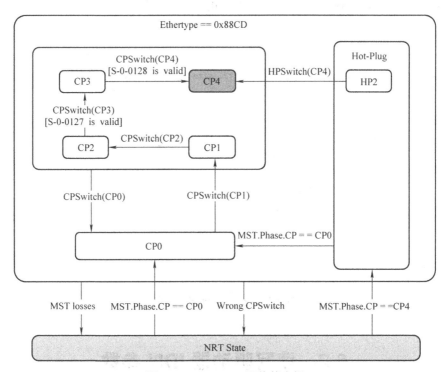

图 6-14　SERCOS 通信状态机

M262 控制器的 SERCOS 接口为单电缆接口，SERCOS 总线不能形成环形冗余拓扑结构，SERCOS 口上其中某台设备断电将使整条 SERCOS 总线通信受到影响，设备恢复正常后可在程序最先执行的位置添加以上代码，自动复位 SERCOS 总线，语句顺序不能互换，如图 6-15 所示。

```
1    IF SercosMaster.SercosPhaseChanger.ActualState<>4 THEN
2        SercosMaster.SercosPhaseChanger.DesiredPhase:=4;
3    END_IF
4
5    IF SercosMaster.SercosPhaseChanger.ActualState=11 THEN
6        SercosMaster.SercosPhaseChanger.DesiredPhase:=-1;
7    END_IF
```

图 6-15　SERCOS 总线复位程序

6.1.4　轴类型的配置

1）M262 控制器支持以下两种 PLCopen 轴类型：

① 旋转轴 / 模数轴；

② 线性 / 无限轴（带或不带限位）。

2）可以在 SERCOS 总线状态进入 Phase4 之前，在程序中调用以下方法来设置，如图 6-16 所示。

① 使用方法 "SetAxisTypeModulo" 在轴初始化设置旋转轴类型

② 使用方法 "SetAxisTypeLinearWithoutLimits" 定义不带限位的线性轴。

③ 使用方法 "SetAxisTypeLinearWithLimits" 定义带限位的线性轴。

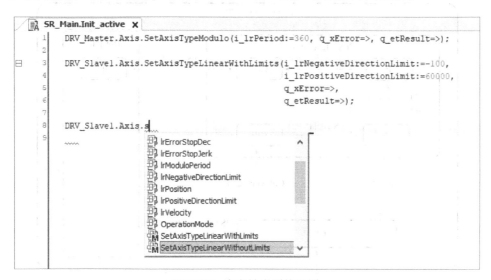

图 6-16　定义轴类型的示例

6.2　读写驱动器 IDN 参数

IDN（IDentificationNumber）是目标别码。所有的运动控制器和控制器通信都需要通过 IDN 来实现。

驱动器的 IDN 参数可以分成两类：

EN61491 标准规定 SERCOS 参数，例如：S-0-0047 Position Command Value。

驱动器厂家规定的参数，例如：P-0-3027.0.12 回零方式。

可以使用功能 FC_BuildIDN、FB_ReadIDN 和 FB_WriteIDN 对 IDN 进行读写，它们包含在库 SercosMaster 和 SercosCommunication 中，如果程序中没有包含这两个库，可以在"库管理器中"手动添加，如图 6-17 所示。

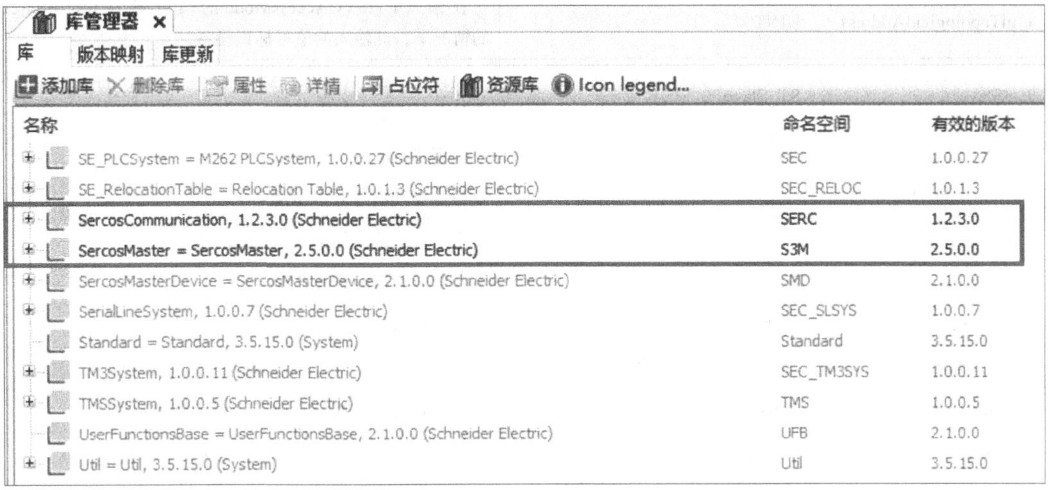

图 6-17　IDN 相关库

6.2.1　功能 FC_BuildIDN

功能 FC_BuildIDN 使用符号寻址（<S / P>-<PS>-<DBN>、<SI>、<SE>）的输入值构建结构体 IDN。该功能验证输入值。如果确定输入无效，则给出结果代码。在这种情况下，返回值 FC_BuildIDN 设置为 FALSE，见表 6-1。

表 6-1　功能 FC_BuildIDN 引脚描述

输入	数据类型	描述
i_udiSI	UDINT	IDN 结构数据的 SI 值
i_udiSE	UDINT	IDN 结构数据的 SE 值
i_xP	BOOL	S/P 参数类型：0=S，1=P
i_udiPS	UDINT	IDN 的参数地址
i_udiIDN	UDINT	IDN 的数据块号
输出	数据类型	描述
q_etResult	ET_Result	功能结果
q_sResultMsg	STRING[80]	结果描述

6.2.2　IDN 读取功能块 FB_ReadIDN

功能块 FB_ReadIDN 以异步方式读取驱动器上的 IDN 参数见表 6-2。

表 6-2　功能块 FB_ReadIDN 引脚描述

输入	数据类型	描述
i_etSVCAccessMode	ET_ServicChannelAccessingMode	确定是使用拓扑地址，还是使用设备句柄来访问设备
i_xExecute	BOOL	将此输入的值设置为 True 可启动异步调用
i_uiTopologicalAddress	UINT	在输入 i_etSVCAccessMode 的值设置为 TopoAddress 的情况下，此输入的值可标识设备
i_stSlave	ST_Slave	在输入 i_etSVCAccessMode 的值设置为 SlaveHandle 的情况下，此输入的值可标识设备
i_dwParameterIdn	DWORD	指定要读取的 IDN
i_usParameterElement	USINT	指定要读取的 IDN 元素
i_pbDataPointer	POINTER TO BYTE	指定指向读取数据保存位置的指针
i_uiDataLength	UINT	指定要读取的数据长度
i_timTimeOut	LTIME	指定请求的超时
输出	数据类型	描述
q_xDone	BOOL	如果此输出设置为 True，则执行已成功完成
q_xError	BOOL	如果此输出的值为 True，则表示已检测到错误
q_diErrorId	DINT	错误 ID，其中包含有关检出错误的详细信息
q_xActive	BOOL	如果此功能块活动，则该输出设置为 True

6.2.3　IDN 修改功能块 FB_WriteIDN

功能块 FB_WriteIDN 以异步方式修改驱动器上的 IDN 参数见表 6-3。

表 6-3　功能块 FB_WriteIDN 引脚描述

输入	数据类型	描述
i_etSVCAccessMode	ET_ServicChannelAccessingMode	确定是使用拓扑地址，还是使用设备句柄来访问设备
i_xExecute	BOOL	将此输入的值设置为 True 可启动异步调用。在下次将此输入设置为 True 之前，此功能块的输出不会复位
i_uiTopologicalAddress	UINT	在输入 i_etSVCAccessMode 的值设置为 TopoAddress 的情况下，此输入的值可标识设备
i_stSlave	ST_Slave	在输入 i_etSVCAccessMode 的值设置为 SlaveHandle 的情况下，此输入的值可标识设备
i_dwParameterIdn	DWORD	指定要写入的 IDN
i_pbDataPointer	POINTER TO BYTE	指定指向写入数据保存位置的指针
i_uiDataLength	UINT	指定要写入的数据长度
i_timTimeOut	LTIME	指定请求的超时
输出	数据类型	描述
q_xDone	BOOL	True：执行已成功完成
q_xError	BOOL	True：已检测到错误
q_diErrorId	DINT	错误 ID，包含有关检出错误的详细信息
q_xActive	BOOL	如果此功能块活动，则该输出设置为 True

6.2.4　读写 IDN 示例程序

读写一根轴的 IDN 参数 Homing Method IDN P-0-3027.0.12，其中读参数使用的是拓扑地址方式访问，写参数是使用设备句柄方式访问，如图 6-18 所示。

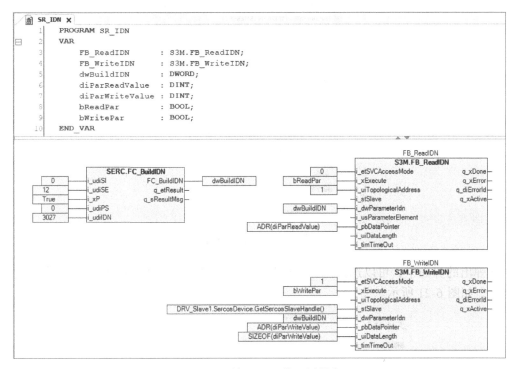

图 6-18　读写 IDN 的示例程序

6.3　主轴编码器

在多轴同步时，除了使用虚轴或实轴做主轴以外，M262 控制器还可以通过外接编码器作为主轴进行同步控制，如图 6-19 所示。

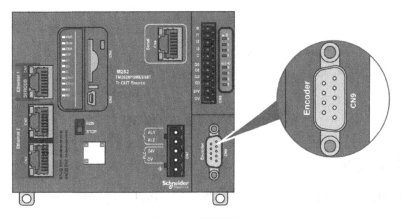

图 6-19　编码器接口

在"设备树"中，右键单击"ENCODER"，"添加设备"，如图 6-20 所示。

图 6-20　添加编码器

在弹出的界面中，可以选择添加编码器，M262 控制器支持增量式和 SSI 两种类型的编码器，如图 6-21 所示。

图 6-21　选择增量 /SSI 编码器

6.3.1　增量编码器

如果添加的是增量编码器，双击编码器，在"运动功能"界面中勾选需要使用的功能，如图 6-22 所示。

图 6-22　选择增量编码器功能

在"增量编码器配置"界面中配置增量编码器的相关信息，主要包括：电源电压、输入模式、编码器每圈的脉冲数和对应的用户单位以及滤波时间等参数。

例如：供电电压为 5V 的编码器，编码器一圈接收 2048 个脉冲，对应用户单位 360，如图 6-23 所示。

参数	类型	值	缺省值	单位	说明
📁 电源					
◆ 电压选择	Enumeration of BYTE	5V	无		选择编码器供电所使用的电压值
◆ 电源监控	Enumeration of BYTE	已禁用	已禁用		启用电源监控
📁 常规					
◆ 输入模式	Enumeration of BYTE	正常积分 X1	正常积分 X1		选择周期测量间隔
📁 计数输入					
📁 A 输入					
◆ 过滤器	Enumeration of BYTE	0.002	0.002	毫秒	设置用来减小对输入的跳动影响的过滤值
📁 B 输入					
📁 预设输入					
📁 Z 输入					
◆ 过滤器	Enumeration of BYTE	0.002	0.002	毫秒	设置用来减小对输入的跳动影响的过滤值
📁 Scaling					递增至用户位置
◆ IncrementResolution	DINT(1..2147483...	2048	131072		递增分辨率
◆ PositionResolution	LREAL	360.0	360.0		位置分辨率
◆ GearIn	UDINT	1	1		齿轮输入
◆ GearOut	UDINT	1	1		齿轮脱离
◆ InvertDirection	BOOL	FALSE	FALSE		反转轴的运动方向
📁 Filter					移动反馈移动值（位置/速度/加速度）的平均过滤器
◆ AverageDuration	UDINT(0..1024)	0	0		Sercos循环中的过滤持续时间
📁 DeadTimeCompensation					空载时间补偿
◆ Delay	LREAL(-100.0..10...	0	0		反馈移动值的延迟（位置/速度/加速度），以毫秒为单位。该延迟将由系统补偿。

图 6-23　配置增量编码器参数

在程序中，调用增量式编码器做主轴的方法与调用普通轴类似，如图 6-24 所示。

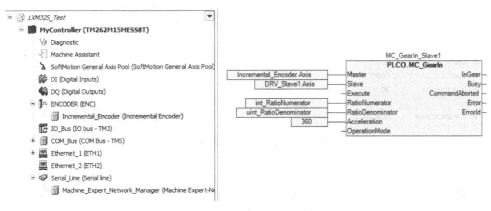

图 6-24　程序中调用增量编码器

6.3.2 SSI 编码器

如果添加的是 SSI 编码器，双击编码器，在"运动功能"界面中勾选需要使用的功能，如图 6-25 所示。

图 6-25　选择 SSI 编码器功能

在"SSI 编码器配置"界面中配置 SSI 编码器的相关信息，主要包括：电源电压、每帧位数、奇偶校验等参数，如图 6-26 所示。

参数	类型	值	缺省值	单位	说明
⊟ 📁 电源					
◆ 电压选择	Enumeration of BYTE	24V	无		选择编码器供电所使用的电压值
◆ 电源监控	Enumeration of BYTE	已禁用	已禁用		启用电源监控
⊟ 📁 同步串行接口 (SSI)					
◆ 传输速度	Enumeration of BYTE	250	250	KHz	选择数据传输速度
◆ 每帧位数	USINT(8..64)	8	8		设置每帧位数
◆ 数据位的数目	USINT(8..32)	8	8		设置要为数据保留的位数
◆ 每转数据位数	USINT(8..16)	8	8		设置为确定转数而保留的数据位数
◆ 状态位数	USINT(0..4)	0	0		设置要为状态保留的位数
◆ 奇偶校验	Enumeration of BYTE	偶数	无		选择奇偶校验
◆ 分辨率降低	USINT(0..17)	0	0		设置分辨率降低
◆ 二进制编码	Enumeration of BYTE	二进制	二进制		选择二进制编码模式
⊟ 📁 Scaling					递增至用户位置
◆ IncrementResolution	DINT(0..2147483647)	0	0		递增分辨率（根据编码器数据位数自动计算）
◆ PositionResolution	LREAL	360.0	360.0		位置分辨率
◆ GearIn	UDINT	1	1		齿轮输入
◆ GearOut	UDINT	1	1		齿轮脱离
◆ InvertDirection	BOOL	FALSE	FALSE		反转轴的运动方向
⊟ 📁 Filter					移动反馈移动值（位置/速度/加速度）的平均过滤器
◆ AverageDuration	UDINT(0..1024)	10	0		Sercos 循环中的过滤持续时间

图 6-26　配置 SSI 编码器参数

在程序中，调用 SSI 编码器做主轴的方法与调用普通轴类似，如图 6-27 所示。

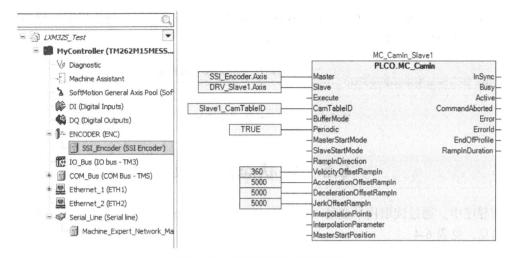

图 6-27　程序中调用 SSI 编码器

6.4　读取位置信息

6.4.1　读取轴的位置

在程序中，直接通过读取配置的轴变量中的 lrPosition 读取轴的实际位置。该位置值是以用户单位来显示的，如图 6-28 所示。

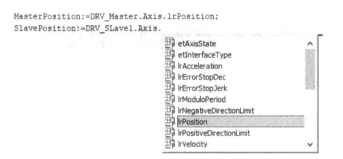

图 6-28　获取轴的位置

6.4.2　读取电机编码器的位置

电机编码器的位置可以使用两个功能来获取，两个功能读取的值的类型略有差异：

1）使用 FC_ReadPositionFeedbackValue 读取的数组就是编码器实际的脉冲数，中间没有经过任何转换，如图 6-29 所示。

图 6-29　编码器位置（脉冲数）

2）使用 FC_ReadScaledPositionFeedback 读取的数值是将编码器的值根据机械参数配置中的设置转换成用户单位进行显示的，如图 6-30 所示。

图 6-30　编码器位置（用户单位）

6.5　轴状态的读取

在程序中，通过读取枚举变量"轴名称 .Axis. etAxisState"的值可以获取该轴当前的状态信息，见表 6-4。

表 6-4　轴状态值描述

数值	名称	描述
0	ErrorStop	故障停止
1	Disabled	无使能
2	StandStill	静止
3	Stopping	停止进行中
4	Homing	回零进行中
5	DiscreteMotion	间歇运动
6	ContinuousMotion	连续运动
7	SynchronizedMotion	同步运动

6.6　单轴控制功能块

单轴控制主要包括以下功能块：

MC_Power ；

MC_Home ；

MC_SetPosition ；

MC_MoveAbsolute ；

MC_MoveAdditive ；

MC_MoveRelative ；

MC_MoveSuperImposed ；

MC_Halt ；

MC_MoveVelocity ；

MC_TorqueControl ；

MC_Reset ；

MC_Stop ；

MC_TouchProbe ；

MC_AbortTrigger。

这些功能块中用到的位置、速度、加减速等参数都是以机械参数配置中 PositionResolution 的用户单位作为单位运算的。除功能块 MC_TouchProbe 以外的大部分功能块的引脚定义及用法与第 5 章中介绍的 CANopen 总线下所使用的功能块基本一致，这里不再详细介绍。

6.6.1 传感器捕捉 MC_TouchProbe 功能块

传感器捕捉功能块常常用于在传感器信号触发的瞬间，将目标轴的位置捕捉并保存下来。根据传感器信号来源以及捕捉对象的不同，可以分为捕捉主轴编码器和伺服轴位置两种方式，如图 6-31 所示，MC_TouchProbe 功能块引脚描述见表 6-5。

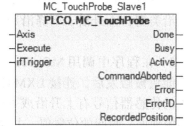

图 6-31　MC_TouchProbe 功能块

表 6-5　MC_TouchProbe 功能块引脚描述

输入	数据类型	描述
Axis	Axis_Ref	对将执行功能块轴的引用
Execute	BOOL	输入 Execute 的上升沿可启动功能块
ifTrigger	MC_Trigger_Ref	触发位置捕捉的边沿
输出	数据类型	描述
Done	BOOL	True：无检出错误时执行终止
Busy	BOOL	True：功能块正在执行中
Active	BOOL	True：功能块控制轴的运动
CommandAborted	BOOL	True：执行已被一个功能块所中止
Error	BOOL	True：已在执行功能块时检出错误
ErrorID	ET_Result	故障代码
RecordedPosition	DINT	发生触发事件时，返回捕捉的位置值（用户定义的单位）

1. 捕捉伺服轴位置

1）在"设备树"界面中，双击希望捕捉位置的轴；在"功能配置"界面中，勾选激活"TouchProbe"功能并选择将要连接传感器的通道，如图 6-32 所示。

图 6-32　选择 MC_TouchProbe 功能的通道

这 3 个通道分别对应 LXM32S 伺服驱动器上 DI0、DI1 和 DI2 3 个输入。例如传感器接在伺服驱动器的 DI2 上时，则与其对应的是 CAP3，如图 6-33 所示。

2）在轴的"参数"界面中，可以配置捕捉信号的边沿类型：上升沿、下降沿和两个沿，如图 6-34 所示。

3）在程序中调用 MC_TouchProbe 功能块，当该功能块被触发后，连接 LXM32S 伺服驱动器 DI2 输入的传感器信号有上升沿或下降沿时，都会捕捉该伺服轴那一瞬间的位置值，并保存到输出 RecordedPosition 中，如图 6-35 所示。

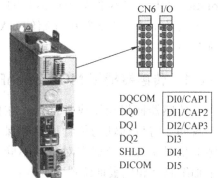

图 6-33　LXM32S 驱动器上的 DI/D0

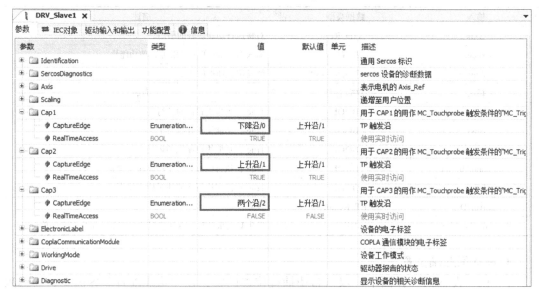

图 6-34　选择信号的边沿类型

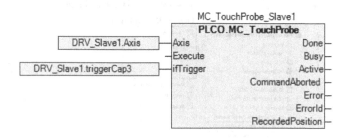

图 6-35　调用 MC_TouchProbe 功能块

2. 捕捉主轴编码器位置

1）要想捕捉主轴编码器的位置值，需要在主轴编码器的"运动功能"界面中激活"Axis"和"Scaling"功能，如图 6-36 所示。

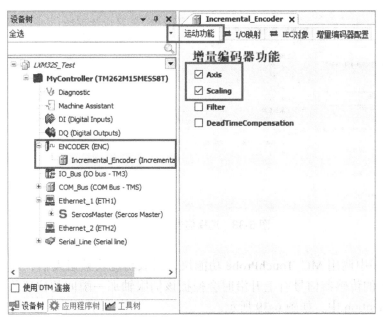

图 6-36　主轴编码器中的配置

2）选择与外部传感器连接的通道。与捕捉驱动器位置不同，捕捉主轴编码器位置时，传感器信号需要接在控制本体的快速输入上，3 个捕捉通道分别对应本体上的输入 I1 至 I3，如图 6-37 所示。

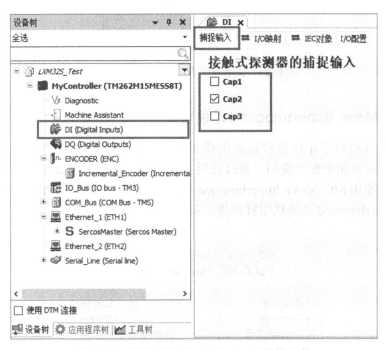

图 6-37　选择 MC_TouchProbe 功能的通道

3）在"I/O 配置"界面中，可以配置捕捉信号的边沿类型：上升沿、下降沿和两个沿，如图 6-38 所示。

图 6-38　选择信号的边沿类型

4）在程序中调用 MC_TouchProbe 功能块，当该功能块被触发后，连接控制器本体的 DI2 输入上的传感器信号有上升沿时会捕捉该伺服轴那一瞬间的位置值，并保存到输出 RecordedPosition 中，如图 6-39 所示。

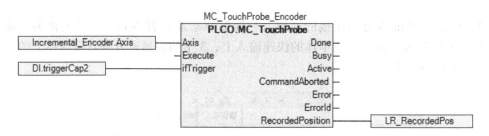

图 6-39　调用 MC_TouchProbe 功能块

6.6.2　MC_Move SuperImposed 功能块

此功能块以相对于正在进行运动的位置的指定位置偏移执行叠加运动。常用来与 MC_TouchProbe 功能块配合使用。通过使用 MC_TouchProbe 功能块检测出实际值与理论值的偏差后，使用 MC_Move SuperImposed 功能块来修正偏差。功能块如图 6-40 所示，MC_Move SuperImposed 功能块引脚描述见表 6-6。

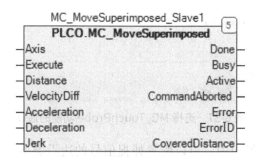

图 6-40　调用 MC_TouchProbe 功能块

表 6-6　MC_Move SuperImposed 功能块引脚描述

输入	数据类型	描述
Axis	Axis_Ref	对将执行功能块的轴的引用
Execute	Bool	输入 Execute 的上升沿可启动功能块
Distance	LREAL	以用户自定义单位表示的要叠加的额外距离
VelocityDiff	LREAL	以用户自定义单位表示的附加运动的速度差值
Acceleration	LREAL	以用户自定义单位表示的加速度
Deceleration	LREAL	以用户自定义单位表示的减速度
Jerk	LREAL	正值：变化率限值（单位 /s³）（加速度修改的最大变化率）
输出	数据类型	描述
Done	BOOL	TRUE：无检出错误时执行终止
Busy	BOOL	TRUE：功能块正在执行中
Active	BOOL	TRUE：功能块控制轴的运动
CommandAborted	BOOL	TRUE：执行已被另一个功能块所中止
Error	BOOL	TRUE：已在执行功能块时检出错误
ErrorID	ET_Result	故障代码
CoveredDistance	LREAL	以用户自定义单位指示运动的距离

6.7　多轴控制功能块

6.7.1　电子齿轮

电子齿轮是一种用电气控制代替机械传动的技术，可以将主轴与从轴理解为分别通过一组啮合在一起的机械齿轮传动的两根机械轴，主轴与从轴之间是一个速度比例关系，这个比例就是电子齿轮比，所以电子齿轮功能常用于需要速度同步的应用。

功能块 MC_GearIn 用于主从轴之间的电子齿轮同步控制。本软件不包含 GearOut 功能块，可以使用另一功能块来控制从轴脱开与主轴的同步状态，如图 6-41 所示，MC_GearIn 功能块引脚描述见表 6-7。

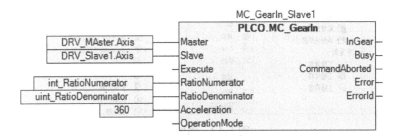

图 6-41　MC_GearIn 功能块

例如：RatioNumerator=1、RatioDenominator=2 时，

OperationMode=0（位置模式），从轴运动距离为主轴运动距离的一半。

OperationMode=1（速度模式），从轴运动速度为主轴运动速度的一半。

表 6-7　功能块 MC_GearIn 引脚描述

输入	数据类型	描述
Master	Axis_Ref	对执行功能块的轴的引用
Slave	Axis_Ref	对执行功能块的轴的引用
Execute	BOOL	输入 Execute 的上升沿可启动功能块
RatioNumerator	INT	齿轮比的分子
RatioDenominator	UINT	齿轮比的分母
Acceleration	LREAL	以用户自定义单位表示的加速度
OperationMode	MC_OperationMode	功能块的运行模式
输出	数据类型	描述
InGear	BOOL	True：已达到调整的齿轮比
Busy	BOOL	True：功能块正在执行中
CommandAborted	BOOL	True：执行已被另一个功能块所中止
Error	BOOL	True：已在执行功能块时检出错误
ErrorID	ET_Result	故障代码

6.7.2　电子凸轮

凸轮是通过机械的回转或滑动件（如轮或轮的突出部分），它将运动传递给紧靠其边缘移动的滚轮或在槽面上自由运动的针杆机构。

电子凸轮（ECAM）是利用运动控制器控制伺服电动机按照设计好的凸轮曲线运行来模拟机械凸轮，以达到与机械凸轮系统相同的凸轮轴与主轴之间相对运动的控制系统。

1.添加凸轮曲线

在变量申明中定义一条凸轮曲线类型变量，如：Slave1_CamTableID 类型为 PLCO.MC_CAM_ID。这时有两种方法可以编辑这条凸轮曲线具体的运动轨迹：直接在程序中编写凸轮曲线的源代码或通过引导工具来编辑。

1）在"工具树"中，右键单击"Application"选择"添加对象"/"Cam Diagram"，如图 6-42 所示。

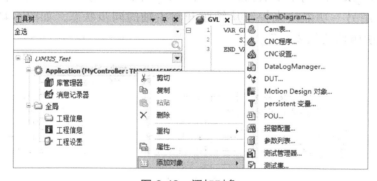

图 6-42　添加对象

2）在弹出的窗口中，单击"打开"按钮并创建新的 CamDiagram 曲线，如图 6-43 所示。

3）新建的凸轮曲线只包含一个曲线段，右键单击"CamDiagram"，根据实际应用选择"添加对象"→"段"来添加多个曲线段，如图 6-44 所示。

图 6-43　添加 CamDiagram

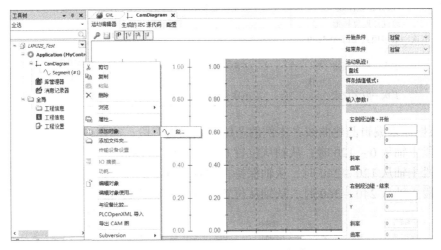

图 6-44　为 CamDiagram 添加段

4）双击一个曲线段，可以对这一段曲线进行编辑。

起始条件与结束条件：

每一段曲线分段都需要设置起始条件与结束条件，它们都有 4 个可选项，分别是驻留（Dwell）、运动（Motion）、换向（Return）和速度（Velocity）见表 6-8。

表 6-8　4 个运动类型特点

类型	速度	加速度
停留（D）	= 0	≠ 0
速度（V）	≠ 0	= 0
换向（R）	= 0	≠ 0
运动（M）	≠ 0	≠ 0

运动轨迹类型选择：

ESME 软件提供了多种凸轮曲线的类型，大大方便了我们对运动曲线的描绘。主要

127

包括以下曲线类型：线性、二次抛物线、五次多项式、简单正弦、改性正弦曲线、改性加速度梯形、五次一般多项式和正弦与线性组合等。起始条件→结束条件不同，所支持的曲线类型也不同，它们对应的配合关系见表 6-9。

表 6-9　不同启停条件下支持的曲线类型

启动条件				
		停留	速度	换向	运动
停止条件	停留	线性 二次抛物线 五次多项式 简单正弦 改性正弦曲线 改性加速度梯形 五次一般多项式	二次抛物线 五次多项式 简单正弦 改性正弦曲线 改性加速度梯形 五次一般多项式 (Lambda=1)	五次一般多项式	五次一般多项式
	速度	二次抛物线 五次多项式 简单正弦 改性正弦曲线 改性加速度梯形 五次一般多项式（Lambda=0）	线性 五次一般多项式	五次一般多项式	五次一般多项式
	换向	五次一般多项式	五次一般多项式	五次一般多项式 正弦与线性组合	五次一般多项式
	运动	五次一般多项式	五次一般多项式	五次一般多项式	五次一般多项式

5）根据需求编辑凸轮曲线，本例的凸轮曲线分为三段，如图 6-45 所示。

第一段主轴从 0～120 时，从轴从位置 0 运动到位置 180。

第二段主轴从 120～240 时，从轴保持在位置 180。

第三段主轴从 240～360 时，从轴从位置 180 返回到位置 0。

图 6-45　三段线段的数据

6）输入完三段曲线数据，将形成一条完整的凸轮曲线，其中包含位置、速度、加速度以及加加速度曲线，如图 6-46 所示。

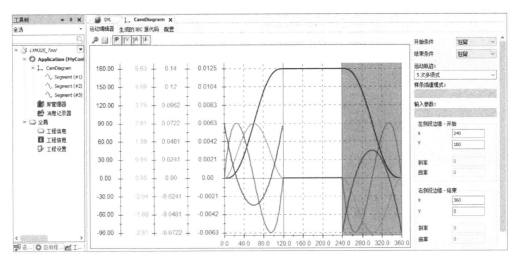

图 6-46　编辑后的凸轮

7）进入曲线"配置"界面，选择"现有 IEC 结构"，并点后右侧选择按钮，如图 6-47 所示。

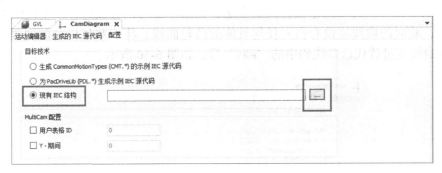

图 6-47　Cam Diagram 配置界面

8）在"输入助手"界面中，选择之前定义的凸轮曲线变量，并单击"确定"按钮，如图 6-48 所示。

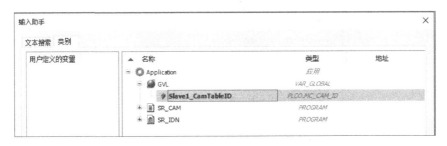

图 6-48　选择定义的曲线变量

9）进入"生成的 IEC 源代码"界面，可以看到这条凸轮曲线所对应的代码形式，如图 6-49 所示。

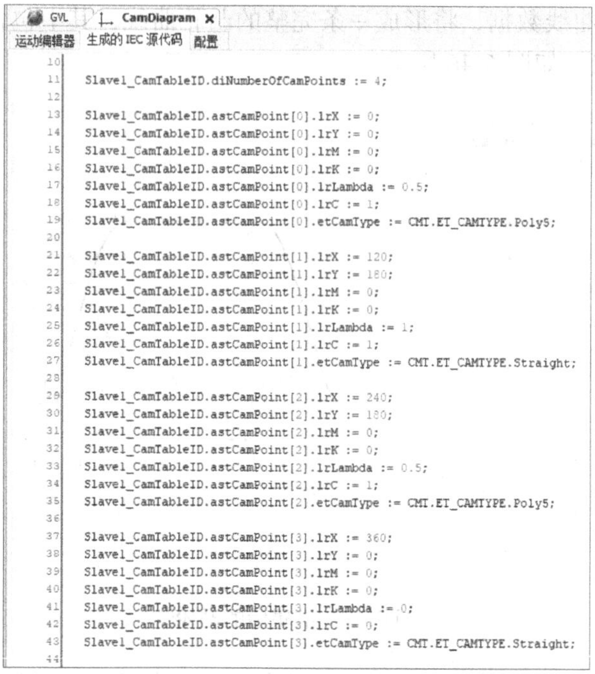


```
Slave1_CamTableID.diNumberOfCamPoints := 4;

Slave1_CamTableID.astCamPoint[0].lrX := 0;
Slave1_CamTableID.astCamPoint[0].lrY := 0;
Slave1_CamTableID.astCamPoint[0].lrM := 0;
Slave1_CamTableID.astCamPoint[0].lrK := 0;
Slave1_CamTableID.astCamPoint[0].lrLambda := 0.5;
Slave1_CamTableID.astCamPoint[0].lrC := 1;
Slave1_CamTableID.astCamPoint[0].etCamType := CMT.ET_CAMTYPE.Poly5;

Slave1_CamTableID.astCamPoint[1].lrX := 120;
Slave1_CamTableID.astCamPoint[1].lrY := 180;
Slave1_CamTableID.astCamPoint[1].lrM := 0;
Slave1_CamTableID.astCamPoint[1].lrK := 0;
Slave1_CamTableID.astCamPoint[1].lrLambda := 1;
Slave1_CamTableID.astCamPoint[1].lrC := 1;
Slave1_CamTableID.astCamPoint[1].etCamType := CMT.ET_CAMTYPE.Straight;

Slave1_CamTableID.astCamPoint[2].lrX := 240;
Slave1_CamTableID.astCamPoint[2].lrY := 180;
Slave1_CamTableID.astCamPoint[2].lrM := 0;
Slave1_CamTableID.astCamPoint[2].lrK := 0;
Slave1_CamTableID.astCamPoint[2].lrLambda := 0.5;
Slave1_CamTableID.astCamPoint[2].lrC := 1;
Slave1_CamTableID.astCamPoint[2].etCamType := CMT.ET_CAMTYPE.Poly5;

Slave1_CamTableID.astCamPoint[3].lrX := 360;
Slave1_CamTableID.astCamPoint[3].lrY := 0;
Slave1_CamTableID.astCamPoint[3].lrM := 0;
Slave1_CamTableID.astCamPoint[3].lrK := 0;
Slave1_CamTableID.astCamPoint[3].lrLambda := 0;
Slave1_CamTableID.astCamPoint[3].lrC := 0;
Slave1_CamTableID.astCamPoint[3].etCamType := CMT.ET_CAMTYPE.Straight;
```

图 6-49 生成的 IEC 源代码

10）也可以采用另一种生成曲线的方法，在第 7 步时，直接选择“生成的 IEC 源代码”界面，此时的曲线还没有指向任何具体的凸轮曲线。将这些代码复制到程序中，然后用凸轮曲线变量替代这些代码中的“###”号，如图 6-50 所示。

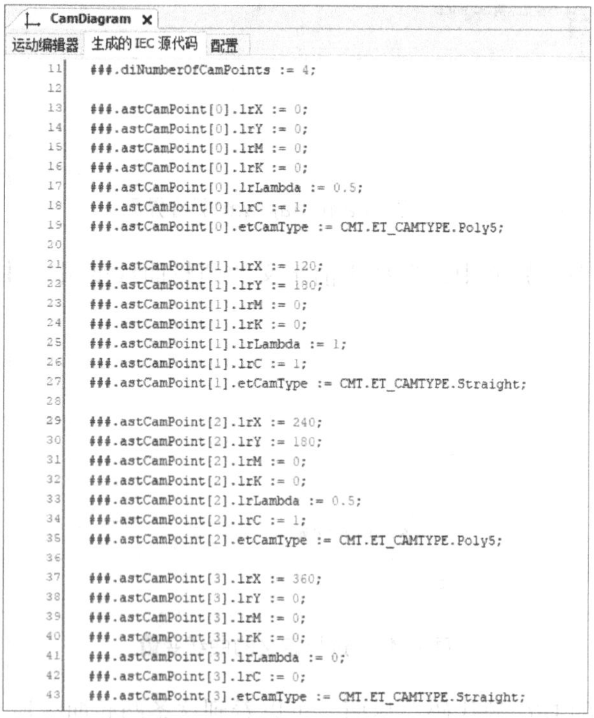


```
###.diNumberOfCamPoints := 4;

###.astCamPoint[0].lrX := 0;
###.astCamPoint[0].lrY := 0;
###.astCamPoint[0].lrM := 0;
###.astCamPoint[0].lrK := 0;
###.astCamPoint[0].lrLambda := 0.5;
###.astCamPoint[0].lrC := 1;
###.astCamPoint[0].etCamType := CMT.ET_CAMTYPE.Poly5;

###.astCamPoint[1].lrX := 120;
###.astCamPoint[1].lrY := 180;
###.astCamPoint[1].lrM := 0;
###.astCamPoint[1].lrK := 0;
###.astCamPoint[1].lrLambda := 1;
###.astCamPoint[1].lrC := 1;
###.astCamPoint[1].etCamType := CMT.ET_CAMTYPE.Straight;

###.astCamPoint[2].lrX := 240;
###.astCamPoint[2].lrY := 180;
###.astCamPoint[2].lrM := 0;
###.astCamPoint[2].lrK := 0;
###.astCamPoint[2].lrLambda := 0.5;
###.astCamPoint[2].lrC := 1;
###.astCamPoint[2].etCamType := CMT.ET_CAMTYPE.Poly5;

###.astCamPoint[3].lrX := 360;
###.astCamPoint[3].lrY := 0;
###.astCamPoint[3].lrM := 0;
###.astCamPoint[3].lrK := 0;
###.astCamPoint[3].lrLambda := 0;
###.astCamPoint[3].lrC := 0;
###.astCamPoint[3].etCamType := CMT.ET_CAMTYPE.Straight;
```

图 6-50 未链接凸轮变量的 IEC 源代码

以上两种方法都可以生成凸轮曲线代码，但两者存在一定的差异。使用前一种方法生成的曲线，每一个坐标点的 X、Y 坐标都是输入曲线时的数值，如需改变坐标值需要重新修改数据并下载程序后生效；使用后一种方法生成曲线，可以将某些关键点的 X、Y 坐标由固定值改成变量，修改这些变量就可以实现修改凸轮曲线的目的，而无需重新下载程序。

2. 凸轮啮合功能块

功能块 MC_CamIn 是控制从轴跟随主轴进行凸轮同步的核心功能块，用于控制从轴与主轴之间进行电子凸轮的啮合，如图 6-51 所示，MC_CamIn 功能块引脚描述见表 6-10。

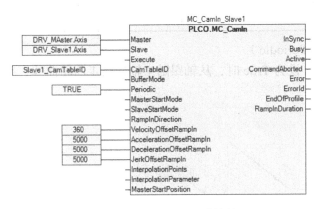

图 6-51　MC_CamIn 功能块

表 6-10　MC_CamIn 功能块引脚描述

输入	数据类型	描述
Master	Axis_Ref	执行功能块主轴的引用
Slave	Axis_Ref	执行功能块从轴的引用
Execute	BOOL	上升沿触发功能块
CamTableID	MC_CAM_ID	要使用凸轮表的标识符
BufferMode	MC_Buffer_Mode	缓冲模式
Periodic	BOOL	True：启动周期模式，连续重复执行凸轮曲线 FALSE：启动单次模式
MasterStartMode	MC_Master_Start_Mode	啮合主轴模式
SlaveStartMode	MC_Slave_Start_Mode	啮合从轴模式
RampInDirection	MC_Direction	从轴为模数轴：从轴啮合模式为 RampIn 时同步到绝对目标的方向 从轴不是模数轴：则此输入的值没有任何效用
VelocityOffsetRampIn	LREAL	以用户单位表示 RampIn 时的速度偏移
AccelerationOffsetRampIn	LREAL	以用户单位表示 RampIn 时的加速度偏移
DecelerationOffsetRampIn	LREAL	以用户单位表示 RampIn 时的减速度偏移
JerkOffsetRampIn	LREAL	冲量（用户单位 /s³）
InterpolationPoints	POINTER TO BYTE	长度为 3～10,000 数组的内存地址。数组类型取取决于输入 Interpolation Parameter 的 etInterpolationMode 的值，要么是 ARRAY OF LREAL，要么是 ARRAY OF ST_InterpolationPointXYVA
InterpolationParameter	MC_Interpolation_Parameter	使用 MC_InterpolationParameter 设置插补凸轮的参数
MasterStartPosition	LREAL	在激活新凸轮时前一个凸轮的主轴位置。MC_BufferMode 使用 StartAtMasterPosition 时有效

（续）

输出	数据类型	描述
InSync	BOOL	True：轴已啮合且凸轮被处理
Busy	BOOL	True：功能块正在执行中
Active	BOOL	True：功能块控制轴的运动
CommandAborted	BOOL	True：执行已被另一个功能块所中止
Error	BOOL	True：已在执行功能块时检出错误
ErrorID	ET_Result	故障代码
EndOfProfile	BOOL	True：在已完成凸轮的最后一曲线段之后
RampInDuration	TIME	指示在斜坡逼近操作完成并且将输出 InSync 设置为 True 之前的剩余时间

（1）周期选项（Periodic）

输入 "Periodic" 设为 True 时，从轴跟随主轴连续走凸轮曲线，跟随主轴的停止而停止，如图 6-52 所示。

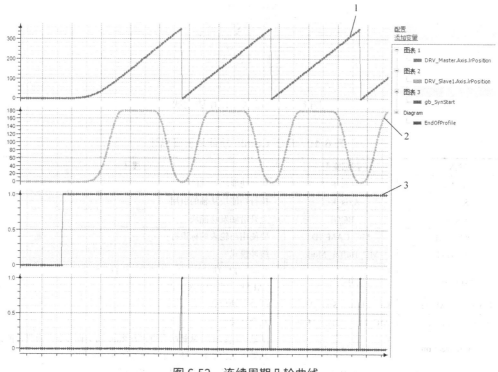

图 6-52　连续周期凸轮曲线

输入 "Periodic" 设为 FALSE 时，从轴只跟随主轴走一个曲线周期，完成后从轴静止不动，但仍然保持同步状态。如果需要使该从轴处于真正的静止状态，需要对该轴执行停止操作，如图 6-53 所示。

（2）缓存模式

当前轴正在根据某条凸轮曲线运行时，希望能够在线切换到另一条凸轮曲线工作，此时可以使用输入 BufferMode。

1）BufferMode=0 时，当修改输入 CamTableID 后，并给输入 Execute 上升沿信号时，轴将立即终止当前凸轮曲线的运行并切换到另一条曲线运行，如图 6-54 所示。

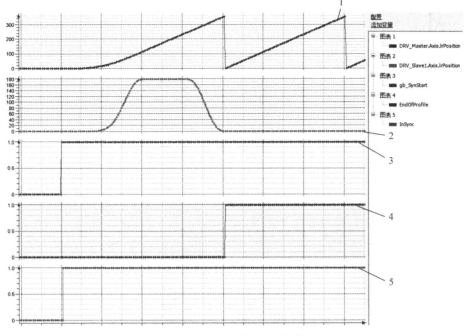

图 6-53　单周期凸轮曲线

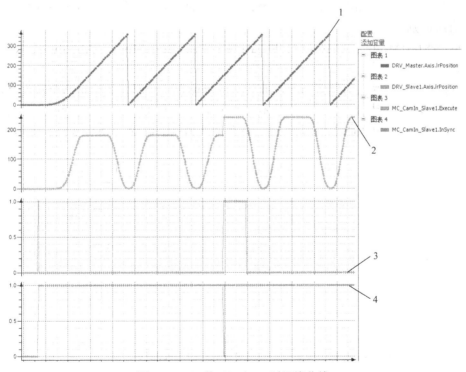

图 6-54　BufferMode=0 时切换曲线

2）BufferMode=1 时，当修改输入 CamTableID 后，并给输入 Execute 上升沿信号时，轴将新的指令放入缓存，继续执行之前的凸轮曲线，当前曲线完成了本周期的运动后自动切换到新的曲线运行，如图 6-55 所示。

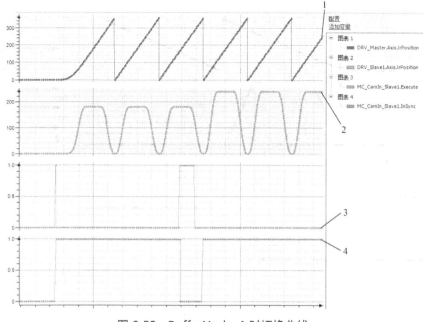

图 6-55　BufferMode=1 时切换曲线

（3）啮合模式（MasterStartMode 和 SlaveStartMode）

根据输入 MasterStartMode 和 SlaveStartMode 的不同，从轴与主轴进行同步啮合时的动作将有所区别。

MasterStartMode：Absolute、Relative；SlaveStartMode：Absolute、Relative、RampIn。

1）主轴与从轴的当前位置与凸轮曲线上的坐标点一致时，无论这两个输入是何种模式，输入 Execute 上升沿触发后，从轴不会产生偏移，将直接与主轴进行同步，同步状态 InSync 置为 True。（红色曲线为主轴位置，蓝色曲线为从轴位置），如图 6-56、图 6-57 所示。

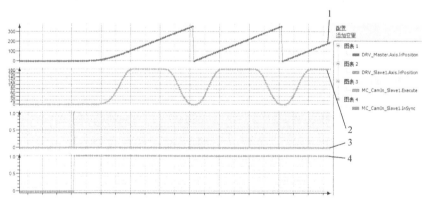

图 6-56　主 / 从轴位置与凸轮曲线坐标对应时动作曲线（主、从位置 = 0）

2）如果主轴与从轴当前位置与凸轮曲线上的坐标点不同时：MasterStartMode= Absolute，SlaveStartMode=Absolute。

例如：当前主轴位置 =0，从轴位置 =80。由于根据凸轮曲线主轴位置 0 时，从轴对应位置为 0，所以输入 Execute 上升沿触发后，从轴立即高速运动到位置 0，完成与主轴之间的同步，同步状态 InSync 置为 True。（红色曲线为主轴位置，蓝色曲线为从轴位置），如图 6-58 所示。

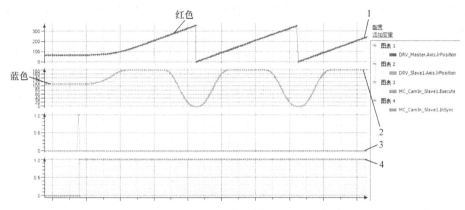

图 6-57　主 / 从轴位置与凸轮曲线坐标对应时动作曲线（主、从位置 <> 0）

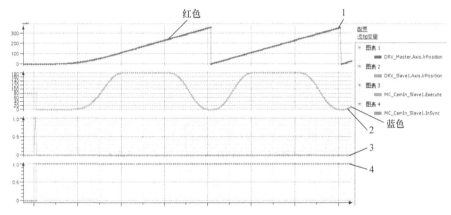

图 6-58　主轴绝对、从轴绝对动作曲线

MasterStartMode= Absolute ，SlaveStartMode= Relative ：

例如：主轴位置 =0，从轴位置 =80，触发后从轴不发生任何偏移，从轴直接从凸轮曲线上对应主轴当前位置的坐标点开始与主轴进行同步，同步状态 InSync 置为 True。（红色曲线为主轴位置，蓝色曲线为从轴位置），如图 6-59 所示。

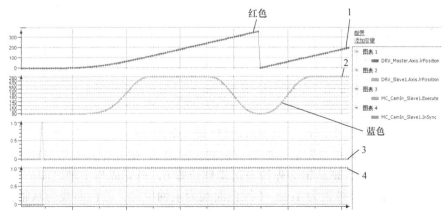

图 6-59　主轴绝对、从轴相对动作曲线

MasterStartMode= Absolute，SlaveStartMode= RampIn：

从轴为模数轴时：输入 Execute 上升沿触发后，从轴先根据设定 RampIn 模式的速度、加速度和方向运动到与主轴位置对应的曲线位置后完成与主轴的同步，输出 InSync 被置为 True。

从轴为线性轴时：输入 Execute 上升沿触发后，从轴先按绝对值坐标的方向，根据设定 RampIn 模式的速度、加速度运动到与主轴位置相对应的曲线位置后完成与主轴的同步，输出 InSync 被置为 True。（红色曲线为主轴位置，蓝色曲线为从轴位置），如图 6-60、图 6-61 所示。

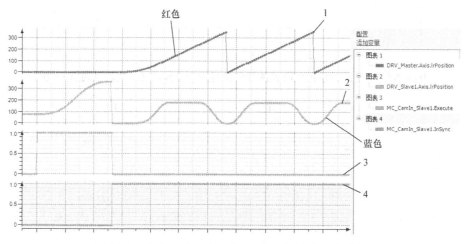

图 6-60　主轴绝对、从轴 RampIn，正方向动作曲线

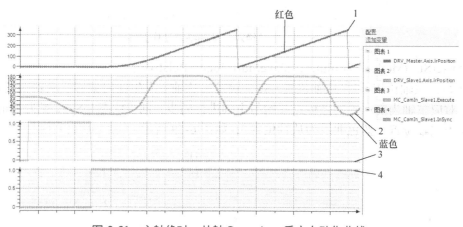

图 6-61　主轴绝对、从轴 RampIn，反方向动作曲线

MasterStartMode= Relative，SlaveStartMode= Absolute：

当输入 Execute 上升沿触发后，如果从轴的位置为 0，则立即完成与主轴之间的同步；如果从轴的位置不为 0，则从轴会先快速运动到位置 0，再完成与主轴之间的同步。当完成同步后，输出 InSync 被置为 True。（红色曲线为主轴位置，蓝色曲线为从轴位置），如图 6-62、图 6-63 所示。

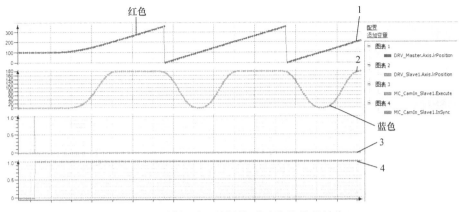

图 6-62　主轴相对、从轴绝对动作曲线从轴为 0

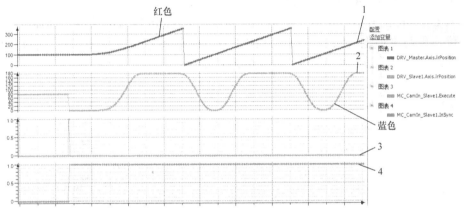

图 6-63　主轴相对、从轴绝对动作曲线从轴不为 0

MasterStartMode= Relative ，SlaveStartMode= Relative ：

当输入 Execute 上升沿触发后，不论主从轴在什么位置，从轴都不会发生任何偏移，而是直接以当前位置为起点与主轴进行同步，当完成同步后，输出 InSync 被置为 True。（红色曲线为主轴位置，蓝色曲线为从轴位置），如图 6-64、图 6-65 所示。

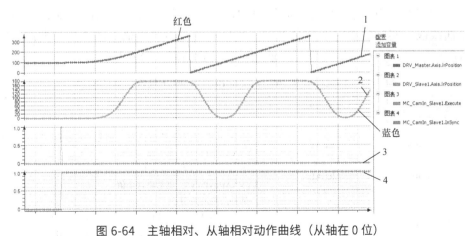

图 6-64　主轴相对、从轴相对动作曲线（从轴在 0 位）

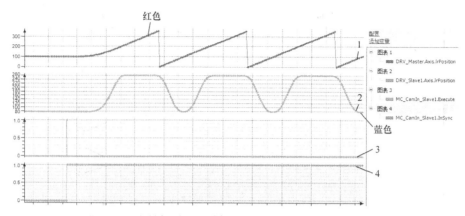

图 6-65　主轴相对、从轴相对动作曲线（从轴不在 0 位）

MasterStartMode= Relative ，SlaveStartMode= RampIn：

输入 Execute 上升沿触发后，从轴先根据设定 RampIn 模式的速度、加速度和方向运动到 0 位，再与主轴进行同步，当完成同步后，输出 InSync 被置为 True。（红色曲线为主轴位置，蓝色曲线为从轴位置），如图 6-66 所示。

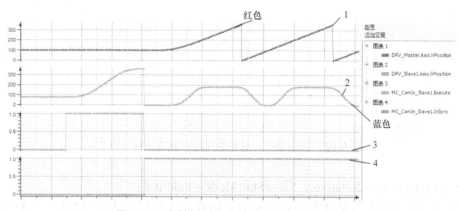

图 6-66　主轴相对、从轴 RampIn 动作曲线

（4）插补凸轮（InterpolationParameter、InterpolationPoints）

使用曲线段规划凸轮曲线时，曲线段的数量是有限制的，一根凸轮曲线最多可以支持 32 个曲线段。实际使用时经常会遇到一些应用场合需要用描点法来规划曲线，需要的点数可能远远超过 32 点，这时就可以使用插补凸轮功能见表 6-11。

表 6-11　结构体变量 InterpolationParameter 包含元素的描述

变量	数据类型	描述
udiNumCamPoints	UDINT	填充有凸轮点的数组条目的数量
lrMinMasterPosition	LREAL	主轴位置范围的最小位置。如果 etInterpolationMode 设置为 XYVAArrayPoly5，则忽略这个值
lrMaxMasterPosition	LREAL	主轴位置范围的最大位置。如果 etInterpolationMode 设置为 XYVAArrayPoly5，则忽略这个值
etInterpolationMode	ET_InterpolationMode	插补凸轮的类型： 0：YArrayLinear（两个点之间的直线用于插补） 1：XYVAArrayPoly5（两点之间的包含主轴位置、从轴位置、速度以及两点之间的加速度的通用 Poly5 用于插补）

如果 etInterpolationMode 设置为 1，曲线类型 XYVAArrayPoly5 包含变量信息见表 6-12，编辑曲线时需要对相应变量赋值。

表 6-12　XYVAArrayPoly5 包含变量的描述

变量	数据类型	描述
X	LREAL	凸轮点的主轴位置
Y	LREAL	凸轮点的从轴位置
V	LREAL	凸轮点的速度（对应于斜率）
A	LREAL	凸轮点的加速度（对应于曲率）

例如：定义两组曲线，都是 361 个数据点，其中曲线 1 类型是线性，曲线 2 类型是 5 次曲线，如图 6-67 所示。

```
VAR_GLOBAL
    //interpolated CAM data
    // ***************************************************************************
    arIntParY:          ARRAY [0..360] OF LREAL;
    stIntPar1:          plco.MC_Interpolation_Parameter := (udiNumCamPoints       := 361,
                                                            lrMinMasterPosition :=0,
                                                            lrMaxMasterPosition := 360,
                                                            etInterpolationMode := 0);

    arIntParXYVA:       ARRAY [0..360] OF Moin.ST_InterpolationPointXYVA;
    stIntPar2:          plco.MC_Interpolation_Parameter := (udiNumCamPoints       := 361,
                                                            etInterpolationMode := 1);
END_VAR
```

图 6-67　定义插补凸轮曲线变量

通过程序分别对两组曲线赋值。本例为了方便测试，直接用循环对数组赋值，实际使用时应根据具体应用对变量分组赋值或逐点赋值，如图 6-68 所示。

```
5   FOR i:=0 TO 360 DO
6       //对直线插补曲线赋值
7       IF i<=240 THEN
8       arIntParY[i] := 2*i;
9       ELSE
10      arIntParY[i] := 480-(i-240)*4;
11      END_IF
12      //对5次方插补曲线赋值
13      arIntParXYVA[i].X:= i;
14      arIntParXYVA[i].Y:= 2*i;
15      arIntParXYVA[i].V:= 1;
16  END_FOR
```

图 6-68　对插补凸轮曲线变量赋值

最后，可以在程序中调用该插补凸轮曲线，如图 6-69 所示。
插补凸轮曲线运行效果如图 6-70 所示。

3. 相位偏移

在一些印刷、包装应用中，在控制两轴同步时，会有相位调整的需求。功能块 MC_PhasingAbsolute 可用于调整从站轴与主轴之间的相位偏移。使用该功能块时应注意的是这个相位差是以绝对方式存在的，与轴的类型设成模数轴或线性轴无关。功能块如图 6-71 所示，MC_PhasingAbsolute 功能块引脚描述见表 6-13。

```
//直线类型插补凸轮
MC_CamIn_Line(
    Master:= DRV_Master.Axis,
    Slave:= DRV_Slave1.Axis,
    Execute:= ,
    CamTableID:= ,
    BufferMode:= ,
    Periodic:= TRUE,
    MasterStartMode:= 0,
    SlaveStartMode:= 2,
    RampInDirection:= 2,
    VelocityOffsetRampIn:= 10 ,
    AccelerationOffsetRampIn:= 100,
    DecelerationOffsetRampIn:= 100,
    JerkOffsetRampIn:= 360,
    InterpolationPoints:= ADR(arIntParY),
    InterpolationParameter:= stIntPar1 ,
    InSync=> ,
    Busy=> ,
    Active=> ,
    CommandAborted=> ,
    Error=> ,
    ErrorId=> ,
    EndOfProfile=> ,
    RampInDuration=> );
```

```
58
59  //5次方类型插补凸轮
60  MC_CamIn_Poly5(
61      Master:= DRV_Master.Axis,
62      Slave:=  DRV_Slave2.Axis,
63      Execute:= ,
64      CamTableID:= ,
65      BufferMode:= ,
66      Periodic:= TRUE,
67      MasterStartMode:= 0,
68      SlaveStartMode:= 2,
69      RampInDirection:= 2,
70      VelocityOffsetRampIn:= 10,
71      AccelerationOffsetRampIn:= 100,
72      DecelerationOffsetRampIn:= 100,
73      JerkOffsetRampIn:= 360,
74      InterpolationPoints:=ADR(arIntParXYVA) ,
75      InterpolationParameter:= stIntPar2,
76      InSync=> ,
77      Busy=> ,
78      Active=> ,
79      CommandAborted=> ,
80      Error=> ,
81      ErrorId=> ,
82      EndOfProfile=> ,
        RampInDuration=> );
```

图 6-69　程序中使用插补凸轮曲线

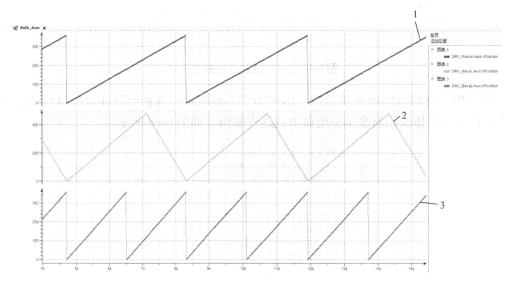

图 6-70　插补凸轮曲线运行效果

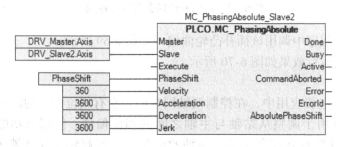

图 6-71　MC_PhasingAbsolute 功能块

表 6-13　MC_PhasingAbsolute 功能块引脚描述

输入	数据类型	描述
Master	Axis_Ref	功能块引用的主轴
Slave	Axis_Ref	功能块引用的从轴
Execute	BOOL	上升沿可启动功能块
PhaseShift	LREAL	以用户单位表示的阶段偏移
Velocity	LREAL	以用户自定义单位表示的速度
Acceleration	LREAL	以用户自定义单位表示的加速度
Deceleration	LREAL	以用户自定义单位表示的减速度
Jerk	LREAL	冲量（单位 /s³）
输出	数据类型	描述
Done	BOOL	True：无检出错误时执行终止
Busy	BOOL	True：功能块正在执行中
Active	BOOL	True：功能块控制轴的运动
CommandAborted	BOOL	True：执行已被另一个功能块所中止
Error	BOOL	True：已在执行功能块时检出错误
ErrorID	ET_Result	故障代码
AbsolutePhaseShift	LREAL	当前相位偏移

6.8　虚轴控制

虚轴是由软件虚拟出来的轴，在物理上它并不存在。由于没有实际物理介质，虚轴控制起来可以非常灵活（例如可以设置非常大的加减速度而不用担心虚轴对应工位机械造成的冲击），对运动控制起到一种辅助的作用，优化控制程序架构的同时丰富了控制手段。虚轴可以和实轴一样直接使用单轴和多轴控制功能块。

ESME 软件中提供了两种定义虚轴的方式：硬件组态时定义、纯虚轴，无论采用哪种方式，使用控制功能块的方式都基本相同。

6.8.1　硬件组态时定义虚轴

在"设备树"中，双击某个 Sercos 从站，在"参数"界面中，"WorkingMode"可以通过下拉菜单选择"模拟工作模式"，这样该轴就被配置成虚轴。以这种方式配置的虚轴是会占用一个同步轴数量的，会受控制器 Sercos 下最大支持同步轴数量限制的，如图 6-72 所示。

图 6-72　硬件组态时定义虚轴

该虚轴在程序中的调用方法如图 6-73 所示。

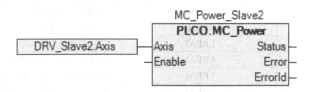

图 6-73　硬件组态定义的虚轴的调用

6.8.2　纯虚轴声明

可以在变量声明处定义一个虚轴变量，如：Vir_Axis 类型为 MOIN.FB_ControlledAxis。程序中直接使用这个变量作为虚轴。这种方式定义的虚轴不受控制器最大支持 Sercos 从站数量的限制，使用起来更加方便、灵活。该虚轴在程序中的调用方法如图 6-74 所示。

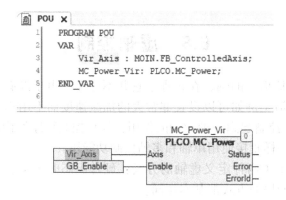

图 6-74　纯虚轴的调用

6.9　应用示例

6.9.1　项目介绍

如图 6-75 所示的飞剪设备的机械架构，其中包括三根轴，分别控制物料的输送、刀架往复和切刀的往复。需要将宽度为 300mm 的连续物料，根据设定的长度对物料进行切割（本例中为 500mm）。三根轴相关的机械参数见表 6-14。此外切刀的伸缩由一个气缸进行控制，气缸默认状态为缩进。

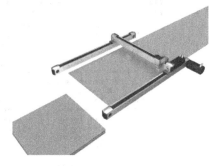

图 6-75　飞剪设备的机械架构

表 6-14　飞剪设备的机械参数

轴名称	减速比	机械结构
输送主轴	10 : 1	周长为 240mm 的辊筒
刀架往复	3 : 1	周长为 30mm 的同步带轮
切刀往复	1 : 1	导程为 12mm 的丝杠

设备的基本逻辑动作：

1）上电后三根轴分别回到工作原点。

2）输送轴按照设定的速度输送物料。

3）刀架轴控制刀架与物料进行同步。

4）刀架与物料同步后切刀伸出并对物料进行切割。

5）切割完成后，切刀缩回。

6）切刀与刀架返回工作原点进行下一次切割。

6.9.2　硬件组态

新建工程，在"设备树"中，"Ethernet_1"下添加 SercosMaster，并添加三根轴分别对应物料输送、刀架往复和切刀往复，如图 6-76 所示。

分别为三根轴分配 Sercos 地址，并根据机械参数填写齿轮比与用户单位等相关信息，如图 6-77、图 6-78 和图 6-79 所示。

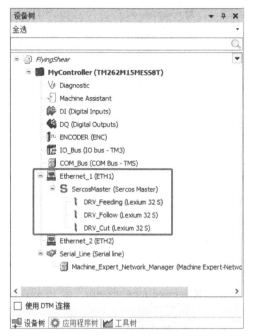

图 6-76　飞剪设备机械架构

图 6-77　输送轴参数

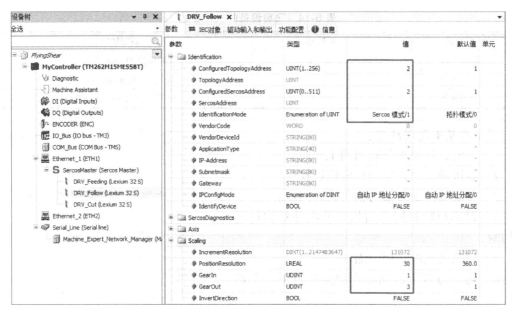

图 6-78　刀架往复轴参数

图 6-79　切刀往复轴参数

6.9.3　编写程序

1. 编写初始化程序

添加 POU 程序 SR_InitAxisConfig，在该初始化程序中，在 SERCOS 总线状态进入 Phase4 之前可以定义轴的类型，急停时的减速度以及冲量等信息。物料输送轴设为模数轴，切模数为希望切割的长度（500），刀架往复轴和切刀往复轴都定义成不带限位的线性轴，程序如图 6-80 所示。

```
SR_InitAxisConfig ×
1    PROGRAM SR_InitAxisConfig
2    VAR
3        iState      :INT;
4    END_VAR
5
1    CASE iState OF
2        0:   // Set Sercos Phase to NRT (-1)
3            gxInit_OK    :=FALSE;
4            gSercosPhaseSet :=S3M.ET_SercosPhase.NRT;
5            IF SercosMaster.SercosPhaseChanger.ActualState = S3M.ET_SercosState.NRT THEN
6                iState   :=iState + 1;
7            END_IF
8        1:   // 定义轴类型
9            DRV_Feeding.Axis.SetAxisTypeModulo(i_lrPeriod:=glrLengthCut, q_xError=>, q_etResult=>);
10           DRV_Follow.Axis.SetAxisTypeLinearWithoutLimits(q_xError=>, q_etResult=> );
11           DRV_Cut.Axis.SetAxisTypeLinearWithoutLimits(q_xError=>, q_etResult=> );
12           // Stop Ramp
13           DRV_Feeding.Axis.SetErrorStopRamp(i_lrDeceleration :=1000, i_lrJerk:=0,q_etResult=>, q_xError=>);
14           DRV_Follow.Axis.SetErrorStopRamp(i_lrDeceleration :=1000, i_lrJerk:=0,q_etResult=>, q_xError=>);
15           DRV_Cut.Axis.SetErrorStopRamp(i_lrDeceleration :=1000, i_lrJerk:=0,q_etResult=>, q_xError=>);
16           iState   :=iState + 1;
17       2:
18           gSercosPhaseSet := S3M.ET_SercosPhase.Phase4;
19           IF SercosMaster.SercosPhaseChanger.ActualState = S3M.ET_SercosState.Phase4 THEN
20               gxInit_OK    :=TRUE;
21               iState   :=iState + 1;
22           END_IF
23       3:
24           IF NOT gxInit_OK THEN
25               iState   :=0;
26           END_IF
27   END_CASE
28   //Sercos Phase
29   SercosMaster.SercosPhaseChanger.DesiredPhase      := gSercosPhaseSet;
30   IF SercosMaster.SercosPhaseChanger.ActualState = S3M.ET_SercosState.Phase4 THEN
31       gx_SercosInPhase4   :=TRUE;
32   ELSE
33       gx_SercosInPhase4   :=FALSE;
34   END_IF
35   IF SercosMaster.SercosPhaseChanger.ActualState = S3M.ET_SercosState.Error THEN
36       iState   :=0;
37   END_IF
```

图 6-80　初始化程序

2. 编写 SERCOS 总线故障处理程序

添加 POU 程序 SR_ErrorHandling，在该子程序中对 SERCOS 总线的状态进行监控，并在故障后进行复位，如图 6-81 所示。

```
SR_ErrorHandling ×
1    PROGRAM SR_ErrorHandling
2    VAR
3        R_Trig_Reset: R_TRIG;
4    END_VAR
1    // Sercos通讯状态监控
2    IF gx_SercosInPhase4 AND DRV_Feeding.SercosDiagnostics.ConnectionState = S3M.ET_SlaveCommunicationState.Operational THEN
3        gxDRVFeeding_ComOK  :=TRUE;
4    ELSE
5        gxDRVFeeding_ComOK  :=FALSE;
6    END_IF
7
8    IF gx_SercosInPhase4 AND DRV_Follow.SercosDiagnostics.ConnectionState = S3M.ET_SlaveCommunicationState.Operational THEN
9        gxDRVKnifeFolllow_ComOK :=TRUE;
10   ELSE
11       gxDRVKnifeFolllow_ComOK :=FALSE;
12   END_IF
13
14   IF gx_SercosInPhase4 AND DRV_Cut.SercosDiagnostics.ConnectionState = S3M.ET_SlaveCommunicationState.Operational THEN
15       gxDRVKnifeCut_ComOK :=TRUE;
16   ELSE
17       gxDRVKnifeCut_ComOK :=FALSE;
18   END_IF
19
20   // 轴故障复位
21   MC_Reset_Feeding(Axis:=DRV_Feeding.Axis ,Execute:=gx_ErrorReset ,Done=> ,Busy=> ,Error=> ,ErrorId=> );
22   MC_Reset_Follow(Axis:=DRV_Follow.Axis ,Execute:=gx_ErrorReset ,Done=> ,Busy=> ,Error=> ,ErrorId=> );
23   MC_Reset_Cut(Axis:=DRV_Cut.Axis ,Execute:=gx_ErrorReset ,Done=> ,Busy=> ,Error=> ,ErrorId=> );
24
25   //Sercos通信复位
26   R_Trig_Reset(CLK:=( NOT gxDRVFeeding_ComOK OR NOT gxDRVKnifeFolllow_ComOK OR NOT gxDRVKnifeCut_ComOK) AND gx_ErrorReset);
27   IF R_Trig_Reset.Q THEN
28       GVL.gxInit_OK    :=FALSE;
29   END_IF
30
31   // Set global error state
32   gx_Error := (NOT gxDRVFeeding_ComOK) OR (NOT gxDRVKnifeFolllow_ComOK) OR (NOT gxDRVKnifeCut_ComOK) OR
33       (DRV_Feeding.Axis.etAxisState=0) OR (DRV_Follow.Axis.etAxisState=0) OR (DRV_Cut.Axis.etAxisState=0);
```

图 6-81　SERCOS 总线故障处理程序

3. 添加凸轮曲线

1）添加刀架往复的凸轮曲线，曲线周期为切割的目标长度 500，曲线分成 3 段。段 1 从轴从静止状态追踪主轴到达同步状态；段 2 保持与主轴之间同步，在同步过程中完成切割动作；段 3 切割完成，刀架高速返回。凸轮曲线如图 6-82 所示（3 段曲线具体坐标可以根据实际工作效果进行调整）。

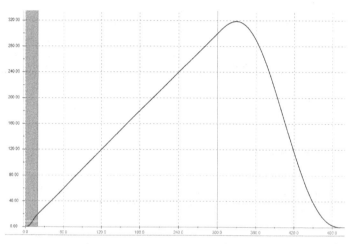

图 6-82　刀架往复凸轮曲线

2）添加切刀往复的凸轮曲线，曲线周期为切割的目标长度 500，曲线分成 4 段。段 1 从轴保持静止，直到刀架与物料达到同步；段 2 切刀伸出并完成切割，运动的动程 320（略大于物料的宽度）；段 3 切割完成后静止，等待切刀缩回；段 4 切刀高速返回等待下一次切割。凸轮曲线如图 6-83 所示（4 段曲线具体坐标可以根据实际工作效果进行调整）。

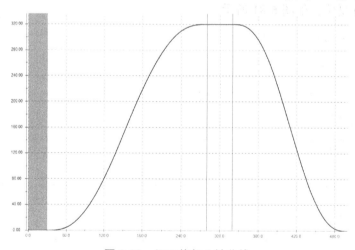

图 6-83　切刀往复凸轮曲线

4. 调用相关的运动控制功能块

添加 POU 程序 SR_MotionFunction，在该子程序中调用控制的 3 根轴将要使用的功能块。程序如图 6-84、图 6-85、图 6-86 和图 6-87 所示。

5. 添加控制逻辑程序

添加 POU 程序 SR_SR_ControlLogic，在该子程序中包括对 3 轴的点动、回零以及自动的逻辑程序，如图 6-88 所示。

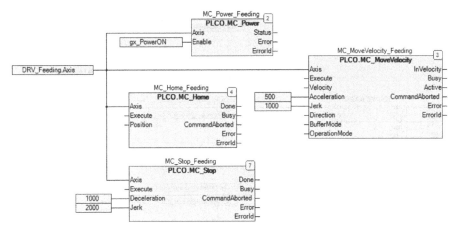

图 6-84　物料输送轴控制功能块

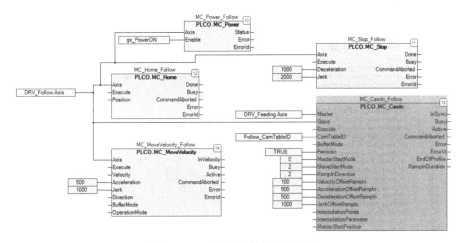

图 6-85　刀架往复轴控制功能块

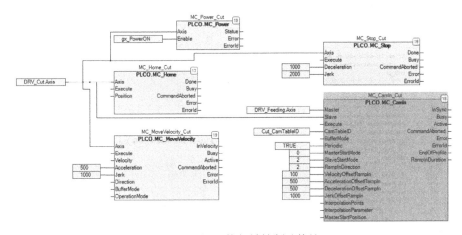

图 6-86　切刀往复轴控制功能块

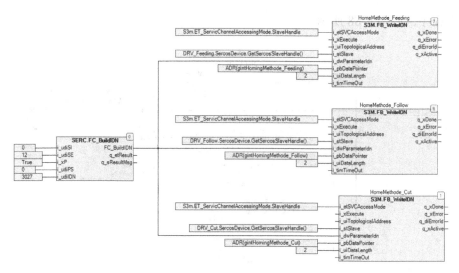

图 6-87　设置伺服回原点方式

```
SR_ControlLogic ×
1    PROGRAM SR_ControlLogic
2    VAR
3        int_ControlStep: INT;
4        Home_R_TRIG: R_TRIG;
5    END_VAR

1    gx_StandStill:=DRV_Feeding.Axis.etAxisState=2 AND DRV_Follow.Axis.etAxisState=2 AND DRV_Cut.Axis.etAxisState=2;
2    gx_PowerOk:=MC_Power_Cut.Status AND MC_Power_Follow.Status AND MC_Power_Feeding.Status;
3    Home_R_TRIG(CLK:=gx_HomeStart , Q=> );
4    CASE int_ControlStep OF
5    0:    //功能块初始化
6        HomeMethode_Feeding.i_xExecute      :=FALSE;
7        HomeMethode_Follow.i_xExecute       :=FALSE;
8        HomeMethode_Cut.i_xExecute          :=FALSE;
9        MC_Home_Feeding.Execute             :=FALSE;
10       MC_Home_Follow.Execute              :=FALSE;
11       MC_Home_Cut.Execute                 :=FALSE;
12       MC_CamIn_Follow.Execute             :=FALSE;
13       MC_CamIn_Cut.Execute                :=FALSE;
14       MC_MoveVelocity_Feeding.Execute     :=FALSE;
15       MC_Stop_Feeding.Execute             :=FALSE;
16       MC_Stop_Follow.Execute              :=FALSE;
17       MC_Stop_Cut.Execute                 :=FALSE;
18       MC_MoveVelocity_Feeding.Execute     :=FALSE;
19       MC_MoveVelocity_Follow.Execute      :=FALSE;
20       MC_MoveVelocity_Cut.Execute         :=FALSE;
21   (*******************************回零**********************************)
22       IF gx_PowerOk AND Home_R_TRIG.Q AND NOT gx_Error AND gIntOpMode=1 AND gx_StandStill THEN
23           int_ControlStep:=100;
24       END_IF
25   (*******************************点动**********************************)
26       IF gx_PowerOk AND NOT gx_Error AND gIntOpMode=2 AND gx_StandStill THEN
27           IF gx_JogP OR gx_JogN THEN
28               int_ControlStep:=200;
29           END_IF
30       END_IF
31   (*******************************自动**********************************)
32       IF gx_PowerOk AND gx_HomeDone AND gx_AutoStart AND NOT gx_Error AND gIntOpMode=3 AND gx_StandStill THEN
33           int_ControlStep:=300;
34       END_IF
35   (******************************回零逻辑*******************************)
36   100:
37       gx_HomeDone:=FALSE;
38       gx_KnifeAuto:=FALSE;
39       HomeMethode_Feeding.i_xExecute:=TRUE;
40       HomeMethode_Follow.i_xExecute:=TRUE;
41       HomeMethode_Cut.i_xExecute:=TRUE;
42       IF HomeMethode_Feeding.q_xDone AND HomeMethode_Follow.q_xDone AND HomeMethode_Cut.q_xDone THEN
43           int_ControlStep:=110;
44       END_IF
45   110:
46       MC_Home_Feeding.Execute:=TRUE;
47       MC_Home_Follow.Execute:=TRUE;
48       MC_Home_Cut.Execute:=TRUE;
49       IF MC_Home_Feeding.Done AND MC_Home_Follow.Done AND MC_Home_Cut.Done THEN
50           gx_HomeDone:=TRUE;
51           int_ControlStep:=0;
52       END_IF
```

图 6-88　逻辑程序

```
53      (***********************点动逻辑***********************************)
54      200:
55          IF gIntAxisChoice=0 THEN
56              IF gx_JogP THEN
57              MC_MoveVelocity_Feeding.Direction:=0;
58              ELSE
59              MC_MoveVelocity_Feeding.Direction:=1;
60              END_IF
61              MC_MoveVelocity_Feeding.Velocity:=glrJogVelocity_Feeding;
62              MC_MoveVelocity_Feeding.Execute:=TRUE;
63          END_IF
64          IF gIntAxisChoice=1 THEN
65              IF gx_JogP THEN
66              MC_MoveVelocity_Follow.Direction:=0;
67              ELSE
68              MC_MoveVelocity_Follow.Direction:=1;
69              END_IF
70              MC_MoveVelocity_Follow.Velocity:=glrJogVelocity_Follow;
71              MC_MoveVelocity_Follow.Execute:=TRUE;
72          END_IF
73          IF gIntAxisChoice=2 THEN
74              IF gx_JogP THEN
75              MC_MoveVelocity_Cut.Direction:=0;
76              ELSE
77              MC_MoveVelocity_Cut.Direction:=1;
78              END_IF
79              MC_MoveVelocity_Cut.Velocity:=glrJogVelocity_Cut;
80              MC_MoveVelocity_Cut.Execute:=TRUE;
81          END_IF
82          IF NOT gx_JogP AND NOT gx_JogN THEN
83              int_ControlStep:=210;
84          END_IF
85      210:
86          MC_MoveVelocity_Feeding.Execute:=FALSE;
87          MC_MoveVelocity_Follow.Execute:=FALSE;
88          MC_MoveVelocity_Cut.Execute:=FALSE;
89          IF gIntAxisChoice=0 THEN
90              MC_Stop_Feeding.Execute:=TRUE;
91              IF MC_Stop_Feeding.Done THEN
92                  int_ControlStep:=0;
93              END_IF
94          END_IF
95          IF gIntAxisChoice=1 THEN
96              MC_Stop_Follow.Execute:=TRUE;
97              IF MC_Stop_Follow.Done THEN
98                  int_ControlStep:=0;
99              END_IF
100         END_IF
101         IF gIntAxisChoice=2 THEN
102             MC_Stop_Cut.Execute:=TRUE;
103             IF MC_Stop_Cut.Done THEN
104                 int_ControlStep:=0;
105             END_IF
106         END_IF
```

图 6-88 逻辑程序（续）

```
107    (**********************自动逻辑***************************)
108    300:      //从轴开始跟随
109        MC_CamIn_Follow.Execute:=TRUE;
110        MC_CamIn_Cut.Execute:=TRUE;
111        IF  MC_CamIn_Follow.InSync AND MC_CamIn_Cut.InSync THEN
112            int_ControlStep:=310;
113        END_IF
114    310:      //从轴已同步，主轴开始运行
115        MC_CamIn_Follow.Execute:=FALSE;
116        MC_CamIn_Cut.Execute:=FALSE;
117        glrMachineVelocity_Old:=glrMachineVelocity;
118        MC_MoveVelocity_Feeding.Velocity:=glrMachineVelocity;
119        MC_MoveVelocity_Feeding.Execute:=TRUE;
120        IF MC_MoveVelocity_Feeding.InVelocity THEN
121            int_ControlStep:=220;
122        END_IF
123    320:      //运行过程中主轴变速
124        MC_MoveVelocity_Feeding.Execute:=FALSE;
125        IF glrMachineVelocity_Old<>glrMachineVelocity THEN
126            int_ControlStep:=310;
127        END_IF
128        IF NOT gx_AutoStart THEN
129            int_ControlStep:=330;
130        END_IF
131    330:      //停主轴
132        MC_Stop_Feeding.Execute:=TRUE;
133        IF MC_Stop_Feeding.Done THEN
134            int_ControlStep:=340;
135        END_IF
136    340:      //停从轴
137        MC_Stop_Follow.Execute:=TRUE;
138        MC_Stop_Cut.Execute:=TRUE;
139        IF  MC_Stop_Follow.Done AND MC_Stop_Cut.Done THEN
140            int_ControlStep:=0;
141        END_IF
142    END_CASE
143
144    //切刀气缸动作
145    gx_KnifeAuto:=gIntOpMode=3 AND
146                    DRV_Feeding.Axis.lrPosition>=20 AND
147                    DRV_Feeding.Axis.lrPosition<=280;
148    %QX0.0:=gx_KnifeAuto;
```

图 6-88　逻辑程序（续）

6. 添加控制逻辑程序

在主程序 Main 中，调用前面的子程序，如图 6-89 所示。

```
SR_Main  X
1    PROGRAM SR_Main
2    VAR
3    END_VAR

1    // 初始化
2    SR_InitAxisConfig();
3    IF NOT gxInit_OK THEN
4        RETURN;
5    END_IF
6    SR_ErrorHandling();            //故障处理
7    SR_MotionFunction();           //轴功能块
8    SR_ControlLogic();             //控制逻辑
```

图 6-89　调用子程序

7. 全局变量

以上程序中所使用的变量均被声明为全局变量，可以在全局变量 GVL 中看到，如图 6-90 所示。

```
GVL X
 1  VAR_GLOBAL
 2      gSercosPhaseSet              :S3M.ET_SercosPhase;
 3      gxInit_OK                    :BOOL;         //初始化完成
 4      gx_SercosInPhase4            :BOOL;
 5      gxDRVFeeding_ComOK           :BOOL;         //输送轴通信正常
 6      gxDRVKnifeFolllow_ComOK      :BOOL;         //刀架轴通信正常
 7      gxDRVKnifeCut_ComOK          :BOOL;         //切刀轴通信正常
 8      gdw_HomingMethode_IDN        :DWORD;        //回零IDN码
 9      gx_Error                     :BOOL;         //设备故障
10      gx_StandStill                :BOOL;         //设备静止状态
11      gx_PowerOk                   :BOOL;         //伺服全使能完成
12      gx_ErrorReset                :BOOL;         //故障复位
13      gx_JogP                      :BOOL;         //正向点动
14      gx_JogN                      :BOOL;         //反向点动
15      gIntAxisChoice               :INT;          //0:Feeding    1:Follow    2: Cut
16      glrJogVelocity_Feeding       :LREAL;        //输送轴点动速度
17      glrJogVelocity_Follow        :LREAL;        //刀架往复轴点动速度
18      glrJogVelocity_Cut           :LREAL;        //切刀往复轴点动速度
19      gx_PowerON                   :BOOL;         //伺服使能
20      gx_HomeStart                 :BOOL;         //开始回零
21      gx_HomeDone                  :BOOL;         //回零完成
22      gx_AutoStart                 :BOOL;         //自动启动
23      glrLengthCut                 :LREAL:=500;
24      glrMachineVelocity           :LREAL;        //设备运行速度
25      glrMachineVelocity_Old       :LREAL;
26      gIntOpMode                   :INT;          //工作
27      gintHomingMethode_Feeding    :INT:=35;      //输送轴回零方式
28      gintHomingMethode_Follow     :INT:=23;      //刀架轴回零方式
29      gintHomingMethode_Cut        :INT:=17;      //切刀轴回零方式
30      gx_KnifeAuto                 :BOOL;         //切刀动作变量
31      HomeMethode_Feeding          : S3M.FB_WriteIDN;
32      HomeMethode_Follow           : S3M.FB_WriteIDN;
33      HomeMethode_Cut              : S3M.FB_WriteIDN;
34      MC_Reset_Feeding             : PLCO.MC_Reset;
35      MC_Reset_Follow              : PLCO.MC_Reset;
36      MC_Reset_Cut                 : PLCO.MC_Reset;
37      MC_Power_Feeding             : PLCO.MC_Power;
38      MC_Power_Follow              : PLCO.MC_Power;
39      MC_Power_Cut                 : PLCO.MC_Power;
40      MC_Home_Feeding              : PLCO.MC_Home;
41      MC_Home_Follow               : PLCO.MC_Home;
42      MC_Home_Cut                  : PLCO.MC_Home;
43      MC_MoveVelocity_Feeding      : PLCO.MC_MoveVelocity;
44      MC_MoveVelocity_Follow       : PLCO.MC_MoveVelocity;
45      MC_MoveVelocity_Cut          : PLCO.MC_MoveVelocity;
46      MC_Stop_Feeding              : PLCO.MC_Stop;
47      MC_Stop_Follow               : PLCO.MC_Stop;
48      MC_Stop_Cut                  : PLCO.MC_Stop;
49      MC_CamIn_Follow              : PLCO.MC_CamIn;
50      MC_CamIn_Cut                 : PLCO.MC_CamIn;
51      Follow_CamTableID            : PLCO.MC_CAM_ID;   //刀架轴凸轮曲线
52      Cut_CamTableID               : PLCO.MC_CAM_ID;   //切刀轴凸轮曲线
53  END_VAR
```

图 6-90　全局变量

6.9.4　程序测试

下载并运行程序。当 3 根轴回零完成后，将运行模式 gIntOpMode 设为 3，并将变量 gx_AutoStart 置 TRUE，设备将自动运行。

3 轴位置以及切刀动作关系如图 6-91 所示。四条曲线依次为输送轴位置、刀架轴位置、切刀轴位置和切刀气缸状态。

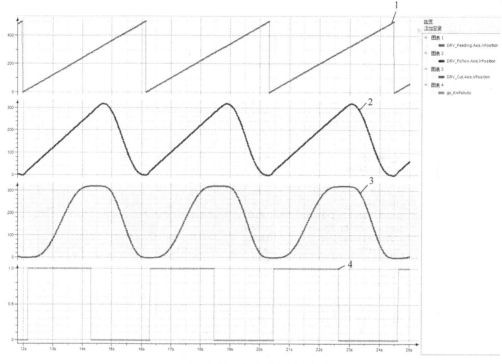

图 6-91　伺服位置曲线

第 7 章
OPC 通信应用

7.1 OPC 简介

OPC 是 Object Linking and Embedding（OLE）for Process Control（用于过程控制的对象连接与嵌入）的缩写。OPC 是自动化行业及其他行业用于数据安全交互时的互操作性标准，它独立于平台，并确保来自多个厂商设备之间信息的无缝传输。OPC 标准是由行业供应商、终端用户和软件开发者共同制定的一系列规范，这些规范定义了客户端与服务器之间以及服务器与服务器之间的接口，例如访问实时数据、监控报警和事件、访问历史数据和其他应用程序等，都需要 OPC 标准的协调。

OPC 通信标准的核心是互通性（Interoperability）和标准化（Standardization）的问题。传统的 OPC 技术在控制级别很好地解决了硬件设备间的互通性问题，在企业层面的通信标准化是同样需要的。在 OPC UA 之前的访问规范都是基于微软的 COM（Component Object Model）/DCOM（Distributed COM）技术，这会给新增层面的通信带来不可根除的弱点。加上传统 OPC 技术不够灵活、平台局限等问题的逐渐凸显，OPC 基金会（OPC Foundation）发布了最新的数据通信统一方法即 OPC 统一架构（OPC Unified Architecture），它涵盖了 OPC 实时数据访问规范（OPC DataAccess）、OPC 历史数据访问规范（OPC Historical Data Access）、OPC 报警事件访问规范（OPC Alarm & Events）和 OPC 安全协议（OPC Security）的不同方面，但在其基础之上进行了功能扩展。

本章主要介绍了 ESME 平台 M262 控制器的 OPC UA 与 OPC DA 通信的应用。

7.2 OPC UA

7.2.1 OPC UA 简介

OPC UA 是在传统 OPC 技术取得很大成功之后的又一个突破，让数据采集、信息模型化以及工厂底层与企业层面之间的通信更加安全、可靠。

OPC UA 的主要特点：

（1）访问统一性

OPC UA 有效地将现有的 OPC 规范（DA、A&E、HDA、命令、复杂数据和对象类型）集成进来，成为现在的新的 OPC UA 规范。OPC UA 提供了一致、完整的地址空间和服务模型，解决了过去同一系统的信息不能以统一方式被访问的问题。

（2）通信性能

OPC UA 规范可以通过任何端口进行通信，这让穿越防火墙不再是 OPC 通信的路障。为了提高传输性能，OPC UA 消息的编码格式可以是 XML 文本格式或二进制格式，也可使用多种传输协议进行传输，比如：TCP 和通过 HTTP 的网络服务。

（3）可靠性、冗余性

OPC UA 的开发含有高度的可靠性和冗余性的设计。可调试的逾时设置，错误发现和自动纠正等新特征，都使得符合 OPC UA 规范的软件产品可以自如地处理通信错误和失败。OPC UA 的标准冗余模型使来自不同厂商的软件应用可以同时被采纳并彼此兼容。

（4）标准安全模型

OPC UA 访问规范明确提出了标准安全模型，每个 OPC UA 应用都必须执行 OPC UA 安全协议，提高了互通性的同时降低了维护和额外的配置费用。还为用于 OPC UA 应用程序之间传递消息的底层通信技术提供了加密功能和标记技术，保证了消息的完整性和防止信息的泄漏。

（5）平台无关

OPC UA 软件的开发不再依靠和局限于任何特定的操作平台。过去只局限于 Windows 平台的 OPC 技术拓展到了 Linux、Unix、Mac 等各种平台。基于 Internet 的 Web-Service 服务架构（SOA）和非常灵活的数据交换系统，OPC UA 的发展不仅立足于现在，更加面向未来，OPC UA 架构如图 7-1 所示。

图 7-1　OPC UA 架构

EcoStruxure Machine Expert 软件中开放了 OPC UA 服务器功能，在控制过程中提供了简单、高效、高性能的解决方案。OPC UA 服务器用于 M262 Logic Controller 与 OPC UA 客户端交换数据。服务器与客户端通过会话通信。OPC UA 服务器共享的数据监视项目（也称作符号）从应用程序中使用的 IEC 变量列表选择。OPC UA 使用订阅模型；客户端订阅符号。OPC UA 服务器从设备以固定采样速率读取符号的值，将数据加入队列，然后将其以通知按照定期发布间隔发送到客户端。采样间隔可短于发布间隔，在这种情况下，通知可加入队列，直至发布间隔过去。不重新发布从上一个样本开始未改变值的符号。相反，OPC UA 服务器发送定期保持活动消息，向客户端指示连接仍然活动。M262 控制器支持地址空间模型、会话服务、属性服务、监视项目服务、队列项目、订阅服务和发布方法这 7 个常用服务。

UaExpert 是一个功能齐全的 OPC UA 客户端，兼容 C++OPC/C++ 客户 sdk/ 工具包的功能。UaExpert 设计为一个通用的测试客户端，支持 OPC UA 的特性，如数据访问、警报和条件、历史访问和对 UA 方法的调用。UaExpert 是一个跨平台的 OPC UA 测试客户端，它是用 C++ 编写的。它使用了复杂的 GUI 库 QT（以前的 Trolltech），形成了一个可扩展插件的基本框架。

7.2.2　OPC UA 服务器配置

M262 控制器与装有 UA Expert 的计算机连接，如图 7-2 所示。

图 7-2　OPC UA 连接示意图

打开 ESME 软件，在"设备树"→"MyController"→"OpcUa 服务器配置"→勾选"OPC UA Server enabled"，如图 7-3 所示。

（1）安全设置

禁用匿名登录，默认情况下，此复选框已取消勾选，表示 OPC UA 客户端可以匿名连接服务器。如果勾选此复选框以要求客户端提供有效的用户名和密码，以便连接 OPC UA 服务器。

（2）服务器配置

1）服务器端口，OPC UA 服务器的端口号。默认为 4840，OPC UA 客户端必须将此端口号附加到逻辑控制器的 TCP UAL，以便连接 OPC UA 服务器。

2）每个回话的最大订阅数，指定每个会话中允许的最大订阅数，默认为 20。

3）最小发布间隔，发布间隔定义 OPC UA 服务器向客户端发送通知包的频率。指定通知之间必须经过的最短时间，默认为 1000，单位为毫秒。

4）每个订阅的最大监测项数，每个订阅中服务器组装到通知包中的最大监视项目数，默认为 100。

5）最小保持活动间隔，OPC UA 服务器仅当数据监视项目的值被修改时发送通知。保持活动通知是一条空通知，由服务器发送，通知客户端尽管未修改任何数据但订阅仍然活动。指定保持活动通知之间的最小间隔，默认为 500，单位为毫秒。

6）最大会话数，可同时连接 OPC UA 服务器的最大客户端数量，默认为 2。

在"应用程序树"中，右键单击"Application"→"添加对象"→"符号配置"，如图 7-4 所示。

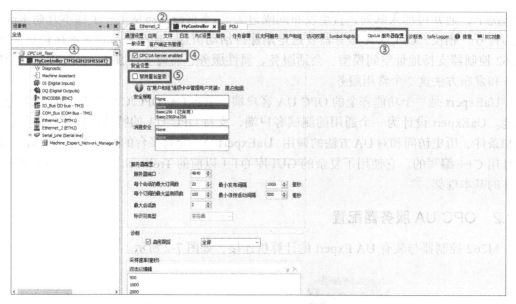

图 7-3　激活 OPC UA Server

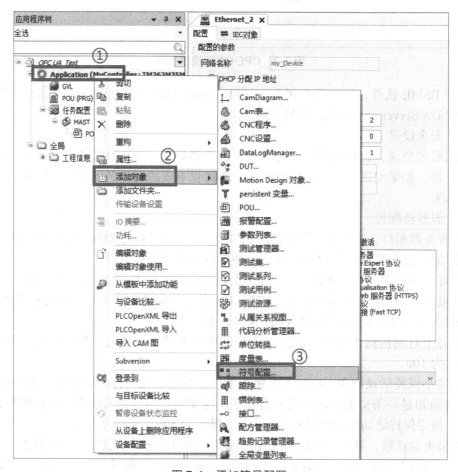

图 7-4　添加符号配置

在"添加符号配置"表中勾选"支持 OPC UA 特征",当下载符号配置时,附加信息也被下载到控制器中,这对 OPC UA 服务器是必须的,如图 7-5 所示。

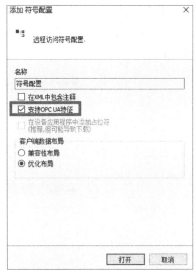

1)"在 XML 中包含注释",该选项可让分配至变量的注释导出为符号文件。默认情况下,通过运行代码生产创建符号文件。在下次下载时,将该文件传输至设备。如果在不执行下载的情况下创建文件可使用命令生产代码,该命令默认位于生产菜单。

2)"客户端数据布局",选择默认的"优化布局"。选择此选项,以优化的形式计算数据输出,独立于内部编译器布局。优化至影响结构化类型和函数块的变量,如图 7-5 所示。

在工具树中,打开"符号配置"表,先"编译",然后在符号列表中勾选 OPC UA Server 需要共享给 OPC Client 的变量,如图 7-6 所示。

图 7-5　勾选支持 OPC UA 特征

图 7-6　勾选变量

配置好 M262 控制器的 IP 地址,并激活安全参数,将其下载至 PLC 中,如图 7-7 所示。并配置 OPC UA Client 计算机的 IP 在同一网段。

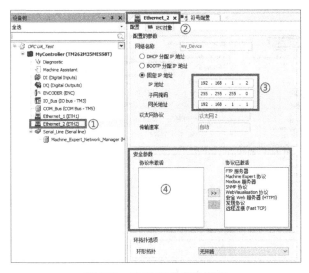

图 7-7　IP 及安全参数配置

打开 UA Expert 软件，右键单击 "Server"，单击 "Add Server"，在图 7-3 中我们取消了禁用匿名登录，所以这里可以通过 "Anonymous" 来访问，如果在图 7-3 中勾选了禁用匿名登录，则需要选择 Username 与 Password，输入相应的用户名及密码才能登录，如图 7-8 所示。

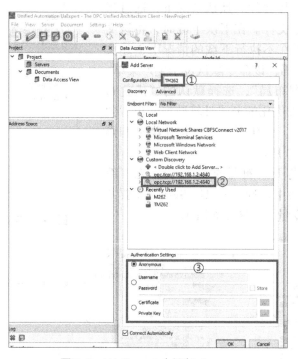

图 7-8　UA Expert 中添加 Server

添加好 Server 之后，右键单击 "TM262" 属性，确认 "Server Information" 中的 "Endpoint Url" 为 "opc.tcp：//192.168.1.2：4840"，如图 7-9 所示。

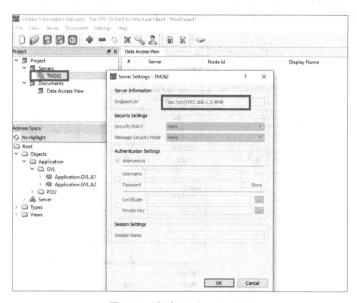

图 7-9　确认 Endpoint Url

PLC 在线，将选中的变量赋值，如图 7-10 所示。

图 7-10　PLC 变量赋值

在 UA Expert 展开 Address Space 中的 Application 中的 GVL 与 POU，将变量拖拽至 "Data Access View" 中，可正常查看 PLC 的值，也可以双击 Value 修改变量的值，如图 7-11 所示。

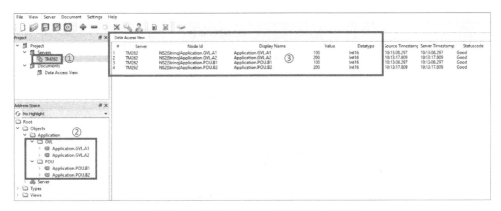

图 7-11　在 UA Expert 中查看 PLC 的值

7.3　OPC DA

7.3.1　OPC DA 简介

ESME 软件自带 CoDeSys OPC 服务器，可用 OPC Client 对其进行访问。可以在不同的平台上以两种不同的方式安装 CoDeSys OPC 服务器：

1）在 PC 上安装 EcoStruxure Machine Expert 的过程中安装，自定义安装或者完整安装的时候都可安装。默认安装的路径为 C：\Program Files（x86）\Schneider Electric\EcoStruxure Machine Expert\Tools\OPC Server（C 为盘符标志，可在其他盘）。

2）通过启动单独的 CoDeSys OPC 服务器安装，在未运行 EcoStruxure Machine Expert 的独立 PC 上安装。成功安装 OPC 服务器后，通过 OPC Client 对其进行访问。要连接 OPC 服务器，请使用 OPC Client 的浏览功能或直接输入服务器名称 CoDeSys.OPC. DA。一旦 Client 建立连接，操作系统将自动启动 OPC 服务器。它可并行与多个客户端交互。一旦最后一个 Client 断开连接，OPC 服务器将自动关闭。

7.3.2　OPC DA 服务器配置

1）打开 C：\Program Files（x86）\Schneider Electric\EcoStruxure Machine Expert\Tools\OPC Server（C 为盘符标志，可用其他盘）目录下的 OPCConfig 软件，右键单击"Server"，选择"Append PLC"，添加 PLC Name 为"MyController"，这个与 PLC 的节点名称一致，从接口列表中选择"GATEWAY3"，其他选项可使用默认设置，如图 7-12 所示。

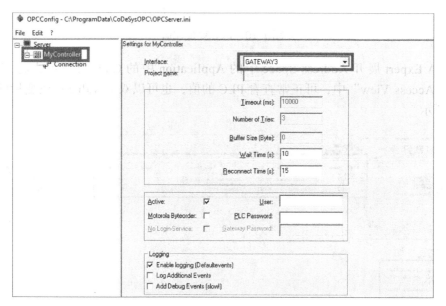

图 7-12　添加 MyController

2）勾选"Use TCP/IP blockdrive"，填入 PLC 的 IP 地址，如图 7-13 所示。

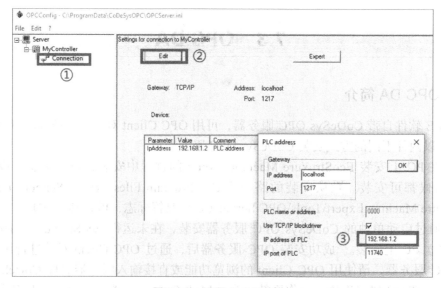

图 7-13　设置 PLC IP 地址

160

3）单击 "File"，选择 Save as，文件名必须为 "OPCServer.ini"，不能使用其他文件名，将当前 OPC 服务器配置保存到默认路径下面，如图 7-14 所示。

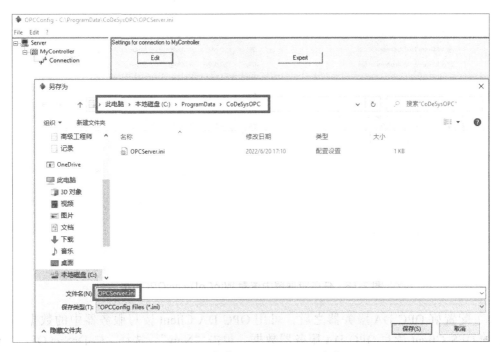

图 7-14　保存 OPCServer.ini 文件

4）在配置好 OPC 服务器后，OPC 客户端可访问的名称为 CoDesys.OPC.DA 的服务器。一旦客户端建立连接，OPC 服务器将由操作系统自动启动。当客户端无法自动启动 OPC 服务器时，可手动打开 "WinCoDesysOPC.exe" 程序，路径如图 7-15 所示。

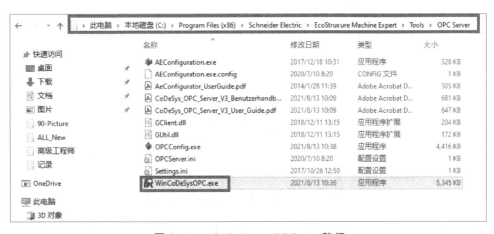

图 7-15　WinCoDesysOPC.exe 路径

5）打开 WinCoDesysOPC.exe 后，在任务管理器进程中可查看，它仅作为进程显示在 Windows 任务管理器中，不会有单独的运行图标，如图 7-16 所示。

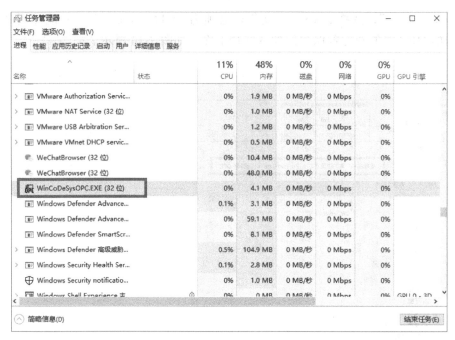

图 7-16　任务管理器中查看 WinCoDesysOPC.exe

6）配置好 OPC DA 服务器之后，可用 OPC DA Client 读写服务器中的数据，使用施耐德 OFS Client 读写 OPC DA 服务器数据，单击"New"，选择"CoDeSys.OPC.DA"，如图 7-17 所示。

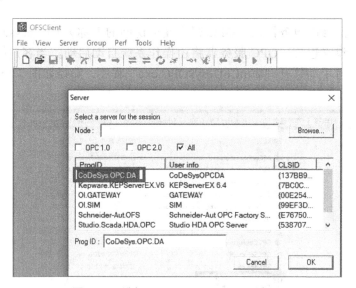

图 7-17　选择 CoDeSys.OPC.DA 服务器

7）添加"Item"，单击"Add"，选择"Applicationx"下面的"GVL"与"POU"，把之前 PLC 符号配置表中勾选的变量添加进来，如图 7-18 所示。

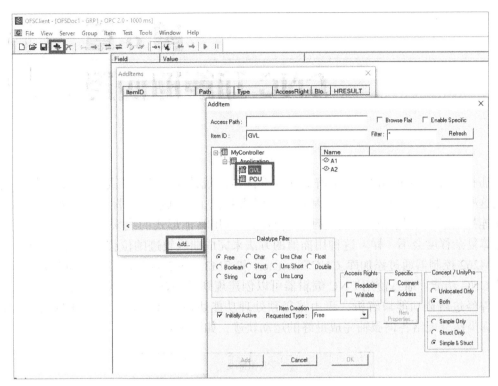

图 7-18　添加变量

8）从 OFS Client 中可以读写 PLC 变量，如图 7-19 所示。

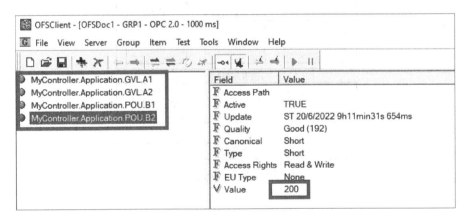

图 7-19　在 OFS Client 中读写 PLC 变量

插补（Interpolation），为了解决非线性曲线的线性化，数学上把曲线分割成多个点，再把这些点用直线连接起来，于是就把曲线直线化了，也就是线性插值处理；如果是用圆弧连接起来，就是圆弧插值处理。当然还可以用其他形式的线来处理，不同的是它们的计算复杂程度会不一样。这种用插值的方法来完成曲线轨迹的位移的方法叫插补。

M262 控制器通过添加库 CNCExtension 和 SM3_CNC 后可以实现插补功能，即本文中的 CNC 功能。通过使用 CNC 编辑器可以创建规划插补路径的 CNC 程序文件，这些程序文件经过解码功能块解析，再由路径预处理功能块规划成路径，最后通过插补功能块将目标坐标分配给各伺服轴完成最终的运动轨迹，如图 8-1 所示。

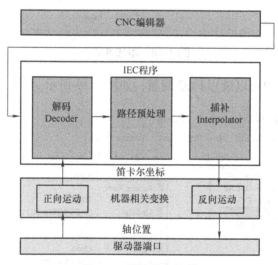

图 8-1　插补执行流程

8.1　CNC 常用术语

8.1.1　常用的 G 代码

插补曲线即可以是软件内部 CNC 编辑器编辑的 CNC 文件，也可以调用外部的 NC 文件，这些 CNC 程序文件经过解码功能块解析，再由路径预处理功能块规划成路径，最后通过插补功能块将目标坐标分配给各伺服轴完成最终的运动轨迹。这些文件支持的 G 代码见表 8-1。

表 8-1 G 代码功能描述

G 代码	功能	G 代码	功能
G00	没有工具接触、定位的直接运动	G40	A 结束工具半径的修改
G01	有工具接触的线性（直线）运动	G41	从工件左侧开始工具半径的修改
G02	顺时针绕回（部分圆）	G42	从工件右侧开始工具半径的修正
G03	逆时针绕圆（部分圆）	G50	结束圆滑路径 / 圆滑路径函数
G04	延迟时间	G51	开始圆滑路径函数
G05	一个 2D 基样条点	G52	开始圆滑路径函数
G06	抛物线	G53	结束坐标偏移
G08	顺时针方向椭圆（部分椭圆）	G54	下列全部坐标轴设置偏移到指定位置
G09	逆时针方向椭圆（部分椭圆）	G55	添加制定位置到当前偏移
G10	一个 3D 基样条点	G56	按当前位置等于指定位置那样设置偏移
G15	更改为 2D	G60	结束 avoid-loop 函数
G16	在平面正规 I/J/K 中，通过激活 3D 模式更改为 3D	G61	开始 avoid-loop 函数
G17	在 X/Y 平面，通过激活 3D 模式更改为 3D	G75	与插补器时间同步
G18	在 Z/X 平面，通过激活 3D 模式更改为 3D	G90	开始诠释下一个坐标值（为 X/Y/Z/P-W/A/B/C）为绝对值（默认）
G19	在 Y/Z 平面，通过激活 3D 模式更改为 3D	G91	开始诠释下一个坐标值（为 X/Y/Z/P-W/A/B/C）为相对值
G20	条件跳转（如果 K <> 0，至 L）	G92	不用移动设置位置
G36	给变量（O）写值（D）	G98	开始诠释下一个坐标值 I/J/K 为绝对值
G37	按值（D）增加变量（O）	G99	相对于起始点，开始诠释下一个坐标值 I/J/K 为相对值（标准）

8.1.2 G 代码中 CNC 标识符

G 代码指令中除功能码外还包含一些相关的路径信息，如坐标、速度等，这些信息见表 8-2 的标识符来体现。

表 8-2 G 代码中符号功能

字母	功能
G	位置命令
X	目标位置的 X- 坐标
Y	目标位置的 Y- 坐标
Z	目标位置的 Z- 坐标
E	最大加速度 / 减速度 [路径单位 /sec^2]
F	速率 [路径单位 /sec]
I	圆 / 椭圆中心（G02/G03/G08/G09）的 X- 坐标或抛物线 - 切线交叉点的 X- 坐标
J	圆 / 椭圆中心（G02/G03/G08/G09）的 Y- 坐标或抛物线 - 切线交叉点的 Y- 坐标
K	在数学意义上的椭圆主轴的方向（0°0，90°N，...）响应跳转条件（G20）响应 dT1 参数值（M- 函数）或圆的中心（G02/G03 只在 3D 模式）的 Z- 坐标
M	附加选项 M- 选项（M- 函数）
H	开启转换点（>0）/ 关闭（<0）
L	绝对转换位置（"H"）从起始位置（>0）测量响应路径目标的重点位置（<0），响应跳转条件（G20）响应 dT2 参数值（M- 函数）
O	相对转换（'H'）位置 [0..1] 响应改变的变量（G36/G37）或 M- 参数数据结构（M）

8.2 CNC 编辑工具

8.2.1 CNC 设置

在工具树菜单中，右键单击"Application"→"添加对象"，选择"CNC 设置"，并在弹出的菜单中单击"打开"按钮，如图 8-2 所示。

图 8-2 添加 CNC 设置

在"路径预处理"菜单中，可以根据需要在左侧选择对应的功能，通过中间的箭头，添加到右侧框中。添加了某个功能，就可以在程序中调用对应的功能块，如图 8-3 所示。

图 8-3 路径预处理设置

这些功能块的作用见表 8-3。

表 8-3　常用功能块描述

功能	描述
SMC_AvoidLoop	复制一条定义的路径，检测并删除存在的环路，产生一条新的没有环路的连续路径
SMC_ExtendedVelocityChecks	限制路径的速度、加速度和减速度
SMC_LimitDynamics	用于降低路径的速度和加速度 / 减速度，确保轴和附加轴的最终速度、加速度和减速度不超过设定的最大值
SMC_LimitCircularVelocity	根据半径限制圆形元件的路径速度
SMC_ObjectSplitter	如果将速度优化器（如 SMC_LimitDynamics）应用于队列，则可以使用此函数
SMC_RotateQueue2D	该功能将存储的路径绕 Z 轴旋转一定的角度后输出
SMC_RoundPath	使用圆弧使连接两个对象，使连接处出现的边变圆
SMC_ScaleQueue3D	将路径按比例 fScaleFactor 进行拉伸
SMC_SmoothAddAxes	该功能能够平滑分布在多个对象之间的附加轴的运动
SMC_SmoothPath	平滑给定路径的角点，从而创建平滑路径（slur 路径），避免超过速度降低到 0 的拐角
SMC_SmoothMerge	用于对 CAD/CAM 系统提供的线段进行预处理，解码后执行。创建的元素可以使用 SMC_SmoothPath 功能块进行平滑
SMC_ToolCorr	根据工具（刀）半径对原路径进行修正出一条新的路径
SMC_ToolRadiusCorr	根据工具（刀）半径对原路径进行修正出一条新的路径，此功能块可取代 SMC_ToolCorr，还支持 3D 运动
SMC_TranslateQueue3D	对路径根据结构体变量 Vec 进行转化
SMC_SmoothBSpline	使用五次 B 样条曲线平滑连续 G1 元素的线段
SMC_RecomputeABCSlopes	重新计算附加轴 A、B、C 的坡度，以获得平滑的移动结果
SMC_ReduceVelEndAtCorner	如果两个连续的路径元素之间有一个角点，则降低终点速度

在 "预插补" 菜单中，可以设置插补的周期时间、速度模式和最大加速度等参数。插补周期是独立的，与 SERCOS 总线周期没有直接关系，如图 8-4 所示。

图 8-4　预插补设置

在 "表格编辑器" 菜单中，可以勾选如果按表格方式编写 G 代码时需要填写的数据，如图 8-5 所示。

8.2.2　CNC 程序

CNC 程序支持以下三种编译格式：

1）SMC_CNC_REF：CNC 程序保存为 G 代码字数组，在应用程序运行时通过 SMC_NCDecoder 进行处理。结果是 CNC 路径被描述为一系列 GEOINFO 结构对象。通过 SM3_CNC 库中的路径预处理模块（例如：刀具半径补偿），可以编辑、插值、转换这些对象，并将其从驱动接口传输到硬件进行通信。

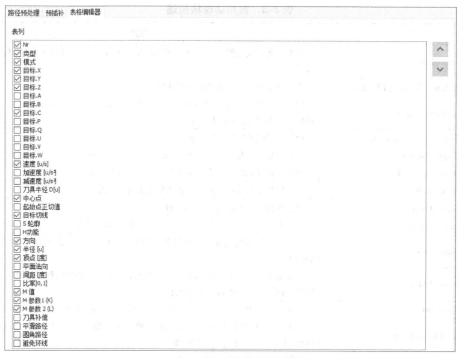

图 8-5　表格编辑器

2）SMC_OUTQUEUE：CNC 程序作为名为 SMC_OUTQUEUE 的 GEOINFO 结构对象列表写入数据结构，然后可以直接输入插值器。因此，与 SMC_CNC_REF 不同，不必调用解码器功能块和路径预处理功能块。但是，程序不能在运行时更改，并且在此模式下不能使用 G 代码中的任何变量。

3）文件：然后数控程序在控制器的文件系统中保存为 ASCII 文件，并逐步读取和执行。这种方法特别适用于不能完全存储在内存中的大型程序。它也适用于用户在编译控制应用程序后生成的程序。

在工具树菜单中，右键单击"Application"→"添加对象"，选择"CNC 程序"，并在弹出的菜单中单击"打开"按钮，如图 8-6 所示。

图 8-6　添加 CNC 程序

在添加 CNC 程序菜单中，填写程序"名称"并选择"编译模式"，如图 8-7 所示。

还可以右键单击 CNC 程序，选择"属性"，并在弹出菜单的"常规栏中修改名称"；在"CNC"栏中修改"编译模式"和设定该 CNC 程序默认的"速度""加速度"等参数，如图 8-8、图 8-9 所示。

图 8-7　CNC 程序编译模式选择

图 8-8　选择属性

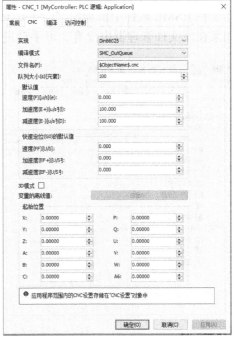

图 8-9　CNC 程序属性

在编辑框中输入 G 代码后，在下方将会显示 G 代码规划的运动路径。如果对 G 代码不熟悉，也可以先通过"工具箱"中的"CNC编辑工具"直接在图形区域中绘制期望的路径图形，然后再在G代码区中调整坐标实现路径的规划，如图8-10所示。

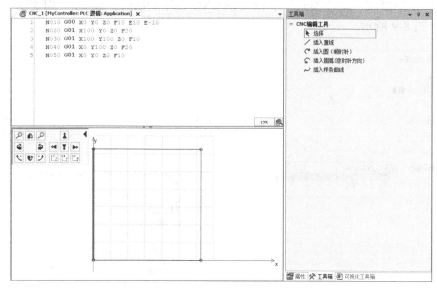

图8-10　G代码编辑

8.3　CNC基本功能块

需要在ESME软件中添加库"CNCExtension"和"SM3_CNC"后才可以实现插补功能，如果在库文件管理器中没有，可手动进行添加，如图8-11所示。

图8-11　库管理器

8.3.1　SMC_Interpolator 插补功能块

该功能块是 CNC 功能最核心的一个功能块，它用于将连续路径转换为离散路径位置点，再将这些位置点发送到驱动器，如图 8-12 所示，SMC_Interpolator 功能块引脚描述见表 8-4。

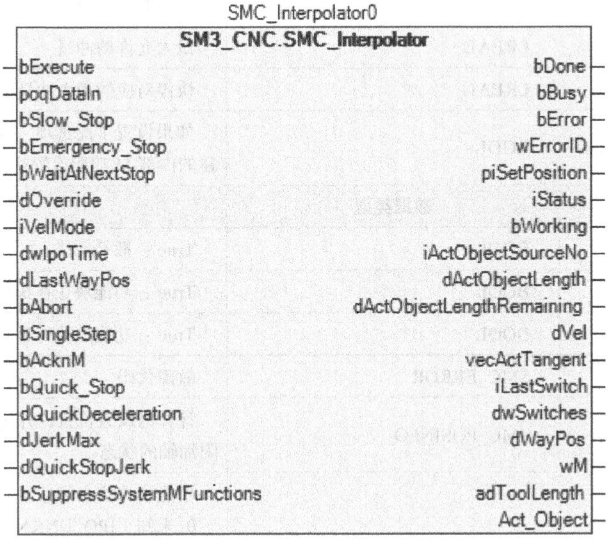

图 8-12　SMC_Interpolator 功能块

表 8-4　SMC_Interpolator 功能块引脚描述

输入	数据类型	描述
bExecute	BOOL	上升沿时执行触发功能块
poqDataIn	POINTER TO SMC_OUTQUEUE	"SMC_OUTQUEUE" 指针结构对象，包含规划的路径信息
bSlow_Stop	BOOL	True：执行慢速停止
bEmergency_Stop	BOOL	True：执行紧急停止
bWaitAtNextStop	BOOL	True：执行到下一个停止命令时暂停
dOverride	LREAL	速度倍率，可以改变 G 代码执行时的速度
iVelMode	SMC_INT_VELMODE	速度曲线类型选择
dwIpoTime	DWORD	扫描时间，必须与 SERCOS 总线的周期相同。单位 ms
dLastWayPos	LREAL	该输入允许用户测量插补路径的长度。如果 dLastWayPos=0，dWayPos 显示当前路径段的长度；　如果 dLastWayPos 设置为等于输出 dWayPos，dWayPos 将始终由当前路径段递增，结果将是已覆盖路径的总长度
bAbort	BOOL	True：取消正在执行的 G 代码
bSingleStep	BOOL	如果在移动过程中设为 True，则将停止在该对象的末尾

171

（续）

输入	数据类型	描述
bAcknM	BOOL	该输入可用于确认 M 功能。如果输入为 True，则将清除此选项并继续路径处理
bQuick_Stop	BOOL	True：执行快速停止
dQuickDeceleration	LREAL	快停时的减速度
dJerkMax	LREAL	最大允许的冲量
dQuickStopJerk	LREAL	快停对应的最大冲量
bSuppressSystemMFunctions	BOOL	如果设置了此选项，则不会为 G75 或 G4 命令创建的内部 M 功能设置输出 wM
输出	**数据类型**	**描述**
bDone	BOOL	True：插补完成
bBusy	BOOL	True：功能块正在执行
bError	BOOL	True：功能块执行过程中出错
wErrorID	SMC_ERROR	故障代码
piSetPosition	SMC_POSINFO	计算的设置位置，并包含下一个位置的坐标以及附加轴的状态
iStatus	SMC_INT_STATUS	功能块的状态信息： 0. 未知（IPO_UNKNOWN） 1. 初始化（IPO_INT） 2. 加速中（IPO_ACCEL） 3. 恒速运行（IPO_CONSTANT） 4. 减速中（IPO_DECEL） 5. 完成（IPO_FINISHED） 6. 等待中（IPO_WAIT）
bWorking	BOOL	True：列表的处理已开始但未完成
iActObjectSourceNo	DINT	当前传递的路径数据队列的行号
dActObjectLength	LREAL	当前对象的长度；bWorking=True 时有效
dActObjectLengthRemaining	LREAL	当前对象的剩余长度；bWorking=True 时有效
dVel	LREAL	从上一位置移动到设置位置的速度
vecActTangent	SMC_VECTOR3D	结构体变量包含路径的切线信息
iLastSwitch	INT	输出最后通过的开关编号
dwSwitches	DWORD	显示所有 32 个开关的状态
dWayPos	LREAL	见 dLastWayPos 描述
wM	WORD	如果使用 M 功能，该输出将设置为与 M 功能相关联的值，并且插补将停止，直到输入 bAcknM 确认为止
adToolLength	ARRAY [0..2] OF LREAL	刀具长度补偿参数（由 G43 I/J/K 设定）
Act_Object	POINTER TO SMC_GEOINFO	指向当前插值路径元素的指针

在使用该功能块时，应特别注意的是输入 dwIpoTime 必须与 SERCOS 总线的扫描周期一致，如图 8-13 所示。

172

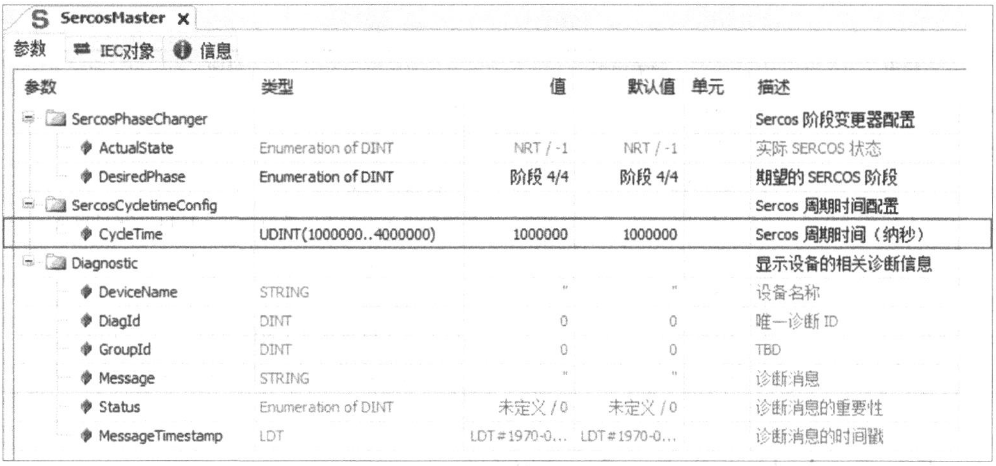

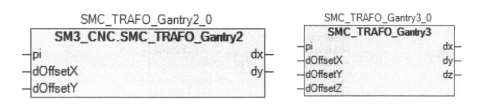

图 8-13　SERCOS 总线扫描时间

8.3.2　SMC_TRAFO_Gantry2/ SMC_TRAFO_Gantry3 功能块

SMC_TRAFO_Gantry2 功能块用于两轴插补，SMC_TRAFO_Gantry3 功能块用于三轴插补，这两个功能块通常放在插补功能块 SMC_Interpolator 之后，将插补功能块解码出来的位置信息再分别转换成插补轴可以使用的位置数据，同时可以对每根插补轴进行位置偏移，偏移量直接叠加在分解出来的位置值上，如图 8-14 所示，SMC_TRAFO_Gantry2/ SMC_TRAFO_Gantry3 功能块引脚描述见表 8-5。

图 8-14　SMC_TRAFO_Gantry_2/3 功能块

表 8-5　SMC_TRAFO_Gantry2_0/ SMC_TRAFO_Gantry3_0 功能块引脚描述

输入	数据类型	描述
DriveX	AXIS_REF_SM3	X 轴
DriveY	AXIS_REF_SM3	Y 轴
DriveZ	AXIS_REF_SM3	Z 轴
dOffsetX	LREAL	X 轴偏移量
dOffsetY	LREAL	Y 轴偏移量
dOffsetZ	LREAL	Z 轴偏移量
minX	LREAL	X 轴最小允许位置
maxX	LREAL	X 轴最大允许位置
minY	LREAL	Y 轴最小允许位置
maxY	LREAL	Y 轴最大允许位置

（续）

输出	数据类型	描述
dx	LREAL	X 轴位置数据
dy	LREAL	Y 轴位置数据
dz	LREAL	Z 轴位置数据
dnx	LREAL	标准化 X 轴位置（数值为 [0，1]）（用于可视化）
dny	LREAL	标准化 Y 轴位置（数值为 [0，1]）（用于可视化）
ratio	LREAL	X/Y 的比例
dnOffsetX	LREAL	标准化 X 轴偏移量（数值为 [0，1]）（用于可视化）
dnOffsetY	LREAL	标准化 Y 轴偏移量（数值为 [0，1]）（用于可视化）

8.3.3　FB_ControlAxisByPosCnc 功能块

FB_ControlAxisByPosCnc 功能块用于将目标位置写入驱动器，以及写入监视器以便检测间距。如果发送给轴的目标位置序列要求的速度高于设定限值，则功能块的输出 bStopIpo 置为 True。这将停止已连接的插补功能块，并允许轴以相应输入处设置的加速度、速度、减速度和变化率值，执行补偿运动，以便保持在轴的物理限制范围内。一旦补偿运动完成，输出 bStopIpo 复位为 FALSE，并且可以继续执行初始运动，如图 8-15 所示，FB_ControlAxisByPosCnc 功能块引脚描述见表 8-6。

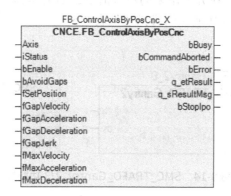

图 8-15　FB_ControlAxisByPosCnc 功能块

表 8-6　FB_ControlAxisByPosCnc 功能块引脚描述

输入	数据类型	描述
Axis	MOIN.IF_axis	引用的轴
iStatus	SM3_CNC.SMC_INT_STATUS	设置 SMC_Interpolator 实例的状态，它连接功能块 SMC_Interpolator 的输出 iStatus
bEnable	BOOL	True：功能块开始控制轴
bAvoidGaps	BOOL	如果此输入设置为 True，则监控位置和速度。如果速度超出限制，则输出 bStopIpo 设置为 True，且轴根据通过输入 fGapVelocity、fGapAcceleration、fGapJerk 和 fGapDeceleration 设置的值运动到输入 fSetPosition 所设定的位置。然后，输出 bStopIpo 复位为 FALSE

（续）

输入	数据类型	描述
fSetPosition	LREAL	轴的目标位置。通常，此输入连接到转换功能块的输出，或者直接连接到功能块 SMC_Interpolator 的输出
fGapVelocity	LREAL	用于弥补间距的速度
fGapAcceleration	LREAL	用于弥补间距的加速度
fGapDeceleration	LREAL	用于弥补间距的减速度
fGapJerk	LREAL	用于弥补间距的冲量
fMaxVelocity	LREAL	轴的最大速度
fMaxAcceleration	LREAL	轴的最大加速度
fMaxDeceleration	LREAL	轴的最大减速度
输出	**数据类型**	**描述**
bBusy	BOOL	True：功能块正在执行
bCommandAborted	BOOL	True：功能块被其他功能块中止
bError	BOOL	True：在功能块执行期间检测到错误
q_etResult	ET_Result	如果 bError 为 FALSE，则指示：状态信息 如果 bError 为 True，则指示：检测到错误信息
q_sResultMsg	STRING（80）	诊断消息
bStopIpo	BOOL	已检测到间距状态时为 True，且轴执行运动以消除间距。将此输出连接到 SMC_Interpolator 的输入 EmergencyStop，以使插补器等待轴完成重新定位

8.3.4　SMC_ReadNCFile 功能块

此功能块可以从控制器的文件系统中读取 NC ASCII 文件，以使其可用于 SMC_ 解码器，可以在运行时读入并解码 NC 程序，如图 8-16 所示，SMC_ReadNCFile 功能块引脚描述见表 8-7。

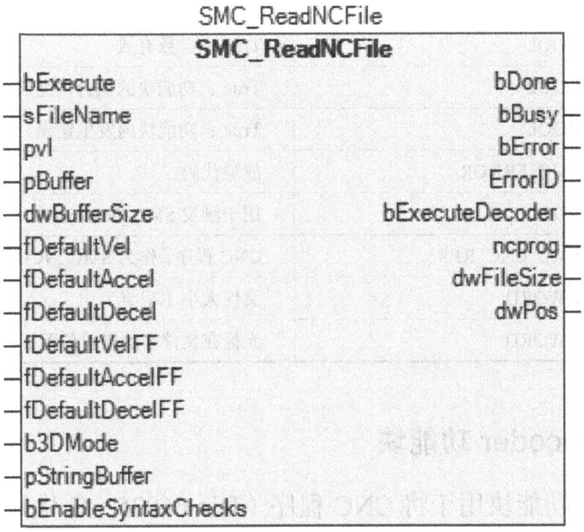

图 8-16　SMC_ReadNCFile 功能块

表 8-7　SMC_ReadNCFile 功能块引脚描述

输入	数据类型	描述
bExecute	BOOL	上升沿执行功能块
sFileName	STRING（255）	NC 文件路径
pvl	POINTER TO SMC_VARLIST	指向 SMC_VARLIST 的指针。如果 CNC 程序中没有变量，则不需设置此输入
pBuffer	POINTER TO BYTE	在 IEC 应用程序中，分配足够大的空闲数据区（缓冲区）上的指针。强烈建议将缓冲区分配为 |ioSMC_GCODE_WORD| 的数组 [0..x]，以确保数据对齐、正确。字节数组 [0..x] 的定义可能会导致某些平台上的数据访问不一致
dwBufferSize	DWORD	缓冲区的大小（字节）
fDefaultVel	LREAL	默认速度；如果 CNC 文件中未指定速度，则使用该选项
fDefaultAccel	LREAL	默认加速度；如果 CNC 文件中未指定加速度，则使用该选项
fDefaultDecel	LREAL	默认减速；如果 CNC 文件中未指定减速，则使用该选项
fDefaultVelFF	LREAL	快进（G0）的默认速度，如果在 CNC 文件中未指定速度，则使用该选项
fDefaultAccelFF	LREAL	快进（G0）的默认加速度，如果 CNC 文件中未指定加速度，则使用该选项
fDefaultDecelFF	LREAL	快进（G0）的默认减速，EF- 字。如果 CNC 文件中未指定减速，则应使用该选项
b3DMode	BOOL	如果为 True，则隐式执行 G17 命令（激活 3D 模式）
pStringBuffer	POINTER TO SMC_StringBuffer	指向 SMC_StringBuffer 类型的对象的指针。该对象用于存储 G 代码程序中定义的字符串，以便使用 G36 和 G37 将其写入变量。如果指针未设置（0），且 G 代码程序中使用了字符串常量，则会生成错误
bEnableSyntaxChecks	BOOL	打开将检测无效 G 代码的语法检查，并在这种情况下因错误而停止
输出	数据类型	描述
bDone	BOOL	True：参数有效
bBusy	BOOL	True：功能块的执行未完成
bError	BOOL	True：功能块内发生错误
ErrorID	SMC_ERROR	故障代码
bExecuteDecoder	BOOL	用于触发 SMC_NCdecoder 的执行引脚
ncprog	SMC_CNC_REF	CNC 程序，作为 SMC_NCDecoder 的输入
dwFileSize	DWORD	文件大小（字节）
dwPos	DWORD	光标在文件中的当前位置

8.3.5　SMC_NCDecoder 功能块

SMC_NCDecoder 功能块用于将 CNC 程序（Din 66025，G 代码）转换为 SMC_GEO-INFO 对象列表。在每个循环中，一行程序被解码，如图 8-17 所示，SMC_NCDecoder 功能块引脚描述见表 8-8。

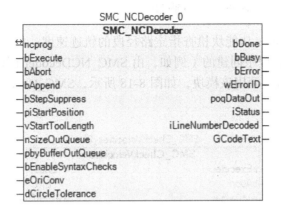

图 8-17　SMC_NCDecoder 功能块

表 8-8　SMC_NCDecoder 功能块引脚描述

输入	数据类型	描述
ncprog	SMC_CNC_REF	此变量保存 CNC 程序。该程序可能是由 IEC 程序或在 CNC 编辑器中创建的
bExecute	BOOL	上升沿开始执行功能块
bAbort	BOOL	为 True 时将中止当前执行的功能块
bAppend	BOOL	如果为 True，则 bExecute 的上升沿不会导致重置 out 队列。否则，新传入的数据将被写入 out 队列的末尾
bStepSuppress	BOOL	当该输入为 True 时，以 "/" 开头的 CNC 程序行将会被忽略，否则将被执行
piStartPosition	SMC_POSINFO	插补路径的起始位置
vStartToolLength	SMC_Vector3d	开始刀具长度
nSizeOutQueue	UDINT	数据缓冲区的大小，这个缓冲区必须至少是 SMC_GEOINFO 结构本身的 5 倍大，否则 SMC_NCDecoder 根本不会执行任何操作
pbyBufferOutQueue	POINTER TO ARRAY [0..0] OF SMC_GEOINFO	此输入必须指向为 SMC_OUTQUEUE 结构分配的内存区域的第一个字节。该区域必须至少与 nSizeOutQueue 中定义的一样大
bEnableSyntaxChecks	BOOL	为 True 将激活无效 G 代码的语法检查，并在这种情况下因错误而停止
eOriConv	SMC_ORI_CNVENTION	定义 A/B/C 指令中方向的解释方式
dCircleTolerance	LREAL	决定圆的定义是否合理
输出	数据类型	描述
bDone	BOOL	一旦输入数据被完全处理，该变量将被设置为 True。功能块在复位之前不会执行任何进一步的操作
bBusy	BOOL	True：功能块正在执行
bError	BOOL	True：功能块执行过程中出错
wErrorID	SMC_ERROR	故障代码
poqDataOut	POINTER TO SMC_OUTQUEUE	SMC_OUTQUEUE 指针对象，包含规划的路径信息
iStatus	SMC_DEC_STATUS	功能块当前状态
iLineNumberDecoded	DINT	CNC 文件的行号
GCodeText	SMC_GCODE_TEXT	CNC 文件最后解码行的字符串

8.3.6 SMC_CheckVelocities 功能块

SMC_CheckVelocities 功能块检查指定路径段的轨迹速度。如果输出队列不是由编辑器创建的，而是由 IEC 程序创建的（例如，由 SMC_NCDecoder 创建的），则必须在每次调用插补功能块之前直接调用该模块，如图 8-18 所示，SMC_CheckVelocities 功能块引脚描述见表 8-9。

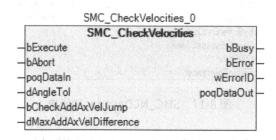

图 8-18　SMC_CheckVelocities 功能块

表 8-9　SMC_CheckVelocities 功能块引脚描述

输入	数据类型	描述
bExecute	BOOL	上升沿开始执行功能块
bAbort	BOOL	True：将中止当前执行的功能块
poqDataIn	POINTER TO SMC_OUTQUEUE	该输入指向 SMC_OUTQUEUE 结构对象，它描述路径的 SMC_GEOINFO 对象；通常，它指向前面模块的输出 POQDATA
dAngleTol	LREAL	角度偏差，在路径的急转弯处，不得停止该偏差值
bCheckAddAxVelJump	BOOL	True：检查轴的速度跳跃
dMaxAddAxVelDifference	LREAL	允许的最大速度跳跃 [单位 / 秒]
输出	数据类型	描述
bBusy	BOOL	True：功能块正在执行
bError	BOOL	True：功能块执行过程中出错
wErrorID	SMC_ERROR	故障代码
poqDataOut	POINTER TO SMC_OUTQUEUE	SMC_OUTQUEUE 结构对象，包含规划的路径和允许速度信息

8.3.7 SMC_SmoothPath 功能块

SMC_SmoothPath 功能块可用于路径预处理，平滑给定路径的角点，从而创建平滑路径（slur 路径）。对于依赖于恒定路径速度而不是路径精度的应用程序来说，这种平滑路径是必要的，可以避免超过速度降低到 0 的拐角，如图 8-19、图 8-20 所示，SMC_SmoothPath 功能块引脚描述见表 8-10。

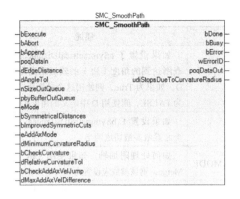

图 8-19　SMC_SmoothPath 功能块

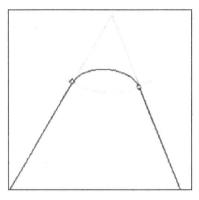

图 8-20　平滑效果示意图

G51 为开始平滑路径指令，G50 为结束平滑路径指令，平滑功能块将对 G51 到 G50 之间的所有路径进行平滑。指令中的关键字 D 代表平滑开始的角度距离，如图 8-21 所示。

图 8-21　带平滑功能的 G 代码

表 8-10　SMC_SmoothPath 功能块引脚描述

输入	数据类型	描述
bExecute	BOOL	上升沿开始执行功能块
bAbort	BOOL	True：将终止当前执行的功能块
bAppend	BOOL	设置为 FALSE，每次重置时 poqDataOut 队列就会被清除。设置为 True，新传入的数据就会写入 poqDataOut 队列的末尾
poqDataIn	POINTER TO SMC_OUTQUEUE	该输入指向 SMC_OUTQUEUE 结构对象，它描述路径的 SMC_GEOINFO 对象
dEdgeDistance	LREAL	该值与 SMC_GEOINFO 对象的相应刀具半径值相加，确定到某个角度的（最小）距离，在该角度处，特定对象将被切割并替换为样条曲线（参见上述示例），此值可以在线修改
dAngleTol	LREAL	该输入规定了角度公差的值，在该值之前，路径弯曲不应平滑
nSizeOutQueue	UDINT	数据缓冲区的大小，这个缓冲区必须至少是 SMC_GEOINFO 结构本身的 5 倍大，否则功能块不会执行任何操作
pbyBufferOutQueue	POINTER TO ARRAY [0..0] OF SMC_GEOINFO	此输入必须指向为 SMC_OUTQUEUE 结构分配的内存区域的第一个字节。该区域必须至少与 nSizeOutQueue 中定义的一样大
eMode	SMC_SMOOTHPATHMODE	平滑轴的类型

（续）

输入	数据类型	描述
bSymmetricalDistances	BOOL	如果设置了 bSymmetricalDistances，则检查刚达到的角度（边）的较短距离是否小于 D。如果为 True，则使用这个较短距离，如果为 FALSE，则使用 D 中定义的角度距离
bImprovedSymmetricCuts	BOOL	如果设置了 bSymmetralDistances，则第一个元素最多被切成两半
eAddAxMode	SMC_SMOOTHPATHADDAXMODE	如何处理附加轴。如果使用 SMC_Smooth Merge，则该参数应设置为 SPAA_EXACT 模式
dMinimumCurvatureRadius	LREAL	如果要在边上插入样条曲线，其曲率半径小于此参数，则此边不会平滑。在这种情况下，不会插入样条曲线，但会保留原始路径，并在边上执行停止
bCheckCurvature	BOOL	如果相邻元素的曲率相等，则为 True。如果不是这样，路径将被平滑
dRelativeCurvatureTol	LREAL	曲率中允许的最大相对差异。仅当 bCheck Curvature 为 True 时有效
bCheckAddAxVelJump	BOOL	如果使用 SMC_SmoothMerge，需要设置。True：检查轴 A、B 和 C 的速度跳跃
dMaxAddAxVelDifference	LREAL	允许的最大速度跳跃 [单位 / 秒]。如果 bcheckadaxvel jump 为 True，则对该输入进行计算
输出	数据类型	描述
bDone	BOOL	一旦来自 poqDataIn 的输入数据被完全处理，该输出将被设置为 True。此后，在重置之前，模块不会执行任何进一步的操作。如果输入 bExecute 为 FALSE，则 bDone 将重置为 FALSE
bBusy	BOOL	True：功能块正在执行
bError	BOOL	True：功能块执行过程中出错
wErrorID	SMC_ERROR	故障代码
poqDataOut	POINTER TO SMC_OUTQUEUE	SMC_OUTQUEUE 结构对象，包含规划的路径信息
udiStopsDueToCurvatureRadius	UDINT	由于 dMinimumCurvatureRadius 设置而无法平滑的边数

8.4　各种编译模式下的应用

8.4.1　SMC_OutQueue 编译模式的应用

CNC 程序作为名为 SMC_OutQueue 的 GEOINFO 结构对象列表写入数据结构，可以直接输入插补功能块，不必调用解码器功能块和路径预处理功能块。但是，程序不能在运行时更改，并且在此模式下不能使用 G 代码中的任何变量。

1）在工具树菜单中，右键单击"Application"→"添加对象"，选择"CNC 程序"，在弹出菜单中设置 CNC 程序名称并选择编译模式（SMC_OutQueue），然后单击"打开"按钮，如图 8-22 所示。

2）在上方编辑区内填写 G 代码，本例轨迹为一个边长 100 的正方形，如图 8-23 所示。

图 8-22　添加 SMC_OutQueue 模式 CNC 程序

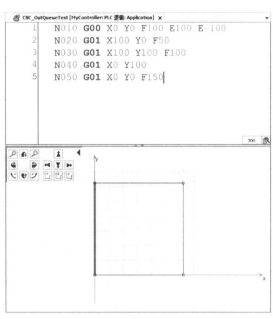

图 8-23　CNC 程序 G 代码

3）配置硬件，在 SercosMaster 总线下，添加插补轴 DRV_X、DRV_Y 和 DRV_Z，如图 8-24 所示。

图 8-24　硬件组态

4）为这三根轴添加单轴控制的功能块，如：MC_Power、MC_Home、MC_Reset 等，虽然我们希望对这三轴做 CNC 控制，但使能、回原点这些基本控制功能还是必须具备的。

5）声明插补功能需要用到的功能块与一些逻辑变量，如图 8-25 所示。

```
GVL_CNC  ×
1   VAR_GLOBAL
2       SMC_Interpolator              : SM3_CNC.SMC_Interpolator;
3       SMC_TRAFO_Gantry3             : SM3_CNC.SMC_TRAFO_Gantry3;
4       FB_ControlAxisByPosCnc_X      : CNCE.FB_ControlAxisByPosCnc;
5       FB_ControlAxisByPosCnc_Y      : CNCE.FB_ControlAxisByPosCnc;
6       FB_ControlAxisByPosCnc_Z      : CNCE.FB_ControlAxisByPosCnc;
7       GB_CNCStart                   : BOOL;
8       GB_CNCDone                    : BOOL;
9   END_VAR
```

图 8-25　变量声明

6）"添加 POU"程序，语言选择"连续功能图 CFC"，如图 8-26 所示。

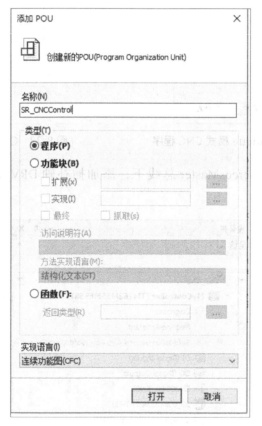

图 8-26　添加 POU

7）在该"添加 POU"中添加 CNC 控制的逻辑，首先通过插补功能块"SMC_Interpolator"直接调用前面编辑的 CNC 程序（CNC_OutQueueTest），解析后的位置给到功能块"SMC_TRAFO_Gantry3"，经处理后将位置信息分别输出给三个轴的控制模块，控制对应的轴走相应的位置，从而实现三轴之间的插补动作，如图 8-27 所示。

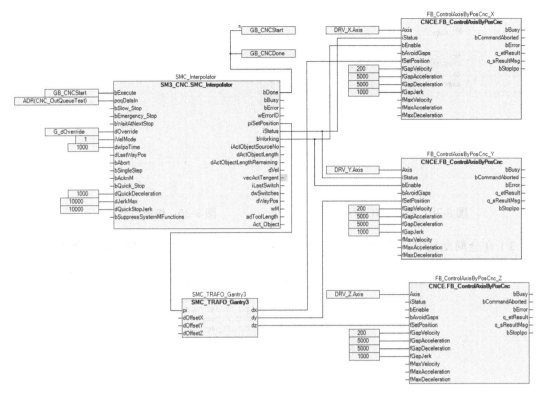

图 8-27　CNC 控制程序

8）最后，在任务中调用该 POU 程序"SR_CNCControl"即可，如图 8-28 所示。

图 8-28　调用 POU 程序

8.4.2　SMC_CNC_REF 编译模式的应用

SMC_OutQueue 模式使用起来比较简单，但路径一旦规划好就不可以在线修改，如果路径需要变化就应离线修改后重新调用，这样的操作显然不够方便。对于一些路径轨迹类似，但又希望通过在线修改某些关键点来更改路径的应用，我们可以采用 SMC_CNC_REF 编译模式。在这种编译模式下，可以在 CNC 程序中添加变量，然后修改这些变量的值，可以实现插补路径的修改。

1）在工具树菜单中，右键单击"Application"→"添加对象"，选择"CNC 程序"，在弹出菜单中设置 CNC 程序"名称"并选择"编译模式（SMC_CNC_REF）"，然后单击"打开"按钮，如图 8-29 所示。

2）在编辑区内填写 G 代码，本例轨迹的一个起点为坐标轴原点，圆心在 X 轴上的一个圆形。实际应用中可以通过修改圆心的 X 坐标实现修改圆大小的目的，如图 8-30 所示。

图 8-29　添加 CNC 程序

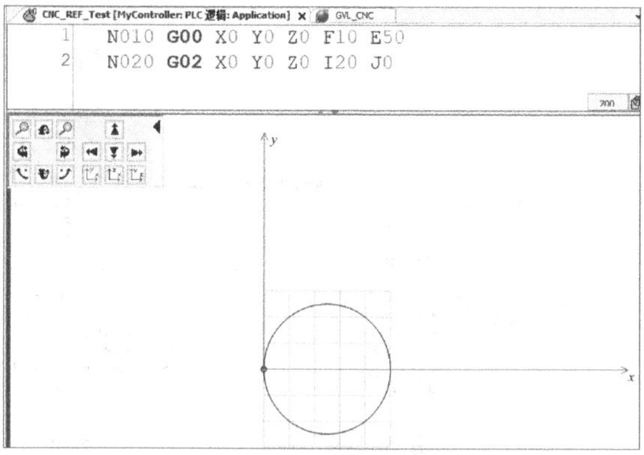

图 8-30　编辑 G 代码

3）在全局变量中，添加一个变量 Gr_Radius，对应圆心的 X 坐标，如图 8-31 所示。

图 8-31　增加全局变量

4）修改 G 代码指令，将圆心坐标 I 后面的数值改成"Gr_Radius"，如图 8-32 所示。

图 8-32　修改 G 代码

5）在"工具树"中，右键单击 CNC 程序（CNC_REF_Test），选择"属性"，如图 8-33 所示。

图 8-33　设置属性

6）在 CNC 栏中，单击"变量"按钮，如图 8-34 所示。

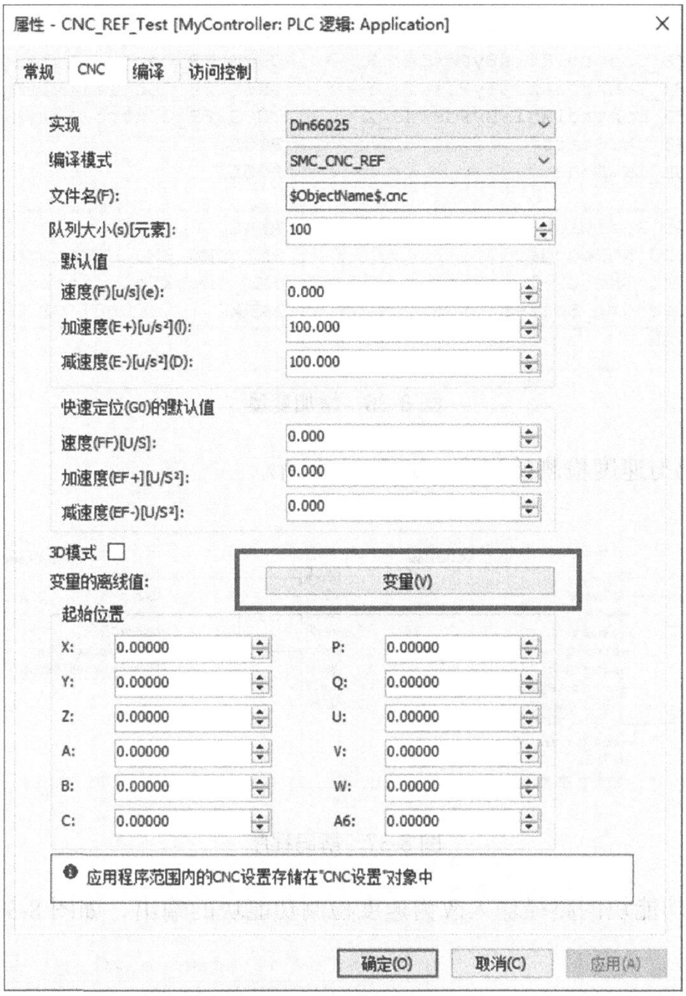

图 8-34　设置变量

7）为变量设置在线的初始值，如图 8-35 所示。

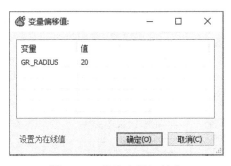

图 8-35　修改变量初始值

8）可以在 SMC_OutQueue 编译模式的程序基础上添加声明部分变量与功能块，如图 8-36 所示。

GVL_CNC | SR_CNCControl

```
VAR_GLOBAL
    SMC_Interpolator                : SM3_CNC.SMC_Interpolator;
    SMC_TRAFO_Gantry3               : SM3_CNC.SMC_TRAFO_Gantry3;
    FB_ControlAxisByPosCnc_X        : CNCE.FB_ControlAxisByPosCnc;
    FB_ControlAxisByPosCnc_Y        : CNCE.FB_ControlAxisByPosCnc;
    FB_ControlAxisByPosCnc_Z        : CNCE.FB_ControlAxisByPosCnc;
    GB_CNCStart                     : BOOL;
    GB_CNCDone                      : BOOL;

    Gr_Radius                       : REAL:=20;
    SMC_NCDecoder                   : SM3_CNC.SMC_NCDecoder;
    SMC_CheckVelocities             : SMC_CheckVelocities;
    Decoder_Buffer                  : ARRAY [0..6000] OF SMC_GEoinfo;
END_VAR
```

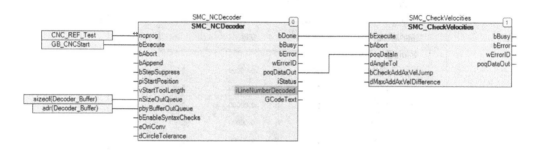

图 8-36　增加变量

9）增加解码与速度检测的程序，如图 8-37 所示。

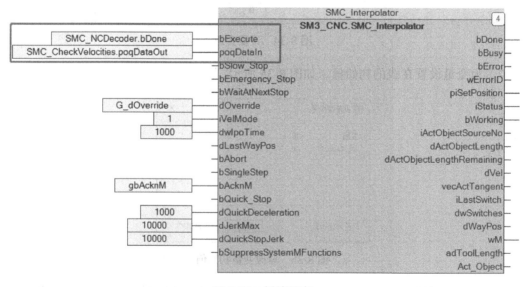

图 8-37　解码程序

10）将插补功能块的路径输入改为速度检测功能块的输出，如图 8-38 所示。

图 8-38　插补程序

8.4.3　File 编译模式的应用

控制器还可以通过读取储存在控制器中的文件来获取 CNC 路径程序，这种方法特别适用于不能完全存储在内存中的大型程序，它也适用于用户在编译控制应用程序后生成的程序。在线修改或下载程序时，自动地将 CNC 程序下载到控制器的内存区域中，并保存为 CNC 文件名与指定扩展名的文件，每次执行 CNC 功能时，需要先执行一个文件读取功能块对这个文件进行读取，被解码后提供给插补功能块使用。

1）在"工具树"菜单中，右键单击"Application"→"添加对象"，选择"CNC 程序"，在弹出的菜单中设置 CNC 程序名称并选择编译模式"File"，然后单击"打开"按钮，添加 G 代码指令，如图 8-39、图 8-40 所示。

图 8-39　添加 CNC 程序

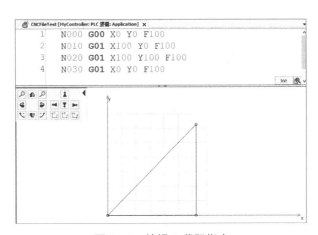

图 8-40　编辑 G 代码指令

2）进入该 CNC 程序的"CNC"属性界面中，确认文件名为"$ObjectName$.cnc"，如图 8-41 所示。

图 8-41　CNC 属性界面

3）程序登录后，在线情况下，进入"设备树"界面，双击控制器，并进入"文件"界面，如图 8-42 所示。

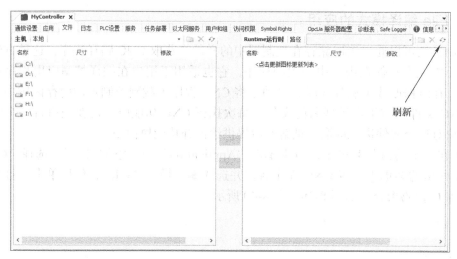

图 8-42　控制器文件界面

4）单击右侧"Runtime 运行时"的刷新按钮可以看到控制器中包含的所有文件，如图 8-43 所示。

图 8-43　Runtime 运行时界面

5）双击文件夹"_cnc"，可以在文件夹中看到我们之前创建的 CNC 文件"CNCFileT-est.cnc"，然后可以选中改文件，通过中间的移动按钮将该文件复制到计算机指定的路径下，比如 C 盘的根目录，如图 8-44 所示。

6）在 C 盘的根目录下可以找到该 _cnc 文件，可以使用记事本工具打开并编辑该 _cnc 文件，也可以直接用其他的 _cnc 文件替换该文件，但必须保持文件名不变，如图 8-45 所示。

7）可以选中更新后的 _cnc 文件，通过中间按钮将新的 cnc 文件发送到控制器中，如图 8-46 所示。

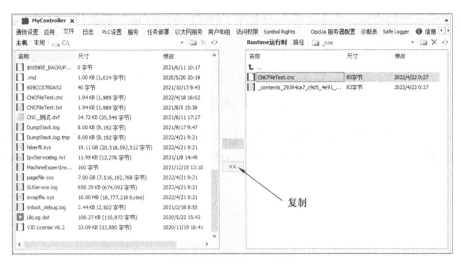

图 8-44　导出 cnc 文件

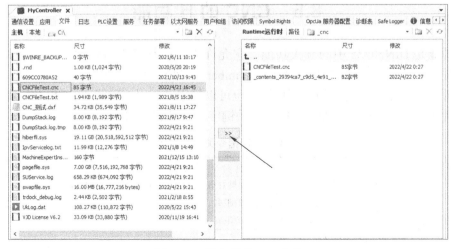

图 8-45　导出的 cnc 文件

图 8-46　导入新的 cnc 文件

8）申明新增的变量，其中文件名为文件"CNCFileTest.cnc"的路径，如图 8-47 所示。

15	GB_ReadFile	: BOOL;
16	ObjectName1	: STRING(320):='_cnc/CNCFileTest.cnc';
17	Read_buffer	: ARRAY [0..6000] OF SMC_GCODE_WORD;
18	SMC_ReadNCFile	: SM3_CNC.SMC_ReadNCFile;

图 8-47　增加变量

9）需要在 SMC_CNC_REF 的程序基础上添加一个"SMC_ReadNCFile"功能块读取 G 代码文件。读取文件信息输出给"SMC_NCDecoder"功能块进行解码处理，如图 8-48 所示。

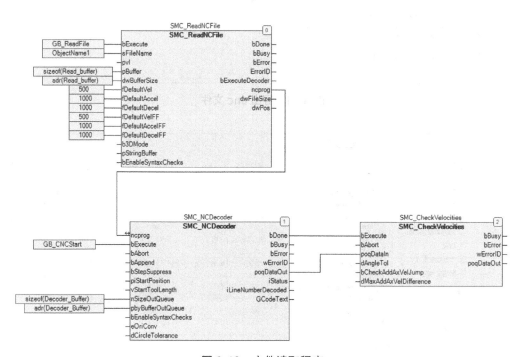

图 8-48　文件读取程序

8.5　CNC 的 H 功能

H 功能是 DIN66025 中的开关功能，它允许程序员对基于路径的二进制开关进行操作。首先，开关的序号必须以指令（H<number>）进行制定；然后必须定义开关位置，可以使用"L<位置>"定义绝对值位置，也可以使用"O<位置>"定义相对位置。

H 功能允许的语法结构如下，H 指令关键字描述见表 8-11。

表 8-11　H 指令关键字描述

关键字	描述
H	H 功能开关的序号，序号范围 1~32。如果 H 数为正，则打开相应的 H 功能，否则关闭
L	插补线段的绝对位置：L>0：距离起点的距离
	L<0：距离终点的距离
O	对象 [0..1] 的相对位置：0：起点
	1：终点

　　例如：以下的 G 代码从坐标原点 O 出发，走到点 A 后输出开关 H1，然后顺时针走一个曲线后回到 A 点，然后关闭开关 H1，再返回原点 O，如图 8-49 所示。

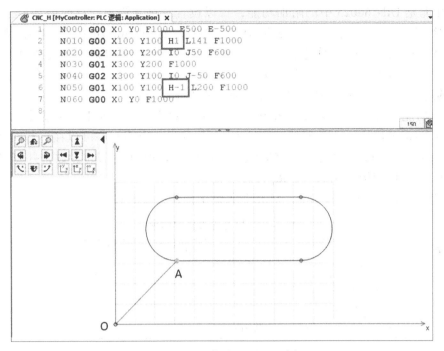

图 8-49　H 指令 G 代码示例

　　在程序中，可以通过插补功能块"SMC_Interpolator"的输出"dwSwitches"的第 0 位来获取开关 H1 的状态，从而实现对外部设备的控制，（dwSwitches 的 bit0~31 对应 H1~H32）。示例中使用 H1 开关来控制输出"%qx0.0"的动作，如图 8-50 所示。

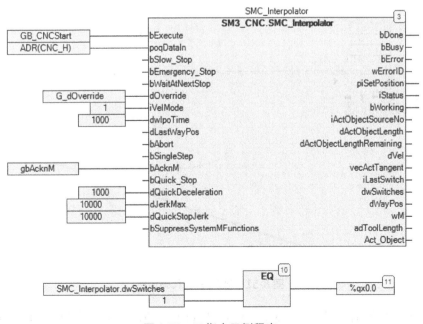

图 8-50　H 指令示例程序

8.6 CNC 的 M 功能

M 功能是 DIN 66025 中的附加功能，可以设置二进制输出，从而启动另一个操作。当 M 功能执行时，G 代码将会停止在当前位置，SMC_Interpolator 功能块的输出引脚 "wM" 为当前 M 功能的值，可以通过这个变量的值作为逻辑程序的判断。当需要继续执行时，触发输入引脚 "bAcknM" 即可进行 G 代码的下一步执行，同时 "wM" 中的值被清零。当程序的进一步处理依赖于其他进程时，通常使用此功能。

在 M 功能中可以使用关键字 K 和 L 传递两个数字参数。如果需要更多的参数，可以使用 O $ var $ 传递一个类型的 SMCJMY 参数变量。应用程序可以在运行时使用功能块 SMC_getmpareters 查询这些参数的值。解码时分析所有使用的参数，并将其存储在 SMC_-GEOINFO 结构的 SMC_-OutqUeue 缓冲区中。

M 功能允许的语法结构如下，M 指令关键字描述见表 8-12。

表 8-12　M 指令关键字描述

关键字	描述
M	M 功能的序号，M>0
K	参数，LREAL
L	参数，LREAL
O	SMC_M_PARAMETERS 结构体参数

示例程序：M 指令 G 代码示例如图 8-51 所示。

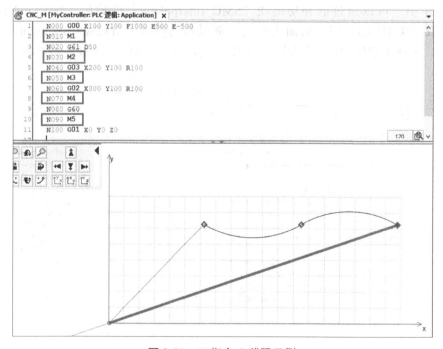

图 8-51　M 指令 G 代码示例

当执行 G 代码时，功能块 SMC_Interpolator 的输出 "wM" 为当前 M 代码值，执行到 M 代码时，G 代码将会暂停，可以根据"wM"的值获取当前 G 代码状态，从而可以执行先关的逻辑程序。当希望继续执行 G 代码时，触发输入"bAcknM"即可进行下一步 G 代码的执行，同时"wM"的值将被清零。

8.7　导入 CAD 文件生成 G 代码

ESME 软件支持导入 CAD 文件生成 G 代码的操作。CAD 文件格式为 DXF 文件。

1）新建 CNC 程序后，在 G 代码编辑界面中，不需要输入 G 代码，在"CNC"菜单中选择"从 DXF 文件中导入"，如图 8-52 所示。

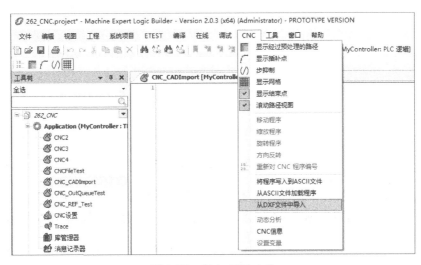

图 8-52　导入 DXF 文件

2）选择需要的 DXF 文件并单击"打开"按钮，如图 8-53 所示。

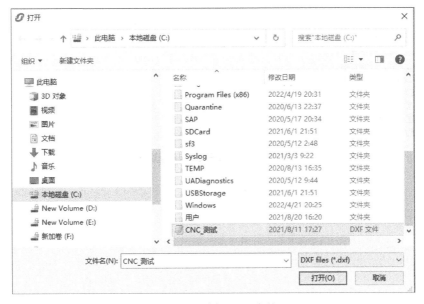

图 8-53　选择 DXF 文件

3）单击"导入"按钮即可生成相应的 G 代码文件，如图 8-54 所示。

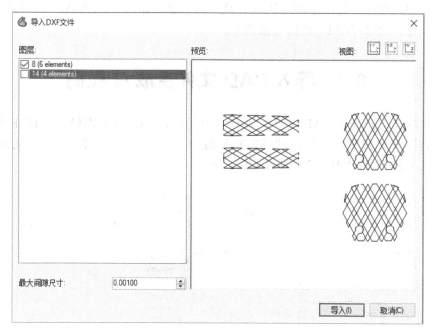

图 8-54　选择 DXF 文件

4）生成的 G 代码文件中只包含位置信息，需要手动添加速度与加减速度，否则编译时会报错。另外，还可以根据工艺需求添加相应的 M、H 指令，如图 8-55 所示。

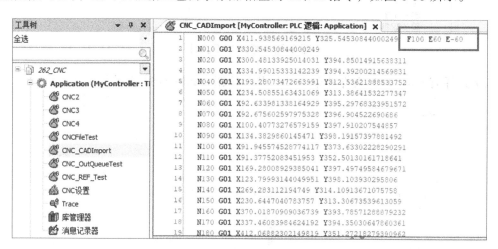

图 8-55　添加速度与加减速度

作为机器制造商，要想生产一款符合工业 4.0 需求、具有逻辑或运动控制功能，并且支持网络安全，提供检测、分析和预防性维护功能的内置云平台连接的 Modicon M262 控制器是不可或缺的。

Modicon M262 控制器作为一款全新设计的逻辑和运动控制器，内置工业物联网（IIoT）协议和安全加密功能，可以提供直接的云连接和数字化服务，其工业物联网架构如图 9-1 所示。

将您的机器整合至任何云端和本地环境之中

机器与工厂
> 借助开放协议轻松地将机器整合至生产线和工厂
> 实现与IT系统的直接通信：连接至
  SCADA、MES、ERP、CMMS、Web浏览器等。
通过OPC UA、SQL、FTP、HTTP、SNMP、SNTP和PackML

将机器直接与云端连接
> 利用EcoStruxure 机器顾问 Machine Advisor从云应用、分析与服务中获益，无需额外的网关。
> 通过MQTT和HTTP协议，JSON和TLS加密可连接至其他施耐德电气平台或第三方云平台。
利用Modicon M262的API对IT功能的优势加以充分利用，例如电子邮件收发、日历内事件管理、社交网络互动、天气信息等。

机器与机器
> 利用机器之间的双向交换改善机器互动。
采用机器专家协议的OPC UA、NVL

机器与人
> 改善调试和维护，减少时
在Web服务器上运行的Web visu和机器助手

> 最多支持5个独立的结构化以太网络（M262中内嵌2个端口，TMSES4的扩展端口多达3个），从而能够通过OPC UA、PackML或SQL等开放协议轻松整合至您的工厂、生产线、ERP、MES、SCADA系统中。

图 9-1　工业物联网架构图

启用相关物联网协议之前，应在相应的以太网端口的安全参数栏里激活相关协议，如图 9-2 所示。

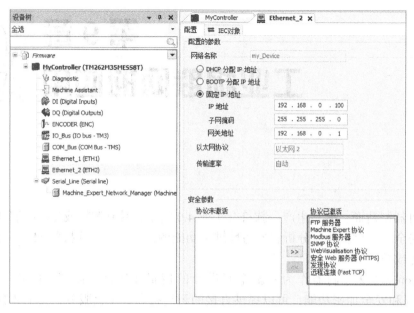

图 9-2　协议激活

9.1　MQTT 协议及应用

9.1.1　MQTT 协议介绍

MQTT（Message Queuing Telemetry Transport，消息队列遥测传输）是 ISO 标准（ISO/IEC PRF 20922）下基于发布 / 订阅范式的消息协议（见图 9-3）。它工作在 TCP/IP（协议）上，是为硬件性能低下的远程设备以及网络状况很差

图 9-3　MQTT

的情况下而设计的发布 / 订阅型消息协议，为此它需要一个消息中间件。

MQTT 是一个基于客户端 - 服务器的消息发布 / 订阅传输协议。MQTT 协议是轻量、简单、开放和易于实现的，这些特点使它适用范围非常广泛。在很多情况下，包括受限的环境中，如机器与机器（M2M）通信或者和物联网（IoT）。其在通过卫星链路通信传感器、偶尔拨号的医疗设备、智能家居以及一些小型化设备中已广泛使用。

MQTT 协议是为大量计算能力有限，且工作在低带宽、不可靠的网络远程传感器和控制设备通信而设计的协议，它具有的主要特性如下：

1）使用发布 / 订阅消息模式，提供一对多的消息发布，解除应用程序耦合；

2）对负载内容屏蔽的消息传输；

3）使用 TCP/IP 提供网络连接；

4）有三种消息发布服务质量；

5）小型传输，开销很小（固定长度的头部是 2 字节），协议交换最小化，以降低网络流量；

6）使用 Last Will（遗言机制）和 Testament（遗嘱机制）特性，通知有关各方客户端异常中断的机制。

9.1.2 MQTT 实现方式

实现 MQTT 协议需要客户端和服务器端通信完成，在通信过程中，MQTT 协议中有三种身份：发布者（Publish）、代理（Broker）、服务器（Server）、订阅者（Subscribe）。其中，消息的发布者和订阅者都是客户端，消息代理是服务器，消息发布者可以同时是订阅者，如图 9-4 所示。

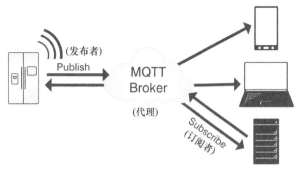

图 9-4　MQTT Broker

MQTT 传输的消息分为：主题（Topic）和负载（payload）两部分：

1）Topic，可以理解为消息的类型，订阅者订阅（Subscribe）后，就会收到该主题的消息内容（payload）；

2）payload，可以理解为消息的内容，是指订阅者具体要使用的内容。

施耐德电气 Modicon M262 控制器支持 MQTT 物联网协议，可直接与云平台相连，使得 OEM 厂商能够轻松地部署面向工业物联网的机器。与 Modicon M262 控制器配套的编程软件 ESME 集成了实现 MQTT 客户端功能的库 MqttHandling。

MqttHandling 库在控制器上运行的应用程序中实施消息队列遥测传输（MQTT）客户端功能，MQTT 基于发布 / 订阅在客户端之间提供数据交换，MQTT 客户端可以发布和订阅特定主题的数据，MQTT 服务器将发布的消息转发至订阅到相应主题的客户端。

9.1.3 MqttHandling 库

1）添加 MqttHandling 库，在 ESME 软件中，工程的库管理器里添加 MqttHandling 库，如图 9-5 所示。

图 9-5　添加 MqttHandling 库

2）在 POU 中调用功能块，功能块调用方法、程序实例如图 9-6 所示。

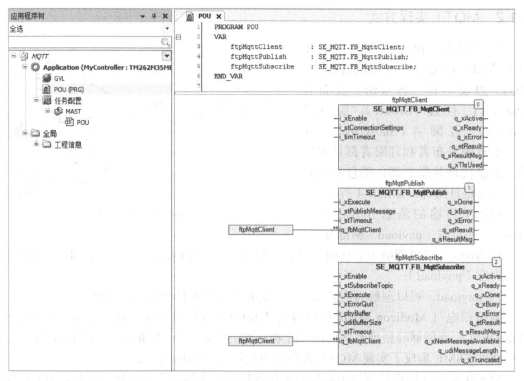

图 9-6　功能块调用方法和程序

3）时序图，如图 9-7 所示。

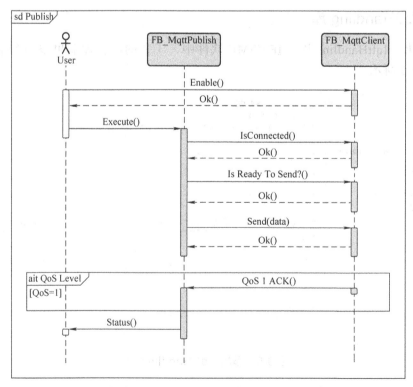

图 9-7　时序图

9.1.4　FB_MqttClient 功能块

1. FB_MqttClient 功能块描述

FB_MqttClient 功能块用于建立与指定 MQTT 服务器的连接。从输入引脚 i_xEnable 的上升沿开始发起连接。输出引脚 q_xActive 指示功能块正在执行，并且必须循环调用。连接状态由输出引脚 q_xReady 来指示，如果此输出为 True，则客户端已连接。

如果正在建立连接时，输入引脚 i_xEnable 被设置为 False，则过程将被终止。

如果输入引脚 i_xEnable 设置为 False 且连接已存在，则将连接作为已清理的会话来关闭。这就意味着属于此客户端标识符的活动订阅在 MQTT 服务器上被清除。

在成功建立连接后，功能块在后台管理从服务器接收的消息。因此在连接建立之后，还必须循环调用功能块。

2. 代理设置

FB_MqttClient 功能块支持通过代理服务器建立与 MQTT 服务器的连接。

虽然代理服务器禁止客户端与 MQTT 服务器之间建立直接连接，但支持与远程服务器的连接，则可以借助接口 IF_ProxyHandler 实现与远程服务器的连接。

FB_MqttClient 功能块提供了属性 ProxyHandler，所以能够分配 IF_ProxyHandler 类型的接口。一旦为属性分配了有效的接口，在建立与 MQTT 服务器的连接时，将从此功能块调用该接口。

3. 调用步骤

1）在启用了此功能块的情况下，会调用接口方法 ConnectToProxy。如果为 MQTT 服务器连接选择了 TLS 加密，则套接字类型 StartTls 设置为 True。该方法将被循环调用，直到其中一个输出引脚 [q_xDone（连接已建立）或 q_xError（连接失败）] 指示 True。

2）在建立了与代理服务器的连接之后，将调用接口 ConnectToRemoteServer。如果为 MQTT 服务器连接选择了 TLS 加密，则选项 UpgradeToTls 设置为 True。该方法将被循环调用，直到其中一个输出引脚 [q_xDone（连接已建立）或 q_xError（连接失败）] 指示 True。

3）在成功完成了方法 ConnectToRemoteServer 之后，接下来便在 MQTT 协议层上建立 MQTT 连接。在下次激活此功能块之前，一直不需要使用接口 IF_ProxyHandler。如果在使用接口 IF_ProxyHandler 建立连接期间，检测到错误，则会调用一次接口方法 Abort 来中断连接。如要停用接口 IF_ProxyHandler，请将未分配的接口或空指针传递到属性 ProxyHandler。例如：fbMqttClient.ProxyHandler:=0。

4. MQTT 服务器地址

MQTT 服务器地址由 IPv4 地址指定。如果通过代理服务器建立的连接，则支持按服务器的主机名来指定的地址；如果是只能使用一个参数的情况，要么使用 IP 地址，或者使用主机名。

5. 功能块引脚介绍

输入 / 输出引脚见表 9-1。

6. 属性介绍

输出引脚属性见表 9-2。

表 9-1 输入 / 输出引脚

输入	数据类型	描 述
i_xEnable	BOOL	该输入引脚的上升沿，功能块建立与 MQTT 服务器的连接。如果输入设置为 False，则功能块复位，并关闭现有连接或者终止连接建立操作
i_stConnectionSettings	ST_ConnectionSettings	用于传输连接参数的结构
i_timTimeout	TIME	成功连接所需的时间。如果值为 T#0s，则应用默认值 T#10s
输出	数据类型	描 述
q_xActive	BOOL	指示功能块执行已激活。只要此输出为 True，就必须循环执行功能块
q_xReady	BOOL	指示连接已建立。MQTT 客户端可用于与 MQTT 服务器交换应用消息
q_xError	BOOL	如果此输出设置为 True，则检测到错误。有关详细信息可以参阅 q_etResult 和 q_etResultMsg
q_xTIsUsed	BOOL	指示是否经由 TLS 保障 MQTT 服务器连接安全
q_etResult	ET_Result	以数字值的形式提供诊断和状态信息
q_sResultMsg	STRING [80]	以文本消息的形式提供附加的诊断和状态信息

表 9-2 输出引脚属性

名称	数据类型	访问	描 述
ProxyHandler	PXCS.IF_ProxyHandler	Get/Set	实现接口 IF_ProxyHandler 的功能块。如果分配的接口有效，则使用接口方法建立与 MQTT 服务器的连接

9.1.5 FB_MqttPublish 功能块

1. FB_MqttPublish 功能块描述

FB_MqttPublish 功能块用来将指定主题的应用消息发布到 MQTT 服务器，发布消息通过先前在 MQTT 客户端与 MQTT 服务器之间建立的连接来发送。

如果未连接客户端，则在不发送消息的情况下，终止功能块执行。

如果客户端遭到其他进程的拦截，功能块保持在繁忙状态。客户端重新可用之后，再发送消息。

2. 服务质量

服务质量见表 9-3。

表 9-3 服务质量

发布级别	描 述
QoS 0	发布的消息被发送到服务器，但服务器不确认此消息。一旦消息被发送，功能块便指示 q_xDone=True
QoS 1	发布的消息被发送到服务器，服务器必须以 PUBACK 消息来确认此消息。一旦接收到 PUBACK 消息，功能块便指示 q_xDone=True。如未接收到 PUBACK 消息，则重新传输发布的消息，可以配置重新传输的时间范围

3. 功能块引脚介绍

输入、输入 / 输出、输出引脚描述见表 9-4。

表 9-4 输入、输入 / 输出、输出引脚描述

输入	数据类型	描　　述
i_xExecute	BOOL	在该输入引脚的上升沿，功能块将指定的应用消息发布到整个所连接的 MQTT 服务器
i_stPublishMessage	ST_PublishMessage	用于指定要发布的应用消息的结构
i_stTimeout	ST_Timeout	用于指定超时的结构
输入 / 输出	数据类型	描　　述
iq_fbMqttClient	FB_MqttClient	对用于与 MQTT 服务器交换数据的关联 FB_MqttClient 的引用
输出	数据类型	描　　述
q_xDone	BOOL	指示应用消息的发布已成功完成
q_xBusy	BOOL	指示应用消息的发布正在进行
q_xError	BOOL	指示在应用消息发布期间检测到错误
q_etResult	ET_Result	以数字值的形式提供诊断和状态信息
q_sResultMsg	STRING [80]	以文本消息的形式提供附加的诊断和状态信息

9.1.6　FB_MqttSubscribe 功能块

1. FB_MqttSubscribe 功能块描述

FB_MqttSubscribe 功能块用来管理 MQTT 服务器上特定主题的订阅，其支持以下功能：

1）订阅指定主题。

2）取消订阅指定主题。

3）根据订阅的主题读出数据。

功能块使用先前以 FB_MqttClient 建立的与 MQTT 服务器的连接。功能块激活后，将指定主题的订阅发送到所连接的 MQTT 服务器。订阅状态、以及由此而来的数据接收可能性通过输出引脚 q_xReady 来指示。新接收的数据由输出引脚 q_xNewMessage 来指示。禁用功能块后，可取消订阅发送至先前订阅的主题。取消订阅的状态由输出引脚 q_xActive 来指示。只有在输出 q_xActive 设置为 False 的情况下才允许新订阅。成功订阅指定主题后，可以通过将输入引脚 i_xExecute 设置为 True 来读取接收到此主题的数据。

2. 服务质量

服务质量见表 9-5。

表 9-5 服务质量

订阅级别	描　　述
QoS 0	可以读取订阅主题上的最后一个数据
QoS 1	可以读取以 QoS 1 发布的消息。消息顺序保持不变（先进先出） 　　第一个接收的消息存储在功能块 FB_MqttSubscribe 中。可以通过触发对功能块的执行，立即读取此消息。在接收第一个消息之后，功能块即可接收下一个消息 　　如果消息已从 MQTT 服务器发出，则功能块等待其副本。在功能块提供下一个消息之前所经过的时间取决于在服务器发送副本之前所经过的时间。将 Mosquitto 用作 MQTT 服务器的情况下，可能需要 30 秒 　　如果已经接收并已经读取 MQTT 服务器先前发送的 QoS 1 消息，则可以读取包含 QoS 0 的最后一个消息。已接收的 QoS 0 消息随时可以被新消息覆盖

3. MqttSubscribe 功能块引脚介绍

MqttSubscribe 功能块引脚描述见表 9-6。

表 9-6　MqttSubscribe 功能块引脚描述

输入	数据类型	描　述
i_xEnable	BOOL	在该输入引脚的上升沿，功能块将指定主题的订阅发送到所连接的 MQTT 服务器
i_stSubscribeTopic	ST_SubscribeTopic	用于指定订阅的主题结构
i_xExecute	BOOL	在该输入引脚的上升沿，功能块将最新接收的应用消息读取到已订阅的主题
i_xErrorQuit	BOOL	在该输入引脚的上升沿，功能块确认 q_xError 所指示的检出错误
i_pbyBuffer	POINTER TO BYTE	指针，其指向复制了已接收消息的缓冲区
i_udiBufferSize	UDINT	缓冲区的大小（以字节计）。长度不得超过 i_pbyBuffer 指向变量的大小
i_stTimeout	ST_Timeout	用于指定超时的结构
输入 / 输出	数据类型	描　述
iq_fbMqttClient	FB_MqttClient	用于与 MQTT 服务器交换数据关联的 FB_MqttClient 的引用
输出	数据类型	描　述
q_xActive	BOOL	指示功能块执行已激活。只要此输出为 True，就必须循环执行功能块
q_xReady	BOOL	指示指定主题的订阅已成功发送至 MQTT 服务器
q_xDone	BOOL	指示上次接收的应用程序消息已成功复制到以输入引脚 i_pbyBuffer 指定的缓冲区中
q_xBusy	BOOL	指示订阅正在执行中
q_xError	BOOL	指示在功能块执行期间检测到错误
q_etResult	ET_Result	以数字值的形式提供诊断和状态信息
q_sResultMsg	STRING [80]	以文本消息的形式提供附加的诊断和状态信息
q_xNewMessageAvailable	BOOL	指示订阅的主题有新应用消息可用
q_udiMessageLength	UDINT	指示复制以输入引脚 i_pbyBuffer. 指定的缓冲区中的字节数
q_xTruncated	BOOL	如果此输出设置为 True，则复制的应用消息被删除

9.2　HTTP 及应用

9.2.1　HTTP 介绍

1. HTTP（Hyper Text Transfer Protocol，超文本传输协议）

HTTP 是基于客户 / 服务器模式，且面向连接的。典型的 HTTP 事务处理有如下过程：

1）客户与服务器建立连接；

2）客户向服务器提出请求；

3）服务器接受请求，并根据请求返回相应的文件作为应答；

4）客户与服务器关闭连接。

HTTP 基于 TCP（Transmission Control Protocol，传输控制协议），客户端向服务器提交一个 HTTP 请求消息，服务器返回一个响应消息给客户端。此库支持使用 TLS（传输层安全）经由安全连接实现的 HTTP，又称为 HTTPS。是否支持使用 TLS 建立连接取决于使用 FB_HttpClient 的控制器。

2. HTTP 方法

1）Get：获取资源；

2）Post：传输实体主体；

3）Put：传输文件；

4）Head：获得报文首部（相当于 GET 方法获得的资源去掉正文）；

5）Delete：删除文件；

6）ConnectToServer：要求用隧道协议连接代理。

3. 使用属性来验证和处理接收到的响应

1）StatusCode 提供接收到的响应状态代码：例如 200 表示成功；

2）StatusCategory 为响应的状态码提供了类别：clientror 代表 4xx；

3）ContentLength 以字节为单位提供接收到的整个响应（头 + 内容）的长度；

4）HeaderLength 提供了接收头的字节长度，终止 "/r/n/r/n" 不包括在内；

5）ContentLength 以字节为单位提供接收内容的长度，终止 "/r/n/r/n" 不包括在内；

6）ContentStartIndex 提供了缓冲区中内容开始时的字节位置；

7）IsContentChunked 表示内容是否被 "分块"（传输编码）。

9.2.2　HttpHandling 库

1）HttpHandling 库，在 ESME 软件中，在工程的库管理器里添加 HttpHandling 库，如图 9-8 所示。

图 9-8　添加 HttpHandling 库

2）在 POU 中，调用功能块：变量声明，如图 9-9 所示。

3）功能块调用方法、程序实例，如图 9-10 所示。

```
国 HTTP × 角 库管理器
     1  PROGRAM HTTP
     2  VAR
     3      fbHttpClient        : SE_Http.FB_HttpClient;
     4
     5      sServerIp           :STRING(15) := '205.167.7.126'; // IPv4 address of the server the client should be connected to
     6      uiServerPort        :UINT:= 80;                      // port of the server
     7      stTlsSettings       :SE_HTTP.TlsSettings;
     8      xErrOnConnect       :BOOL;
     9      etResult            :SE_HTTP.ET_Result;
    10      sResultMsg          :STRING;
    11
    12      sResourcePost       :STRING:='/post';                // resource used for the POST request
    13      sHost               :STRING:='httpbin.org';          // host name, is added to the header of HTTP request
    14      sAdditionalHeaderPost   :STRING:= 'Content-Type: text/plain';
    15      sContent            :STRING := 'Hello World!';
    16      sResponse           :STRING(2000);
    17      xErrOnPost          :BOOL;
    18      etResultPost        :SE_HTTP.ET_Result;
    19      sResultMsgPost      :STRING;
    20
    21      sResourceGet        :STRING:='/ip';                  // resource used for the GET request
    22      sAdditionalHeaderGet    :STRING := '';
    23      xErrOnGet           :BOOL;
    24      etResultGet         :SE_HTTP.ET_Result;
    25      sResultMsgGet       :STRING;
    26  END_VAR
```

图 9-9　变量声明

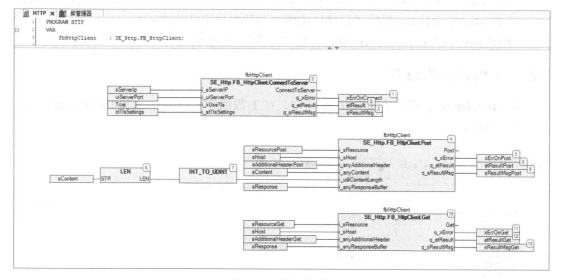

图 9-10　程序实例

9.2.3　FB_HttpClient 功能块

1. FB_HttpClient 功能块描述

FB_HttpClient 功能块提供 HTTP 客户端的功能，不提供任何参数（输入和输出）。如要控制和监视 HTTP 客户端，功能块会提供方法和属性。可以调用的方法或属性取决于 HTTP 客户端的状态。图 9-11 显示了 FB_HttpClient 功能块实现的状态，当前状态由属性 State 指示。应注意的是通过发送 HTTP 触发的功能取决于服务器实现。且响应中包含的内容可以使用分块传输编码来编码。在处理内容之前，应验证属性 IsContentChunked。

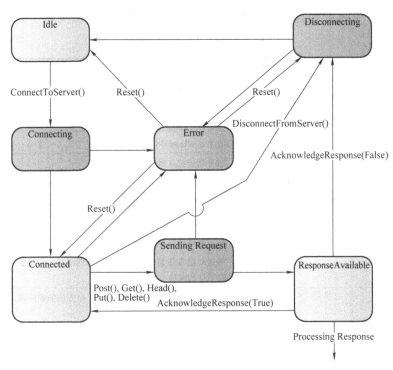

图 9-11　FB_HttpClient 状态

2. FB_HttpClient 属性

FB_HttpClient 提供的属性也可以用于在线监控。但必须注意所显示的值应对应于源自应用程序中上次调用的值，见表 9-7。

表 9-7　FB_HttpClient 属性

名称	数据类型	访问	描　　述
ContentLength	UDINT	读取	指示存储在响应缓冲区中接收内容的长度
ContentStartIndex	UDINT	读取	指示存储在响应缓冲区中接收内容的首字节索引
ErrorResult	ET_Result	读取	指示状态 Error 的原因
HeaderLength	UDINT	读取	指示存储在响应缓冲区中标头的长度。标头从响应缓冲区的第一个字节开始
IsConnected	BOOL	读取	指示到 HTTP 服务器的 TCP 连接是否处于活动状态
IsContentChunked	BOOL	读取	指示接收内容的编码是否被分块
IsDeleteActive	BOOL	读取	指示 Delete 请求是否处于活动状态或者响应是否尚未被确认
IsGetActive	BOOL	读取	指示 Get 请求是否处于活动状态或者响应是否尚未被确认
IsHeadActive	BOOL	读取	指示 Head 请求是否处于活动状态或者响应是否尚未被确认
IsPostActive	BOOL	读取	指示 Post 请求是否处于活动状态或者响应是否尚未被确认
IsPutActive	BOOL	读取	指示 Put 请求是否处于活动状态或者响应是否尚未被确认
ResponseLength	UDINT	读取	指示存储在响应缓冲区中所接收响应的长度
State	ET_State	读取	指示 HTTP 客户端的状态，监视连接，并处理发起的命令（如连接、请求或断开连接）。因此，必须在程序中循环调用此属性
StatusClass	ET_StatusClass	读取	指示所接收响应的 HTTP 状态类
StatusCode	UINT	读取	指示所接收响应的 HTTP 状态代码
IsTlsUsed	BOOL	读取	指示是否经由 TLS 保障到服务器的连接安全

枚举类型 ET_Result 包含代表功能块所执行运算结果的可能值见表 9-8。

表 9-8　ET_Result 属性

名称	值（UDINT）	描述
Ok	0	未检测到错误
NotReady	100	请求的操作在当前状态下无法执行
ConnectNotPossible	101	供方法 ConnectToServer 使用：无法发起连接。详细信息通过方法的输出 q_sResultMsg 提供
ConnectFailed	102	服务器连接失败
DisconnectFailed	103	服务器断开、连接失败
SendFailed	104	向服务器发送请求失败
ReceiveFailed	105	等待接收响应时，检测到错误
InvalidResponse	106	从服务器接收响应的格式不受支持，无法对其进行处理
ResponseTimedOut	107	等待对已发送请求的响应时，出现超时。未从服务器接收响应或未接收完整的响应
BufferTooSmall	108	供响应消息使用的缓冲区太小。在方法的响应输入处分配大小足够的缓冲区
ConnectionRefused	110	建立连接的尝试失败。服务器已拒绝连接请求。请检查指定的服务器 IP 地址和端口
ConnectionTimedOut	111	建立连接的尝试超时。请检查指定的服务器 IP 地址和端口
InitTlsContextFailed	112	初始化 TLS 上下文时检测到内部错误。您最多可以同时打开 10 个不同的 TLS 上下文。确保同时打开使用 TLS 的 TCP 套接字数量不超过 10 个
CertificateNotFound	113	在控制器的证书存储库中找不到指定的证书
ConnectionInterrupted	116	与服务器的连接中断
InputParameterFault	117	功能有至少一个输入参数无效
OnlineChangeDetected	118	由于同时检测到登录以及应用程序在线修改，因此执行被终止
NotSupported	119	请求的操作不受支持。例如，在不提供此功能的控制器上选择 TLS
SendBufferFull	120	如果将大量数据作为内容发送并且服务器在某个时间不处理数据，则会出现此元素。客户端的最低发送速率大约为 1500 字节 / 秒
InternalError	200	检测到客户端内部错误。重新建立到客户端的连接，然后重试

枚举类型 ET_State 包含指示客户端状态的可能值，见表 9-9。

表 9-9　ET_State 可能值

名称	值 INT	描述
Idle	0	客户端处于闲置状态，即可用于连接服务器
Connecting	10	客户端正在连接服务器
Connected	20	客户端已连接服务器并即可用于发送请求
SendingRequest	30	客户端正在向服务器发送请求
Disconnecting	40	客户端正在断开与服务器的连接
ResponseAvailable	50	客户端已接收对所发送请求的响应，此响应必须被确认
Error	−10	客户端处于错误状态

枚举类型 ET_StatusClass 包含指示响应状态类的可能值，见表 9-10。

表 9-10　ET_StatusClass 可能值

名称	值 INT	描　　　述
Informational	1	请求已成功接收，正在继续处理
Success	2	操作已成功接收、理解和接受
Redirection	3	如要完成请求，还必须采取其他操作
ClientError	4	请求包含不正确的语法，或者无法被满足
ServerError	5	服务器无法满足表面上有效的请求

3. ConnectToServer 方法

ConnectToServer 方法，发起到服务器的 TCP 连接。此方法用于发起建立服务器的 TCP 连接，此服务器由其 IPv4 地址和相应的端口指定。HTTP 的标准端口为 80 和 443（安全、HTTPS）。将参数 i_xUseTls 设置为 True，以指定要建立安全连接。方法的返回值仅指示是否能够成功发起连接。必须使用属性 State 来检查连接状态。如果返回值为 False，则评估方法的诊断输出。这些输出指示的错误不需要复位。

使用 HTTP 代理时的注意事项，如果在控制器与远程 HTTP 服务器之间设置有 HTTP 代理，必须在 ConnectToServer 方法中指定代理的连接参数。如果客户端连接到代理，这通过代理服务器在客户端与远程服务器之间转发 HTTP 通信流。地址和端口将从代理服务器获得，提取自所发送的 HTTP 请求的标头。它们对应于 HTTP 请求相应发送方法的参数 i_sHost。

使用 TLS 建立安全连接时的注意事项，TLS 用于加密客户端与服务器之间的通信。除加密之外，TLS 还让您能够使用证书验证通信合作伙伴的身份。

证书在连接建立期间交换，也就是同 TLS 握手。TLS 握手期间的证书发送是可选的，但如果通信合作伙伴要求使用证书，则必须发送证书。只有在证书验证结果为肯定结果时，才能够建立与通信合作伙伴的连接。如果在 xUseTls=True 时执行 ConnectToServer 方法并得到 ErrorResult=ConnectFailed 的状态 Error，则可能是因为存在证书问题。在这种情况下，请检查服务器和客户端的 TLS 配置，见表 9-11。

表 9-11　服务器和客户端的 TLS 配置

如果…	则…
如果服务器被配置为验证客户端证书	确保参数 i_stTlsSettings.xSendClientCertificate 设置为 True
如果服务器被配置为验证服务器证书，i_stTlsSettings.etCertVerifyMode 不同于 NotVerified	确保服务器发送其证书
如果客户端被配置为仅接受可信证书，i_stTlsSettings.etCertVerifyMode=TrustedOnly	确保服务器证书被认定为可信。为此需要手动管理您控制器上的证书。可以使用 Machine Expert Logic Builder 中的安全栅栏编辑器来完成

客户端状态切换见表 9-12。

表 9-12　客户端状态切换

阶段	描　　　述
1	初始状态：Idle
2	功能调用
3	状态：Connecting，否则提示检测到错误
4	最终状态：Connected，否则提示检测到错误

接口描述，输入 / 输出引脚描述见表 9-13。

表 9-13　输入 / 输出引脚描述

输入	数据类型	描　　述
i_sServerIP	STRING[15]	指定要连接的服务器 IP 地址
i_uiServerPort	UINT	指定服务器的端口地址
i_xUseTls	BOOL	设置为 True 时，指定使用 TLS 建立安全连接
i_stTlsSettings	TlsSettings	指定安全连接所用的 TLS 设置
输出	数据类型	描　　述
q_xError	BOOL	如果此输出设置为 True，则检测到错误
q_etResult	ET_Result	以数字值的形式提供诊断和状态信息
q_sResultMsg	STRING[80]	以文本消息的形式提供附加的诊断和状态信息

4. Get 方法

Get 方法，发起 HTTP 方法以请求指定资源的表示。利用输入引脚 i_sHost（必需）和 i_sResource，可创建 HTTP 请求的默认标头。如果必须将附加信息添加到标头，则必须通过输入引脚 i_anyAdditionalHeader 传输这些信息。不对分配到此输入的数据进行验证。在输入引脚 i_anyResponseBuffer 处，必须指定足够大小的缓冲区来完整存储从服务器接收的响应。

方法的返回值为类型 BOOL，它指示方法的执行是成功（True）还是失败（False）。如果返回值为 False，则评估方法的诊断输出。这些输出指示的错误不需要复位。必须使用属性 State 来获取处理状态。只有在状态 Connected 下，才能够调用方法 Get。

实现示例：

以下示例显示了在调用方法 Get 后的 HTTP 请求。

方法调用：

```
sAdditionalHeader :=Content-Type: application/json$r$nConnection: Keep-Alive;

fbHTTP.Get(  i_sRessource:='example',
             i_sHost:='se.com',
             i_anyAdditionalHeader:=sAdditionalHeader,
             i_anyResponseBuffer:=sResponse);
```

得到的 HTTP 请求：

```
GET /example HTTP/1.1
Host: se.com
Content-Length: 0
Content-Type: application/json
Connection: Keep-Alive
```

客户端的状态切换，如果在功能块正处理 Get 请求时执行在线修改，则执行会被终止，以免发生可能因处理错误指针地址导致的访问违例，切换状态见表 9-14。

表 9-14　切换状态

阶段	描　　述
1	初始状态：Connected
2	功能调用
3	状态：SendingRequest，否则提示检测到错误
4	最终状态：ResponseAvailable，否则提示检测到错误

接口描述，输入 / 输出引脚描述见表 9-15。

表 9-15　输入 / 输出引脚描述

输入	数据类型	描　　述
i_sResource	STRING[GPL.Gc_uiMaxLengthOfResource]	指定请求到达的主机资源
i_sHost	STRING[GPL.Gc_uiMaxHostSize]	指定主机的地址；如有需要，还需指定端口
i_anyAdditionalHeader	ANY_STRING	指定要添加 HTTP 请求的标头中的附加条目
i_anyResponseBuffer	ANY	用于存储来自服务器响应的缓冲区

输出	数据类型	描　　述
q_xError	BOOL	如果此输出设置为 True，则检测到错误
q_etResult	ET_Result	以数字值的形式提供诊断和状态信息
q_sResultMsg	STRING[80]	以文本消息的形式提供附加的诊断和状态信息

5. Post 方法

Post 方法，发起 HTTP 方法是将要处理的数据提交到指定资源。利用输入引脚 i_sHost（必需）和 i_sResource，可创建 HTTP 请求的默认标头。如果必须将附加信息添加到标头，则必须通过输入引脚 i_anyAdditionalHeader 来传输这些信息。不对分配此输入的数据进行验证。在输入引脚 i_anyResponseBuffer 处，必须指定足够大小的缓冲区来完整存储从服务器接收的响应。

输入引脚 i_anyContent、i_udiContentLength 指定要提交的内容。

方法的返回值为类型 BOOL，它指示方法的执行是成功（True）还是失败（False）。如果返回值为 False，则评估方法的诊断输出。这些输出指示的错误不需要复位。必须使用属性 State 来获取处理状态。

只有在状态 Connected 下，才能够调用方法 Post。

实现示例：以下示例显示了在调用方法 Post 后的 HTTP 请求。

方法调用：

```
sAdditionalHeader :='Content-Type: application/json$r$nConnection: Keep-Alive';
sContent :='This is the content!';

fbHTTP.Post(   i_sRessource:='example',
          i_sHost:='se.com',
          i_anyAdditionalHeader:=sAdditionalHeader,
          i_anyContent:=sContent,
          i_udiContentLength:=20,
          i_anyResponseBuffer:=sResponse);
```

得到的 HTTP 请求：

POST /example HTTP/1.1
Host: se.com
Content-Length: 20
Content-Type: application/json
Connection: Keep-Alive

This is the content!

客户端的状态切换描述见表 9-16。

表 9-16   客户端的状态切换描述

阶段	描述
1	初始状态：Connected
2	功能调用
3	状态：SendingRequest，否则提示检测到错误
4	最终状态：ResponseAvailable，否则提示检测到错误

输入 / 输出引脚描述见表 9-17。

表 9-17   输入 / 输出引脚描述

输入	数据类型	描述
i_sResource	STRING[GPL.Gc_uiMaxLengthOfResource]	指定请求到达的主机资源
i_sHost	STRING[GPL.Gc_uiMaxHostSize]	指定主机的地址；如有需要，还需指定端口
i_anyAdditionalHeader	ANY_STRING	指定要添加 HTTP 请求的附加标头
i_anyContent	ANY	指定包含要与 HTTP 请求一起提交的内容缓冲区
i_udiContentLength	UDINT	内容的长度（字节）
i_anyResponseBuffer	ANY	用于存储来自服务器响应的缓冲区

输出	数据类型	描述
q_xError	BOOL	如果此输出设置为 True，则检测到错误
q_etResult	ET_Result	以数字值的形式提供诊断和状态信息
q_sResultMsg	STRING[80]	以文本消息的形式提供附加的诊断和状态信息

9.3   FTP 及应用

9.3.1   FTP 介绍

FTP（File Transfer Protocol，文件传输协议）是用来传送文件的协议。用于能够在 Internet 上互相传送文件而制定的文件传送标准，规定了 Internet 上文件如何传送，同时也是一个应用程序。通过 FTP，可以跟 Internet 上的 FTP 服务器进行文件的上传（Upload）

或下载（Download）等动作。即可以复制从远程主机复制文件至自己的计算机，也可以将文件从自己的计算机复制至远程主机上，如图 9-12 所示。

图 9-12　FTP

9.3.2　FTP 实现方式

FTP 支持两种模式：Standard（Port 方式，主动方式），Passive（Pasv 方式，被动方式）。

Port 模式：FTP 客户端首先和服务器的 TCP 21 端口建立连接，用来发送命令，客户端需要接收数据的时候在这个通道上发送 Port 命令。Port 命令包含了客户端用什么端口接收数据。在传送数据的时候，服务器端通过自己的 TCP 20 端口连接至客户端的指定端口发送数据。FTP Server 必须和客户端建立一个新的连接用来传送数据。

Passive 模式：建立控制通道和 Standard 模式类似，但建立连接后发送 Pasv 命令。服务器收到 Pasv 命令后，打开一个临时端口（端口号大于 1023 小于 65535）并且通知客户端在这个端口上传送数据的请求，客户端连接 FTP 服务器此端口，然后 FTP 服务器将通过这个端口传送数据。

FTP 的传输有两种方式：ASCII、二进制。ASCII 传输方式：假定用户正在复制的文件包含的简单 ASCII 码文本，如果在远程机器上运行的不是 UNIX，当文件传输时 FTP 通常会自动地调整文件的内容以便于把文件解释成另外那台计算机存储文本文件的格式。二进制传输模式：在二进制传输中，保存文件的位序，以便原始和复制的是逐位一一对应的。即使目的地机器上包含位序列的文件是没意义的，如图 9-13 所示。

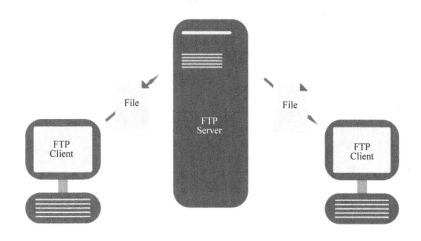

图 9-13　FTP 传输

施耐德电气 Modicon M262 控制器支持 FTP 物联网协议，可直接与云平台相连，使得 OEM 厂商能够轻松地部署面向工业物联网的机器。与 Modicon M262 控制器配套的编程软件 ESME 集成了实现 FTP 客户端功能的库 FtpRemoteFileHandling。

1）FtpRemoteFileHandlin 库为控制器提供文件传输协议客户端功能，以便通过 FTP 服务器远程访问和处理文件。

① 读取文件；

② 写入文件；

③ 删除文件；

④ 列出远程目录的内容；

⑤ 添加目录；

⑥ 删除目录。

2）使用时注意事项：

① 在与 FTP 服务器进行交换时，文件名和目录名仅支持 ASCII 符号；

② 仅支持 IPv4（互联网协议版本 4）；

③ 仅支持被动模式 FTP；

④ 一次仅允许一个 FTP 连接；

⑤ 由于 FTP 服务器的响应时间无法控制，需以低优先级循环任务执行该功能块或不定义循环时间；

⑥ 本文档所用的库在内部使用 TcpUdpCommunication 库；

⑦ TcpUdpCommunication（Schneider Electric）和 CAA Net Base Services 库（CAA 技术工作组）在控制器上使用相同的资源。若在同一应用程序中同时使用这两个库，则可能导致控制器工作受到干扰；

⑧ 不支持使用 TLS（传输层安全）或 SSL（安全套接层），通信必须只能在工业网络内部进行，与其他网络隔离，并防止接入互联网。

9.3.3　FtpRemoteFileHandling 库

1）添加 FtpRemoteFileHandling 库，在 ESME 软件中，在工程的库管理器里添加 FtpRemoteFileHandling 库，如图 9-14 所示。

图 9-14　添加 FtpRemoteFileHandling 库

2）在 POU 中，调用功能块，程序实例如图 9-15 所示。

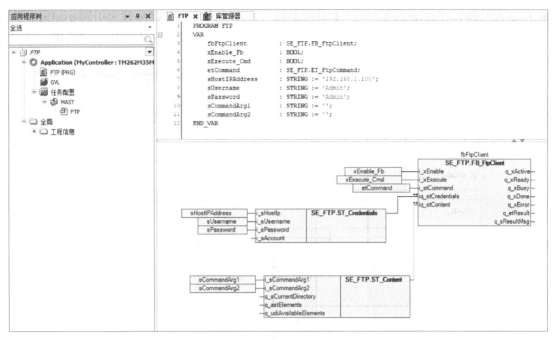

图 9-15   程序实例

9.3.4   FB_FtpClient 功能块

1. FB_FtpClient 功能块描述

FB_FtpClient 功能块专用于非安全 FTP 连接，包括用于执行文件和目录操作的相关 FTP 功能。每个实例处理一个非安全 FTP 连接。如果尝试建立第二个传输，则功能块响应为 ET_Result.UnableToEstablishMutlipleConnections。FB_FtpClient 功能块是通过非安全连接来与外部 FTP 服务器进行交互的用户接口。启用该功能块之后，会使用由 iq_stCredentials 提交的用户凭据建立非安全 FTP 连接。一旦建立了非安全连接，该功能块便能够处理由 i_etCommand 提交的命令以及在输入引脚 i_xExecute 处检测到的上升沿。在执行命令期间，输出引脚 q_xBusy 一直设置为 True。命令成功完成之后，输出引脚 q_xDone 设置为 True。状态消息和诊断信息使用输出引脚 q_xError（如果检测到错误则为 True）、q_etResult 和 q_etResultMsg 提供。如需确认检测到的错误，禁用功能块，然后重新启用，以便能够发送命令。在禁用了功能块（i_xEnable=False）时，只要输出引脚 q_xActive=True，就必须调用此功能块，以便完成内部清理例程，然后可重新启用此功能块。如果建立连接时发生了超时，则下一个 FTP 命令（ET_FtpCommand）会被检测为错误。为避免这种情况，应在马上执行相关操作之前启用该功能块，之后再禁用它。

2. 执行时序图

功能块在输入引脚 i_xEnable 和 i_xExecute 下的行为：通过将输入引脚 i_xEnable 设置为 True，功能块即开始执行启用过程。功能块持续执行初始化，且输出引脚 q_xActive 设置为 True。一旦初始化完成且功能块就绪，输出引脚 q_xReady 便设置为 True。输入引脚 i_xExecute 的上升沿可启动对功能块的执行。功能块持续执行，且输出引脚 q_xBusy 设置为 True。当功能块处于执行状态中时，输入引脚 i_xExecute 的上升沿将被忽略。一旦执行完成，便会根据结果设置输出引脚 q_xDone 或 q_xError。输出引脚 q_xDone 表示执行成功，它在输入引脚 i_xExecute 的下一个上升沿之前一直保持为 True。如果输出引脚 q_xError 为 True，则表示在执行期间检测到错误。只要存在错误状态，便无法重新执行功能块。必须禁用功能块，以便复位错误状态。通过将输入引脚 i_xEnable 设置为 False，功能块即开始执行禁用过程。只有输出引脚 q_xActive 为 True，便会持续调用功能块，如图 9-16 所示。

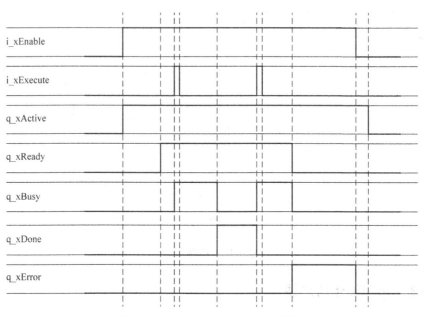

图 9-16 FB_FtpClient 执行时序图

功能块在输入引脚 i_xEnable、i_xExecute 和 i_xErrorQuit 下的行为：通过将输入引脚 i_xEnable 设置为 True，功能块即开始执行启用过程。功能块持续执行初始化，且输出引脚 q_xActive 设置为 True。一旦初始化完成且功能块就绪，输出引脚 q_xReady 便设置为 True。输入引脚 i_xExecute 的上升沿可启动对功能块的执行。功能块持续执行，且输出引脚 q_xBusy 设置为 True。当功能块处于执行状态中时，输入引脚 i_xExecute 的上升沿将被忽略。一旦完成执行，便会根据结果设置输出引脚 q_xDone 或 q_xError。输出引脚 q_xDone 表示成功执行，它在输入引脚 i_xExecute 的下一个上升沿之前一直保持为 True。如果输出引脚 q_xError 为 True，则表示在执行期间检测到错误。只要存在错误状态，便无法重新执行功能块。可以使用输入引脚 i_xErrorQuit 来复位某些错误消息。如果错误状态在输入引脚 i_xErrorQuit 的上升沿之前一直存在，则必须禁用功能块，以便复位错误状态。通过将输入引脚 i_xEnable 设置为 False，功能块即开始执行禁用过程。只有输出引脚 q_xActive 为 True，便会持续调用功能块，如图 9-17 所示。

3. 功能块引脚介绍

输入 / 输出引脚描述见表 9-18。

4. iq_STCredentials 介绍

ST_Credentials 结构体包含在与外部 FTP 服务器建立非安全连接时所使用的用户特有信息。应注意枚举 ET_FtpCommand 不包括处理登录的命令。用户凭据用于在功能块启用之后自动建立与指定主机的连接。默认值为端口 21，它监视 FTP 服务器的端口。为了修改这些凭据，应禁用该功能，然后使用新信息重新启用，ST_Credentials 描述见表 9-19。

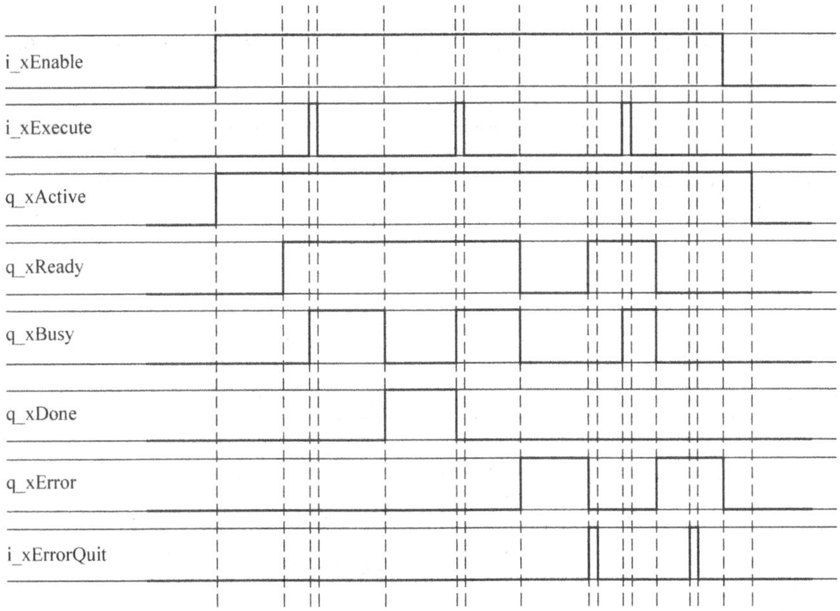

图 9-17 FB_FtpClient 执行下行为

表 9-18 输入 / 输出引脚描述

输入	数据类型	描 述
i_xEnable	BOOL	功能块的激活与初始化
i_xExecute	BOOL	输入引脚 i_etCommand 指定的命令在此输入的上升沿时执行
i_etCommand	ET_FtpCommand	如果输入引脚 i_xExecute 为 True 时执行的 FTP 命令
输入 / 输出	数据类型	描 述
iq_STCredentials	ST_Credentials	用于传递包含用户名或密码等用户设置的结构
iq_STContent	ST_Content	用于传递工作目录以及此目录中文件的数量和名称（如适用）
输出	数据类型	描 述
q_xActive	BOOL	如果此功能块活动，则输出设置为 True
q_xReady	BOOL	如果初始化成功，则输出在功能块能够接受输入期间一直设置为 True
q_xBusy	BOOL	如果此输出设置为 True，则功能块执行在 i_etCommand 处指定的命令
q_xDone	BOOL	如果此输出设置为 True，则功能块已成功完成在 i_etCommand 处指定的命令
q_xError	BOOL	如果此输出设置为 True，则检测到错误。有关详细信息，请参阅 q_etResult 和 q_etResultMsg
q_etResult	ET_Result	提供诊断和状态信息
q_sResultMsg	STRING[255]	提供附加诊断和状态信息

表 9-19 ST_Credentials 描述

名称	数据类型	描 述
i_sHostIp	STRING [15]	外部 FTP 服务器的 IP 地址
i_sUsername	STRING [255]	访问外部 FTP 服务器的用户名
i_sPassword	STRING [255]	访问外部 FTP 服务器的密码
i_sAccount	STRING [255]	访问外部 FTP 服务器的账户。此参数对于所有 FTP 服务器不是必需参数

5. iq_STContent 介绍

结构 ST_Content 包含有关选中目录的用户信息，ST_Content 描述见表 9-20。

表 9-20　ST_Content 描述

名称	数据类型	描　　述
i_sCommandArg1	STRING [75]	如果 FTP 命令需要输入参数，则必须使用此变量进行传输
i_sCommandArg2	STRING [75]	如果 FTP 命令需要附加 / 第二输入参数，则必须使用此变量进行传输
q_sCurrentDirectory	STRING [75]	工作目录的名称
q_astElements	ARRAY[0..Gc_udiMaxNumber-OfListEntries] OF ST_Element	列出目录内容并显示具体元素信息
q_udiAvailableElements	UDINT	目录中元素的名称

关于 i_sCommandArg1 和 i_sCommandArg2 用法的详细信息，见表 9-21。

表 9-21　i_sCommandArg1 和 i_sCommandArg2 信息

命令	i_sCommandArg1	i_sCommandArg2
ChangeWorkingDirectory	外部 FTP 服务器上目录的名称	—
Retrieve	外部 FTP 服务器上文件的名称	控制器文件系统中文件的名称
Store	控制器文件系统中文件的名称	外部 FTP 服务器上文件的名称
Rename	外部 FTP 服务器上的当前名称	外部 FTP 服务器上的新名称
Delete	外部 FTP 服务器上文件的名称	—
RemoveDirectory	外部 FTP 服务器上目录的名称	—
MakeDirectory	外部 FTP 服务器上目录的名称	—
List	—	—

6. ET_FtpCommand 介绍

枚举 ET_FtpCommand 定义可由 FB_FtpClient 功能块通过 i_etCommand 执行的命令。命令名称与 IETF RFC 959 中定义的 FTP 命令相似。应注意枚举 ET_FtpCommand 不包括处理登录的命令。用户凭据（用户名、密码等）用于在功能块启用之后自动建立与指定主机的连接。默认值为端口 21，它监视 FTP 服务器的端口。为了修改这些凭据，应禁用该功能，然后使用新信息重新启用。有关详细信息，请参阅 ST_Credentials 或 ST_Secure-Credentials 见表 9-22。

表 9-22　ST_Credentials 或 ST_SecureCredentials 信息

名称	数据类型	值	描　　述
NoCommand	UINT	0	默认值：初始状态
ChangeWorkingDirectory	UINT	1	更改工作目录
Retrieve	UINT	2	从外部 FTP 服务器将文件下载到指定本地目录
Store	UINT	3	将文件上传到外部 FTP 服务器
Rename	UINT	4	重命名外部 FTP 服务器上的文件或目录
Delete	UINT	5	删除外部 FTP 服务器上的文件
RemoveDirectory	UINT	6	删除外部 FTP 服务器上的目录。注：外部 FTP 服务器上的该目录必须为空
MakeDirectory	UINT	7	在外部 FTP 服务器上创建新目录

9.4　SQL 协议及应用

9.4.1　SQL 协议介绍

SQL（Structured Query Language，结构化查询语言）是具有数据操纵和数据定义等多种功能的数据库语言，这种语言具有交互性特点，能为用户提供极大的便利，数据库管理系统应充分利用 SQL 语言提高计算机应用系统的工作质量与效率。SQL 语言不仅能独立应用于终端，还可以作为子语言为其他程序设计提供有效的助力。在该程序应用中，SQL 可与其他程序语言一起优化程序功能，进而为用户提供更多、更全面的信息，如图 9-18 所示。

图 9-18　SQL

施耐德电气 Modicon M262 控制器支持 SQL，可直接与云平台相连，使得 OEM 厂商能够轻松地部署面向工业物联网的机器。

与 Modicon M262 控制器配套的编程软件 ESME 集成了实现 SQL 的库 SqlRemoteAccess。

SqlRemoteAccess 库提供 SQL（结构化查询语言）客户端功能块，让您的控制器能够连接到 SQL 数据库，以便运行 SQL 查询，从而读写数据。充当 SQL 客户端的控制器与 SQL 数据库服务器之间的通信正通过 Schneider Electric SQL Gateway 进行传输。因此，必须先安装作为选配组件随附于 ESME 软件并且需要使用指定许可证的 SQL Gateway，然后才能使用 SQL 功能。应注意的是 SQL Gateway 需要独立购买授权，如图 9-19 所示。

使用时应注意的事项：

1）仅支持 IPv4（互联网协议版本 4）。

2）仅支持符合 IEC 61131-3 的数据库数据类型。

3）不支持对数据库的 BLOB（二进制大对象）对象读写。

4）本文档所用的库在内部使用 TcpUdpCommunication 库。

5）TcpUdpCommunication（Schneider Electric）和 CAA Net Base Services 库（CAA 技术工作组）在控制器上使用相同的资源。若在同一应用程序中同时使用这两个库，则可能导致控制器工作受到干扰。

6）不支持使用 TLS（传输层安全）或 SSL（安全套接层），通信必须只能在工业网络内部进行，与其他网络隔离并防止接入互联网。

7）SqlRemoteAccess 库之外的功能块 FB_SqlDbRequest 支持使用 TLS（Transport Layer Security，传输层安全性）建立到 SQL Gateway 的安全通信，如图 9-19 所示。

9.4.2　SqlRemoteAccess 库

1）添加 SqlRemoteAccess 库，在 ESME 软件中，在工程的库管理器中添加 SqlRemoteAccess 库，如图 9-20 所示。

2）在 POU 中，调用功能块、程序实例，如图 9-21 所示。

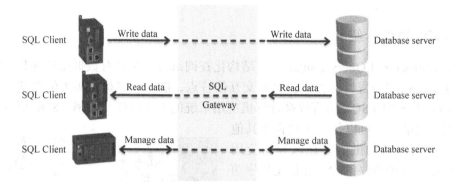

图 9-19　SQL Client Write/Read Data

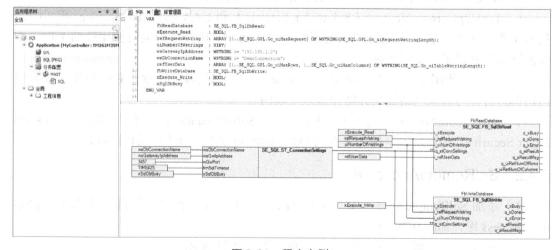

图 9-20　添加 SqlRemoteAccess 库

图 9-21　程序实例

3）时序图：功能块在输入引脚 i_xExecute 下的行为：输入引脚 i_xExecute 上升沿可启动对功能块的执行。功能块持续执行，且输出引脚 q_xBusy 设置为 True。当功能块处于执行状态中时，输入引脚 i_xExecute 处的上升沿将被忽略。一旦执行结束，输出引脚 q_xDone 或 q_xError 便保持为 True，直到输入引脚 i_xExecute 设置为 False。如果执行完成之前复位了此输入，功能块会继续执行，直到完成其处理，然后输出引脚 q_xDone 或 q_xError 针对一个循环设置为 True，如图 9-22 所示。

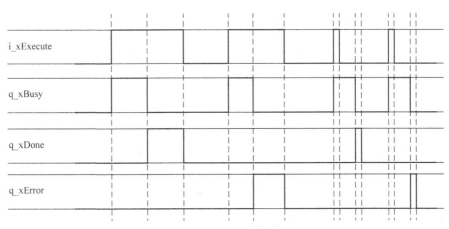

图 9-22　时序图

功能块在输入引脚 i_xEnable、i_xExecute 和 i_xErrorQuit 下的行为：通过将输入引脚 i_xEnable 设置为 True，功能块即开始执行启用过程。功能块持续执行初始化，且输出引脚 q_xActive 设置为 True。一旦初始化完成且功能块就绪，输出引脚 q_xReady 便设置为 True。输入引脚 i_xExecute 上升沿可启动对功能块的执行。功能块持续执行，且输出引脚 q_xBusy 为 True。当功能块处于执行状态中时，输入引脚 i_xExecute 的上升沿将被忽略。一旦完成执行，便会根据结果设置输出引脚 q_xDone 或 q_xError。输出引脚 q_xDone 表示执行成功，它在输入引脚 i_xExecute 的下一个上升沿之前一直保持为 True。如果输出引脚 q_xError 为 True，则表示在执行期间检测到错误。只要存在错误状态，便无法重新执行功能块。可以使用输入引脚 i_xErrorQuit 来复位某些错误消息。如果错误状态在输入引脚 i_xErrorQuit 上升沿之前一直存在，则必须禁用功能块，以便复位错误状态。通过将输入引脚 i_xEnable 设置 False，功能块即开始执行禁用过程。只有输出引脚 q_xActive 为 True，便会持续调用功能块，如图 9-23 所示。

9.4.3　FB_SqlDbRead 功能块

1. FB_SqlDbRead 功能块描述

FB_SqlDbRead 功能块用于执行从 SQL 数据库读取数据的 SQL 请求。返回的数据为二维数组的形式，数据大小通过全局参数定义。FB_SqlDbRead 功能块是用于从 SQL 数据库读取数据的用户接口。在输入引脚 i_xExecute 检测到上升沿之后，便会使用结构体 ST_ConnectionSettings 中定义的参数建立到 SQL Gateway 的连接。一旦建立了连接，这个功能块就能够向 SQL 数据库发送 SQL 请求。状态消息和诊断信息使用输出引脚 q_xError（如果检测到错误则为 True）、q_etResult 和 q_etResultMsg 提供。

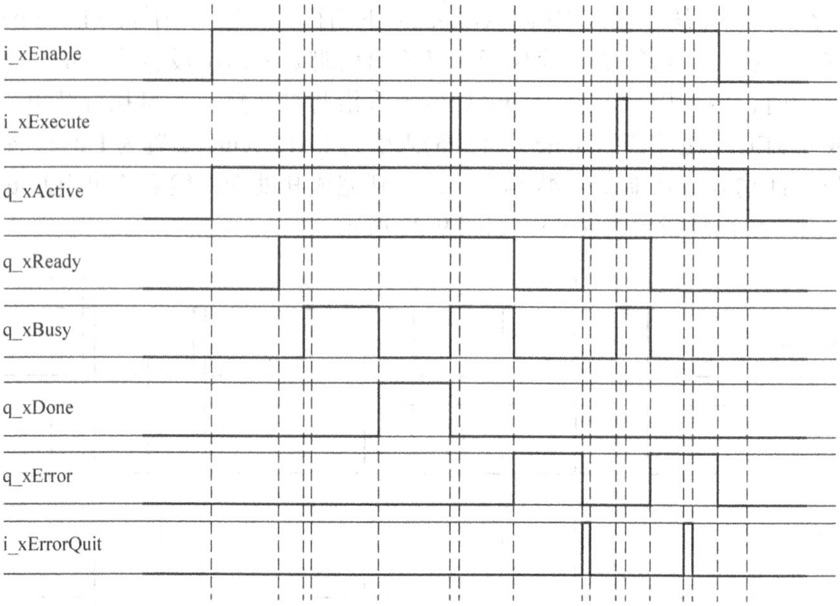

图 9-23　执行时序下行为

2. FB_SqlDbRead 功能块引脚描述

FB_SqlDbRead 功能块引脚描述见表 9-23。

表 9-23　FB_SqlDbRead 功能块引脚描述

输入	数据类型	描　　述
i_xExecute	BOOL	这个功能块执行 SQL 请求，以便在该输入的上升沿从 SQL 数据库读取数据
i_refRequestWstring	REFERENCE TO [RequestWstring]	引用包含 SQL 查询请求（如 Select * from DB limit 10）的请求数据
i_uiNumOfWstrings	UINT	所需的包含拆分 SQL 请求的 WSTRINGS 的数量。最大数量由全局参数 Gc_uiMaxRequest 限制
i_refUserData	REFERENCE TO [UserData]	对 UserData 的引用，它在控制器中必须是可用的，以便存储从 SQL 数据库读取的 SQL 数据
输入 / 输出	数据类型	描　　述
iq_stConnSettings	ST_ConnectionSettings	包含连接到 SQL Gateway 所需的相关信息以及有关 SQL 数据库的信息
输出	数据类型	描　　述
q_xBusy	BOOL	如果此输出设置为 True，则正在执行功能块
q_xDone	BOOL	如果此输出设置为 True，则执行已成功完成
q_xError	BOOL	如果此输出设置为 True，则检测到错误
q_etResult	ET_Result	提供诊断和状态信息

9.4.4　FB_SqlDbWrite 功能块

1. FB_SqlDbWrite 功能块描述

FB_SqlDbWrite 功能块用于执行更新或修改 SQL 数据库的 SQL 请求。这些请求不会返回任何数据。FB_SqlDbWrite 功能块是用于更新或修改 SQL 数据库的用户接口在输入引脚 i_xExecute 检测到上升沿之后，便会使用结构体 ST_ConnectionSettings 中定义的参数建立到 SQL Gateway 的连接。一旦建立了连接，这个功能块便能够向 SQL 数据库发送一个 SQL 请求（针对输入引脚 i_refRequestWstring）。状态消息和诊断信息使用输出引脚 q_xError（如果检测到错误则为 True）、q_etResult 和 q_etResultMsg 提供。

2. FB_SqlDbWrite 功能块引脚描述

FB_SqlDbWrite 功能块引脚描述见表 9-24。

表 9-24　FB_SqlDbWrite 引脚描述

输入	数据类型	描　述
i_xExecute	BOOL	这个功能块执行 SQL 请求以便在该输入的上升沿更新或修改 SQL 数据库
i_refRequestWstring	REFERENCE TO [RequestWstring]	引用包含一个 SQL 更新请求的请求数据
		支持以下 SQL 查询类型：
		INSERT INTO
		UPDATE
		DELETE FROM
		CREATE TABLE
		CREATE VIEW
		CREATE INDEX
		ALTER TABLE
		DROP TABLE
		TRUNCATE TABLE
i_uiNumOfWstrings	UINT	所需的包含拆分 SQL 请求的 WSTRINGS 的数量
输入 / 输出	数据类型	描　述
iq_stConnSettings	ST_ConnectionSettings	包含连接到 SQL Gateway 所需的相关信息以及有关 SQL 数据库的信息
输出	数据类型	描　述
q_xBusy	BOOL	如果此输出设置为 True，则正在执行功能块
q_xDone	BOOL	如果此输出设置为 True，则执行已成功完成
q_xError	BOOL	如果此输出设置为 True，则检测到错误。有关详细信息，请参阅 q_etResult 和 q_etResultMsg
q_etResult	ET_Result	提供诊断和状态信息
q_sResultMsg	STRING[255]	提供附加诊断和状态信息

3. ST_ConnectionSettings 结构体介绍

ST_ConnectionSettings 结构体包含连接到 SQL Gateway 所需的相关信息以及有关 SQL 数据库的信息，ST_ConnectionSettings 信息见表 9-25。

表 9-25　ST_ConnectionSettings 结构体信息

名称	数据类型	描　述
wsDbConnectionName	WSTRING[40]	这个元素的值必须与 SQL Gateway 中配置的连接名称匹配
wsGwIpAddress	WSTRINGGPL.Gc_uiIpStringSize	SQL Gateway 的 IP 地址。它是网关运行时所在服务器的 IP 地址
wGwPort	WORD	SQL Gateway 的端口号。默认值：3457
timSqlTimeout	TIME	为 SQL 请求应用的超时值。默认值：60s

9.4.5 SQL Gateway 设置

1）在 SQL Server 中，建立 "demo_database" 如图 9-24 所示。

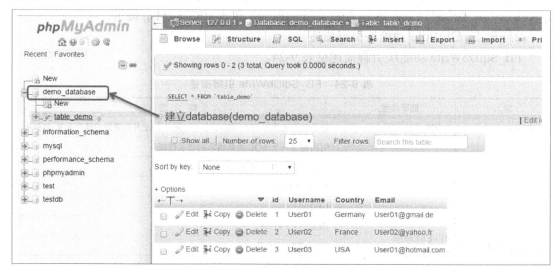

图 9-24 建立 demo_database

2）在 SQL Gateway Console 中，配置 "MySqlServer" 如图 9-25 所示。

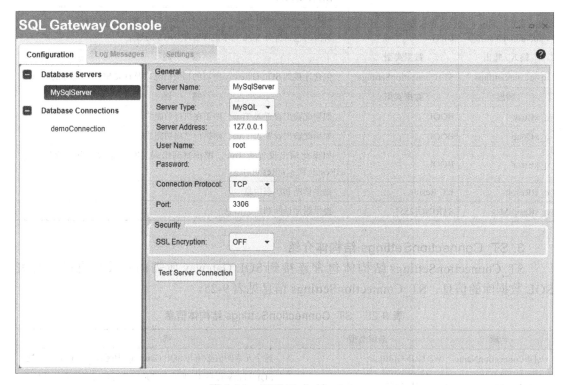

图 9-25 配置 MySqlServer

3）在 "SQL Gateway Console" 中，配置 "demoConnection" 如图 9-26 所示。

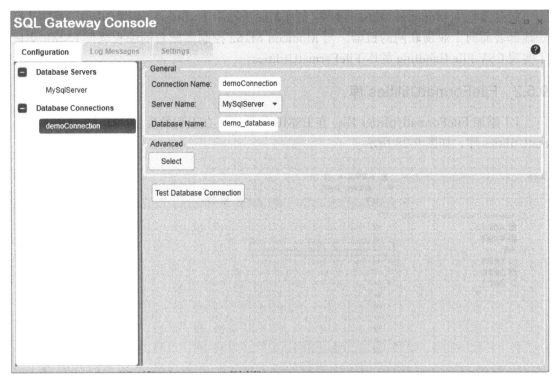

图 9-26　配置 demoConnection

9.5　CSV 协议及应用

9.5.1　CSV 协议介绍

CSV（Comma-Separated Values，逗号分割值 / 字符分割值）。

CSV 文件是一种通用的、相对简单的文件格式。其文件以纯文本形式存储表格数据（数字和文本）。纯文本意味着该文件是一个字符序列，不含必须像二进制数字那样被解读的数据。CSV 文件由任意数目的记录组成，记录间以某种换行符分割。每条记录由字段组成，字段间的分隔符是其他字符或字符串，最常见的是逗号或制表符。通常所有记录都有完全相同的字段序列，一般都是纯文本文件，如图 9-27 所示。

如果你的机器上装了 Microsoft Excel 的话，.CSV 文件默认是被 Excel 打开的。应注意：当你双击一个 .CSV 文件，Excel 打开它以后即使不做任何的修改，在关闭时 Excel 往往会提示是否要改成正确的文件格式，这时如果选择"是"，因为 Excel 认为 .CSV 文件中的数字是要用科学记数法来表示的，Excel 会将 CSV 文件中所有的数字用科学计数来表示（2.54932E+5 这种形式），于是在 Excel 中显

图 9-27　CSV

示时会不正常，而 CSV 文件由于是纯文本文件，在使用上没有影响；如果选择了"否"，那么会提示你以 .xls 格式另存为 Excel 的一个副本。

施耐德电气 Modicon M262 控制器支持 File Format Utilities，使得 OEM 厂商能够轻松地部署面向工业物联网的机器。与 Modicon M262 控制器配套的编程软件 ESME 集成了实现 CSV File Handling 的库 FileFormatUtilities。

9.5.2　FileFormatUtilities 库

1）添加 FileFormatUtilities 库，在 ESME 软件中，在工程的库管理器中添加 FileFormatUtilities 库，如图 9-28 所示。

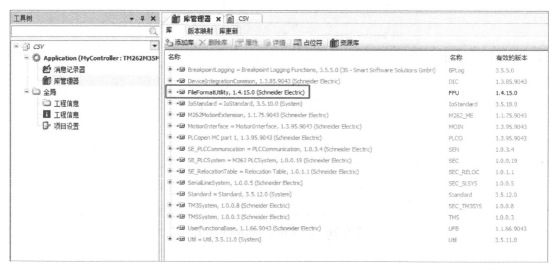

图 9-28　添加 FileFormatUtilities 库

2）在 POU 中，调用功能块，如图 9-29 所示。

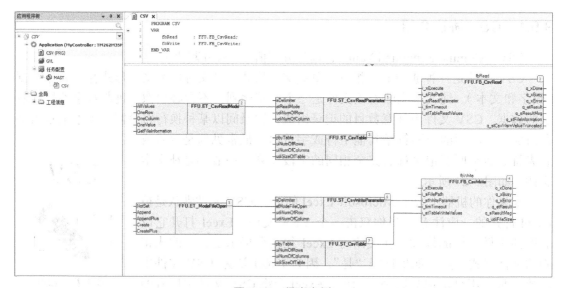

图 9-29　程序实例

3）时序图：输入引脚 i_xExecute 的上升沿可启动对功能块的执行，功能块持续执行，且输出引脚 q_xBusy 设置为 True。当功能块处于执行状态中时，输入引脚 i_xExecute 处的附加上升沿将被忽略。一旦执行结束，输出引脚 q_xDone 或 q_xError 便保持为 True，直到输入引脚 i_xExecute 设置为 False。如果执行完成之前复位了此输入，功能块会继续执行，直到完成其处理，然后输出引脚 q_xDone 或 q_xError 针对一个循环设置为 True，如图 9-30 所示。

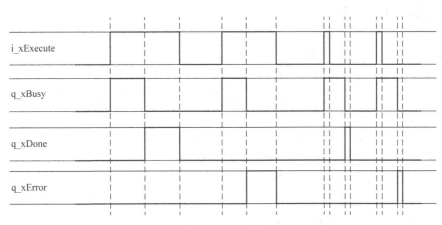

图 9-30　时序图

9.5.3　FB_CsvRead 功能块

1. FB_CsvRead 功能块描述

FB_CsvRead 功能块用于读取控制器文件系统上的、或者扩展存储器（例如 SD 存储卡）上的 CSV 文件。要读取的 CSV 文件包含安排在单个记录（行）中的多个值（列）。值由特定的定界符分隔。记录由换行符分隔。

基于定界符的指定字符代码，功能块在读取文件内容的同时识别具体的值。换行符的字符代码取决于已创建有文件的操作系统。此功能块支持三种最常用的换行符字符代码（ASCII）。它在读取文件内容的同时检测所使用的换行符字符。

支持的换行符字符（ASCII）如下：

oCRLF（0D0A hex）：用于诸如 Windows 和 MS-DOS 的操作系统。

oLF（0A hex）：用于诸如 Unix、Linux、MacOSX 和 Android 的操作系统。

oCR（0D hex）：用于诸如 MacOSX（第 9 版或更早的版本）的操作系统。

从指定文件读取的值以 STRING 类型变量的形式存储在应用程序提供的读取缓冲区中。将应用程序中的读取缓冲区声明为 ARRAY 类型的二维 STRING。使用输入引脚 i_stTableReadValues 提供数组的维度并向功能块提供指向该数组的指针。

执行功能块时，输入引脚 i_stTableReadValues.pbyTable 存储在内部以供日后使用。如果在执行功能块时检测到在线更改事件（q_xBusy=True），则会以输入的当前值来更新内部使用的变量。执行功能块时应注意，不得将 i_stTableReadValues.pbyTable 重新分配给另一个存储区。

要读取的文件必须仅包含 ASCII 字符，以有助于确保应用程序中的文件内容被正确提供。文件在开头处可包含字节顺序标记（BOM），用于指示已处理的文件编码。ASCII 编码的文件不包含 BOM。功能块检查指定的文件是否包含特定 BOM。如果文件包含以下其中一个 BOM，则会取消功能块的执行，并显示错误：FE　FF　hex、FF　EF　hex

或 EF　BB　BF　hex。

使用输入引脚 i_stReadParameter 来确定要读取的数据量。可以读取文件的全部内容，也可以选择单个记录（行）、单个列或单个值来读取。另外，还可以仅读取由输出引脚 q_stFileInformation 提供的文件信息。应注意的是此功能在执行读取操作之前擦除数组。

2. FB_Csv 注意事项

读取 CSV 文件时的注意事项：

1）仅支持采用 ASCII 编码的 CSV 文件。不会检查文件编码是否为实际的 ASCII 编码。如果文件包含不属于 ASCII 字符代码集的字符，则应用程序提供的值无效。

2）从文件中读取的这些值作为 STRING 值存储在应用程序中，甚至适用于数值。在处理这些值之前，应将它们转换成合适的数据类型。为此，最好用 STRING_TO_ 转换功能。这些转换功能根据目标数据类型的要求使用 STRING 值的特定语法。创建文件时，应考虑以上要求，以便简化对读取值的处理。

3）由于文件操作进程较为耗时，为了避免影响应用程序中那些注重时间的控制功能，请为这些进程创建优先级较低的独立任务。有关任务管理的更多信息，请参阅您控制器编程指南中相关章节的系统和任务看门狗。

4）超时参数 i_timTimeout 用于监控读取操作。如果在 FB_CsvRead 功能块执行期间超过所指定的超时值，读取操作便会被取消，而功能块则生成错误消息。为了选择合适的超时参数值，请考虑让读取操作包含多个任务循环。这样，只需要计算所需任务循环数与任务时间间隔的乘积，就能得出超时参数的最小值。

5）循环的数量除了取决于要读取文件的大小之外，还取决于 GPL 中参数 Gc_uiCsvReadProcessingBlockSize 可以指定的处理块大小。将文件的内容分析拆分为多个读取操作，可减小单个任务循环的负荷。在每个读取操作期间，处理一个数据块，如有需要，可将该数据块存储到缓冲区。处理块越大，文件读取所需的循环就越少。但若处理块较大，也会增加单个读取操作的执行时间。

6）指定作为定界符的字符代码不应作为值的一部分。

7）只要功能块的输出引脚 q_xBusy 指示为 True，就不要处理通过 i_stTableReadValues.pbyTable 提供的缓冲区数据。

8）不要同时以不同的功能块访问同一个文件。使用输出引脚 q_xBusy 来锁定不同功能块的执行。

3. FB_Csv_Read 功能块引脚描述

FB_Csv_Read 功能块引脚描述见表 9-26。

表 9-26　FB_Csv_Read 功能块引脚描述

输入	数据类型	描　　述
i_xExecute	BOOL	功能块在该输入的上升沿对指定的 CSV 文件执行读取操作
i_sFilePath	STRING[255]	CSV 文件的路径。如果指定的文件名不包含扩展名，则功能块会添加扩展名 .CSV
i_stReadParameter	ST_CsvReadParameter	指定要从文件中读取的内容
i_timTimeout	TIME	在经过这个时间之后，会取消执行。如果值为 T#0s，则应用默认值 T#2s
i_stTableReadValues	ST_CsvTable	用于将应用程序提供的缓冲区传送到功能块的结构

（续）

输出	数据类型	描　　述
q_xDone	BOOL	如果此输出设置为 True，则执行已成功完成
q_xBusy	BOOL	如果此输出设置为 True，则正在执行功能块
q_xError	BOOL	如果此输出设置为 True，则检测到错误
q_etResult	ET_Result	以数字值的形式提供诊断和状态信息。如果 q_xBusy=True，该值指示状态。如果 q_xDone 或 q_xError=True，该值指示结果

4. ST_CsvReadParameter 结构体介绍

ST_CsvReadParameter 结构体用于指定利用 FB_CsvRead 功能块从 CSV 文件读取的内容，ST_CsvReadParameter 信息见表 9-27。

表 9-27　ST_CsvReadParameter 信息

名称	数据类型	描　　述
sDelimiter	STRING[5]	指定用作两个值之间的定界符、分隔符的字符代码
etReadMode	ET_CsvReadMode	指定要从 CSV 文件中读取的内容。注意：此功能在执行读取操作之前擦除数组
udiNumOfRow	UDINT	指定要读取的行的编号，这个值与以下相关：oET_ReadMode.OneRow oET_ReadMode.OneValue

5. ET_CsvReadMode 介绍

枚举类型 ET_CsvReadMode 定义要利用 FB_CsvRead 功能块从 CSV 文件读取的内容，ET_CsvReadMode 信息见表 9-28。

表 9-28　ET_CsvReadMode 信息

名称	值（INT）	描　　述
AllValues	0	从 CSV 文件读取所有值。文件必须受到记录数和列数限制，如结构体 ST_CsvTable 中的 uiNumOfRows 和 uiNumOfColumns 下所指定的那样
OneRow	1	从 CSV 文件读取一行（一个记录）。必须使用 ST_CsvReadParameter 的 udiNumOfRow 指定行号。行号可以大于 uiNumOfRows（结构 ST_CsvTable）。文件的列数必须在结构 ST_CsvTable 的 uiNumOfColumn 中指定
OneColumn	2	从 CSV 文件读取一列。必须使用 ST_CsvReadParameter 的 udiNumOfColumn 指定列号。列号可以大于 uiNumOfColumns（结构 ST_CsvTable）。文件的行数必须在结构 ST_CsvTable 的 uiNumOfRows 中指定
OneValue	3	从 CSV 文件读取一个值。必须使用 ST_CsvReadParameter 的 udiNumOfRow 和 udiNumOfColumn 指定行号和列号。这两个值都可以大于结构体 ST_CsvTable 中的 uiNumOfRows 和 uiNumOfColumns
GetFileInformation	4	仅检索与文件内容有关的信息。未读取任何值。扫描整个文件，以确定行和列的总数。在文件的行数和列数方面，功能块不予以限制

6. ST_CsvTable 结构体介绍

ST_CsvTable 结构体用于将应用程序提供的缓冲区传送到相应的功能块。为了防止因指针访问存储器而最终招致的非法访问，利用算术运算符 SIZEOF 和目标缓冲区来确定 udiSizeOfTable 的值，见表 9-29。

表 9-29　ST_CsvTable 信息

名称	数据类型	描　述
pbyTable	POINTER TO BYTE	指向应用程序提供的缓冲区（类型为 STRING 的二维 ARRAY）的指针
uiNumOfRows	UINT	指定表格中的行数（记录数）
uiNumOfColumns	UINT	指定表格中每行（记录）的值数量
udiSizeOfTable	UDINT	指定表格的总大小（以字节计）

9.5.4　FB_CsvWrite 功能块

1. FB_CsvWrite 功能块描述

FB_CsvWrite 功能块用于将值写入位于控制器文件系统上的或者扩展存储器（例如，SD 存储卡）上的 CSV 文件，它还能够创建新文件。

要写入文件中的数据作为 STRING 类型的变量存储在应用程序提供的缓冲区。将应用程序中的缓冲区声明为 ARRAY 类型的二维 STRING。使用输入引脚 i_stTableWriteValues 提供数组的维度并向功能块提供指向该数组的指针。

执行功能块时，输入引脚 i_stTableReadValues.pbyTable 存储在内部以供日后使用。如果在执行功能块时检测到在线更改事件（q_xBusy=True），则会以输入的当前值更新内部使用的变量。执行功能块时应注意，不得将 i_stTableReadValues.pbyTable 重新分配给另一个存储区。

二维数组表示由行和列组成的表格结构。每行表示一个记录。列数表示一个记录可以拥有值的最大数量。

输入引脚 i_stWriteParameter 提供用于控制写入操作的参数。通过参数 sDelimiter 指定定界符的字符代码，定界符用于分隔文件的各个值。参数 etModeFileOpen 的值让您能够指定数据是否需要添加到现有文件或者是否要创建新文件。通过参数 uiNumOfRows 和 uiNumOfColumns 指定要写入的数据量。

插入字符代码 LF（0A hex），可以在两个记录之间调用换行符。

2. FB_CsvWrite 注意事项

写入 CSV 文件时的注意事项：

1）由于文件操作进程较为耗时，为了不影响应用程序中那些注重时间的控制功能，请为这些进程创建优先级较低的独立任务。有关任务管理的更多信息，请参阅控制器编程指南中相关章节的任务看门狗内容。

2）超时参数 i_timTimeout 用于监控写入操作。如果在功能块执行期间超过所指定的超时值，写入操作便会取消，而功能块则会指示错误。为了选择合适的超时参数值，请考虑让写入操作包含多个任务循环。这样，只需要计算所需任务循环数与任务时间间隔的乘积，就能得出超时参数的最小值。

3）循环的数量除了取决于要写入的数据量之外，还取决于 GPL 中参数 Gc_uiCsvWriteProcessingBlockSize 可以指定的处理块大小。将文件的数据写入拆分为多个写入操作，可减小单个任务循环的负荷。在每个写入操作期间，处理一个数据块，并将该数据块写入文件。处理块越大，文件创建和写入所需的循环就越少。但若处理块较大，也增加了每个写入操作的执行时间。

4）只要功能块的输出引脚 q_xBusy 指示为 True，就不用处理通过 i_stTableReadVal-ues.pbyTable 提供的缓冲区数据。

5）不要同时以不同的功能块访问同一个文件。使用输出引脚 q_xBusy 锁定不同功能块的执行。

3. FB_CsvWrite 引脚介绍

FB_CsvWrite 引脚描述见表 9-30。

表 9-30　FB_CsvWrite 引脚描述

输入	数据类型	描　述
i_xExecute	BOOL	功能块打开或创建指定的 CSV 文件，并在此输入的上升沿将指定内容写入到此文件中
i_sFilePath	STRING[255]	CSV 文件的路径。如果指定的文件名不包含扩展名，则功能块会添加扩展名 .csv
i_stWriteParameter	ST_WriteParameter	指定 CSV 文件的打开模式以及要写入文件中的内容
i_timTimeout	TIME	在经过这个时间之后，会取消执行。如果值为 T#0s，则应用默认值 T#2s
i_stTableWriteValues	ST_CsvTable	用于将应用程序提供的缓冲区传送到功能块的结构
输出	数据类型	描　述
q_xDone	BOOL	如果此输出设置为 True，则执行已成功完成
q_xBusy	BOOL	如果此输出设置为 True，则正在执行功能块
q_xError	BOOL	如果此输出设置为 True，则检测到错误。有关详细信息，请参阅 q_etResult 和 q_etResultMsg
q_etResult	ET_Result	以数字值的形式提供诊断和状态信息。如果 q_xBusy=True，该值指示状态。如果 q_xDone 或 q_xError=True，该值指示结果
q_sResultMsg	STRING[80]	以文本消息的形式提供附加的诊断和状态信息
q_udiFileSize	UDINT	提供近期处理的文件大小（以字节计）

4. ST_CsvWriteParameter 介绍

结构体 ST_CsvWriteParameter 用于配置由功能块 FB_CsvWrite 执行的写入操作，见表 9-31。

表 9-31　ST_CsvWriteParameter 结构描述

名称	数据类型	描　述
sDelimiter	STRING[5]	指定插入在两个值之间的分隔符的字符代码
etModeFileOpen	ET_ModeFileOpen	指定用于 CSV 文件打开或创建的写入模式
udiNumOfRow	UDINT	指定应写入的行数。如果这个值为 0，则会将参数 i_stBufferWriteValues. uiNumOfRows 指定的行写入到文件
udiNumOfColumn	UDINT	指定每行应写入的列数。如果这个值为 0，则会将参数 i_stBufferWriteValues. uiNumOfColumns 指定的列写入到文件

5. ET_ModeFileOpen 介绍

ET_ModeFileOpen 指定文件打开模式见表 9-32。

表 9-32　ET_ModeFileOpen 指定文件打开模式

名称	值（INT）	描　述
NotSet	0	未设置任何模式
Append	1	打开现有文件，添加指定内容。如果文件不存在，则功能块显示错误
AppendPlus	2	对于 Append，打开现有文件，并利用 AppendPlus 添加指定内容，如果文件不存在，则创建新文件
Create	3	创建文件，写入指定内容。如果文件已存在，则功能块显示错误
CreatePlus	4	对于 Create，创建文件，并利用 CreatePlus 写入指定内容，如果文件已存在，则覆盖内容

9.6　JSON 协议及应用

9.6.1　JSON 协议介绍

JSON（JavaScript Object Notation，JavaScript 对象简谱），如图 9-31 所示。

JSON 是一种轻量级的数据交换格式。易于人阅读和编写，可以在多种语言之间进行数据交换，同时也易于机器解析和生成，并有效地提升网络传输效率。任何支持的类型都可以通过 JSON 来表示，例如字符串、数字、对象、数组等。但是对象和数组是

图 9-31　JSON

比较特殊且常用的两种类型。JSON 可以将 JavaScript 对象中表示的一组数据转换为字符串，然后就可以在网络或者程序之间轻松地传递这个字符串，并在需要的时候将它还原为各编程语言所支持的数据格式，如图 9-31 所示。

Modicon M262 控制器支持 File Format Utilities，使 OEM 厂商能够轻松地部署面向工业物联网的机器。与 Modicon M262 控制器配套的编程软件 ESME 集成并实现 JSON File Handling 的库 FileFormatUtilities。

9.6.2　FileFormatUtilities 库

添加 FileFormatUtilities 库，在 ESME 软件中，在工程的库管理器里添加 FileFormatUtilities 库，如图 9-32 所示。

9.6.3　FB_CreateJsonFormattedString 功能块

1. FB_CreateJsonFormattedString 功能块的功能描述

FB_CreateJsonFormattedString 功能块用于创建 JSON 格式 STRING。所创建的 STRING 只能作为 ASCII 码文本串来处理。此功能块不提供任何参数，但会提供用于控制过程和监视状态的方法和属性。功能块的实例仅用于保持在依次处理相关方法或属性期间会访问的局部变量。因此，不需要在应用程序代码中调用功能块，如图 9-33 所示。

2. Copy 方法描述

将当前 JSON 格式 STRING 复制到应用程序中的指定缓冲区。返回值为数据类型 UDINT，指示已复制到指定缓冲区的字节数。如果返回值为 0，则评估属性 Result。如果指定缓冲区的大小小于当前 JSON 格式 STRING 的长度，则不复制数据，见表 9-33。

图 9-32　添加 FileFormatUtilities 库

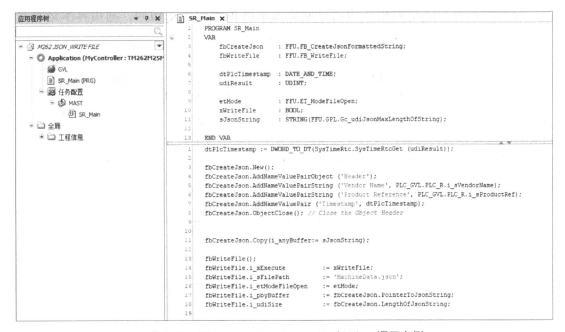

图 9-33　FB_CreateJsonFormattedString 调用实例

表 9-33　Copy 方法描述

输入	数据类型	描　　述
i_anyBuffer	ANY	应用程序提供的缓冲区，数据应被复制到此缓冲区中。支持具有大小适当的数据类型 ARRAY 和 STRING

3. New 方法描述

创建包含一对花括号 {} 的新 STRING。调用 New 方法时，会覆盖现有的 STRING。如果功能被成功执行，则返回值为 True。如果返回值为 False，则评估属性为 Result。

9.6.4 FB_WriteFile 功能块

1. FB_WriteFile 功能块描述

FB_WriteFile 功能块用于控制器文件系统或者扩展存储器（例如，SD 存储卡）上打开或创建文件，并将指定内容写入此文件中。文件格式和要写入的内容对功能块没有影响。枚举类型 ET_ModeFileOpen 枚举的值让您能够指定数据是否要添加到现有文件或者是否要创建新文件。要写入文件中的内容由指针提供到应用程序存储器中用来存储数据的缓冲区。数据的大小以字节为单位指定，不得超过缓冲区的大小。

2. 使用 FB_WriteFile 功能块注意事项

在控制器文件系统中或者在扩展存储器中打开或创建文件时，应考虑以下限制要求：

1）在功能块的输出引脚 q_xBusy 指示 True 之前，不要更改通过输入 i_pbBuffer 提供的来自缓冲区的数据。

2）不要同时以不同的功能块访问同一个文件。使用输出引脚 q_xBusy 来锁定不同功能块的执行。

3. FB_WriteFile 功能块引脚介绍

应注意：为了防止因指针访问存储器而最终招致的非法访问，利用算术运算符 SIZEOF 和目标缓冲区来确定 i_udiSize 的值，如以下示例所示：

fbWriteFile.i_pbyBuffer:=ADR（abyBuffer）;

fbWriteFile.i_udiSize:=SIZEOF（abyBuffer）;

此功能块提供类型为 POINTER TO…或 REFENCE TO…的输入和 / 或输入 / 输出。在使用这种指针或引用的情况下，功能块访问被寻址的存储区。如果是在线更改事件，存储区可能转移到新地址，从而导致指针或引用无效。为了防止与无效指针相关的错误，必须循环更新或者至少在其使用循环开始时更新 POINTER TO…或 REFERENCE TO…类型的变量，FB_WriteFile 引脚描述见表 9-34。

表 9-34 FB_WriteFile 引脚描述

输入	数据类型	描　　述
i_xExecute	BOOL	功能块打开或创建指定的文件，并在此输入的上升沿写入指定内容
i_sFilePath	STRING[255]	文件的路径
i_etModeFileOpen	ET_ModeFileOpen	指定文件的打开模式以及要写入文件中的内容
i_timTimeout	TIME	在经过了这个时间之后，会取消执行。如果值为 T#0s，则应用默认值为 T#2s
i_pbyBuffer	POINTER TO BYTE	指向应用程序提供的缓冲区的指针。它包含要写入文件中的内容
i_udiSize	UDINT	指定要写入的字节数。这个值不得超过缓冲区的大小
输出	数据类型	描　　述
q_xDone	BOOL	如果此输出设置为 True，则执行已成功完成
q_xBusy	BOOL	如果此输出设置为 True，则正在执行功能块
q_xError	BOOL	如果此输出设置为 True，则检测到错误。有关详细信息，请参阅 q_etResult 和 q_etResultMsg
q_etResult	ET_Result	以数字值的形式提供诊断和状态信息。如果 q_xBusy=True，该值指示状态。如果 q_xDone 或 q_xError=True，该值指示结果
q_sResultMsg	STRING[80]	以文本消息的形式提供附加的诊断和状态信息
q_udiFileSize	UDINT	提供近期处理的文件的大小（以字节计）

9.7　XML 协议及应用

9.7.1　XML 协议介绍

XML（Extensible Markup Language，可扩展标记语言），标准通用标记语言的子集，可以用来标记数据、定义数据类型，是一种允许用户对自己的标记语言进行定义的源语言。XML 是标准通用标记语言，可扩展性良好，内容与形式分离，遵循严格的语法要求，保值性良好等优点，如图 9-34 所示。

图 9-34　XML

XML 具有以下特点：

1）XML 可以从 HTML 中分离数据。

2）XML 可用于交换数据。

3）XML 可应用于 B2B 中。

4）XML 可以充分利用数据。

5）XML 可以用于创建新的语言。

施耐德电气 Modicon M262 控制器支持 File Format Utilities，使得 OEM 厂商能够轻松地部署面向工业物联网的机器。与 Modicon M262 控制器配套的编程软件 ESME 集成了实现 XML File Handling 的库 FileFormatUtilities，FileFormatUtilities 库提供用于读取 XML 内容的解析器和分析 XML 代码文件。

9.7.2　FileFormatUtilities 库

1）在 ESME 软件中，工程的库管理器里添加 FileFormatUtilities 库，如图 9-35 所示。

图 9-35　添加 FileFormatUtilities 库

2）在 POU 中，调用功能块、程序实例，如图 9-36 所示。

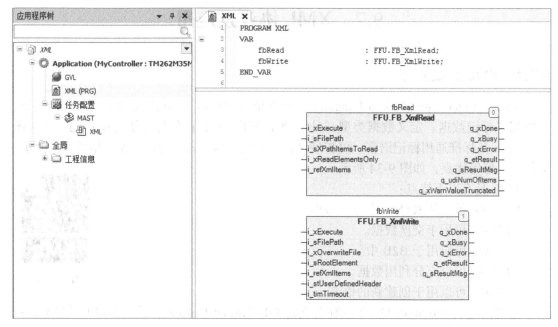

图 9-36　程序实例

9.7.3　FB_XmlRead 功能块

1. FB_XmlRead 功能块描述

FB_XmlRead 功能块用于读取（解析）控制器文件系统中或者扩展存储器（例如，SD 存储卡）中的 XML 文件。XML 文件的内容，即 XML 元素及其属性和值，存储在控制器应用程序存储器中 XmlItems 类型的数组中。必须声明此数组，并将其分配给功能块上的相关输入引脚 i_refXmlItems。应注意：在每个读取操作开始时，会擦除此数组的内容。

执行功能块时，输入引脚 i_refXmlItems 存储在内部以供日后使用。如果在执行功能块时检测出在线更改事件（q_xBusy=True），则会以输入的当前值来更新内部使用的变量。应注意：执行功能块时，不得将 i_refXmlItems 重新分配给另一个变量。通过 GPL 中的参数 Gc_udiXmlMaxNumOfItems 指定可存储在数组中的项目数量（元素与属性的总和）。

数组包含类型为 STRING 的字段，这些字段用于存储元素和属性的名称及值。可以通过全局参数 Gc_uiXmlLengthOfString 指定这些 STRINGs 的长度。如果文件中要读取的值超过指定长度，则会删节原始值。如果有至少一个值被删节，输出引脚 q_xWarnValueTruncated 会给与相应的指示。应注意：只有在输出引脚 q_xDone 为 True 时，输出引脚 q_xWarnValueTruncated 才有效。XML 文件的元素的层级结构由 XmlItems 类型数组中每个项目的参数 uiParentIndex 指示。

2. 使用 FB_XmlRead 功能块注意事项

读取 XML 文件时的注意事项：

1）仅支持采用 ASCII 编码的 XML 文件。

2）空格被视为值，制表符不被视为值。

3）值中不应包含换行符。如果某个值包含换行符，那么在解析时，只会考虑换行符前面的字符。

4）只有元素的名称和其属性以及值会被读取，随后存储在应用程序提供的缓冲区中。其结果是，除元素和属性之外的 XML 对象（如注释和 DOCTYPE 声明）不会被XML 解析器检测到。

5）不支持 CDATA 对象。CDATA 对象的内容被视为开放元素的值。

6）从文件中读取的这些值作为 STRING 值存储在应用程序中。这甚至适用于数值。

在处理这些值之前，应将它们转换成合适的数据类型。为此，最好使用 STRING_TO_ 转换功能。这些转换功能根据目标数据类型要求使用 STRING 值的特定语法。创建文件时，应考虑以上要求，以便简化对读取值的处理。

7）XML 文件的解析进程较为耗时。它的执行与调用此功能块的任务同时进行。因此，解析所需的时间是任务执行时间的一部分。对于单个循环而言，它增加了在执行 FB_XmlRead 功能块时的任务执行时间。取决于文件大小和具体的控制器，任务循环增加的时间可达数秒。为了防止因 XML 文件解析导致其他进程被拦截，应为此功能创建优先级低（>24）的独立任务。此外，考虑是否可以禁用该任务的看门狗，以免在解析过程中出现看门狗例外。

8）只要功能块的输出引脚 q_xBusy 指示为 True，就不要处理通过 i_refXmlItems 提供的缓冲区数据。

9）不要同时以不同的功能块访问同一个文件。通过使用输出引脚 q_xBusy 锁定不同功能块的执行。

3. FB_XmlRead 功能块引脚介绍

FB_XmlRead 功能块引脚描述见表 9-35。

表 9-35　FB_XmlRead 功能块引脚描述

输入	数据类型	描述
i_xExecute	BOOL	功能块在该输入的上升沿对指定的 XML 文件执行读取操作
i_sFilePath	STRING[255]	应读取 XML 文件的路径。如果指定的文件名不包含扩展名，则功能块会添加扩展名 .xml
i_sXPathItemToRead	STRING[255]	用于对元素寻址的 XPath 表达式，这些元素是从 XML 文件读取的元素。默认值：'//*'
i_xReadElementsOnly	BOOL	如果此输入为 True，则读取元素名称及其值，并将这些名称和值存储在应用程序缓冲区；如果此输入为 False，则同样会读取属性及其值，并将这些属性和值存储在应用程序缓冲区
i_refXmlItems	REFERENCE TO XmlItems	应用程序提供的缓冲区，用于存储从指定的 XML 文件读取的元素。每次执行此功能块时，便会擦除缓冲区
输出	数据类型	描述
q_xDone	BOOL	如果此输出设置为 True，则执行已成功完成
q_xBusy	BOOL	如果此输出设置为 True，则正在执行功能块
q_xError	BOOL	如果此输出设置为 True，则检测到错误
q_etResult	ET_Result	以数字值的形式提供诊断和状态信息。如果 q_xBusy=True，该值指示状态。如果 q_xDone 或 q_xError=True，该值指示结果
q_sResultMsg	STRING[80]	以文本消息的形式提供附加的诊断和状态信息
q_udiNumOfItemsRead	UDINT	指示从 XML 文件读取的元素和属性的总数
q_xWarnValueTruncated	BOOL	如果此输出设置为 True，则至少有一个值被删节

9.7.4 FB_XmlWrite 功能块

1. FB_XmlWrite 功能块的描述

FB_XmlWrite 功能块用于创建或覆盖控制器文件系统上的、或者扩展存储器（例如，SD 存储卡）上的 XML 文件。执行功能块时，输入引脚 i_refXmlItems 存储在内部以供日后使用。如果在执行功能块时检测到在线更改事件（q_xBusy=True），则会以输入的当前值来更新内部使用的变量。应注意：执行功能块时，不得将 i_refXmlItems 重新分配给另一个变量。

创建了文件之后，会将控制器应用程序存储器中 XmlItems 类型数组中提供的元素写入到该文件中。在创建的文件中，字符代码 LF（0A hex）用作换行符。将前言 <?xml version="1.0" encoding="ASCII"?> 插入作为由此功能块创建的每个文件的第一行。在前言后面，将 XmlItems 类型数组中提供的 XML 元素，包括其属性和值写入到文件。元素的结构或嵌套由参数 uiParentIndex 指定，该参数是结构体 ST_XmlItem 的一部分。

FB_XmlWrite 功能块提供用于指定根元素的输入引脚 i_sRootElement。如果提供元素的数组不包含根元素或包含包含不止一个根元素，则该功能块非常有用。

1）如果数组中 uiParentIndex 参数的值全部为 0，则允许出现不包含根元素的用例。

2）如果之前从文件只读取了一组子元素，那么可以发生包含不止一个根元素的用例。

除这两种特殊用例之外，元素的定义结构必须一致。否则功能块会取消文件写入，而文件也将被丢弃。对于类型为属性的项目，参数 uiParentIndex 不产生任何影响。为数组中类型为元素的下一个靠上的项目分配属性。

可以使用 i_stUserDefinedHeader 结构体定义附加内容。这些内容写入 XML 文件中的前言与第一个元素之间。这种附加内容可为例如注释（XML 语法）和/或 DOCTYPE 声明（DTD）。

输入引脚 i_xOverwriteFile 让您能够定义是否要覆盖现有文件。如果输入为 False，并且指定的文件已存在，则会取消功能块的执行，并且显示错误。

2. 使用 FB_XmlWrite 功能块的注意事项

写入 XML 文件时的注意事项：

1）文件操作进程较为耗时。为了不影响应用程序中那些注重时间的控制功能，将为这些进程创建优先级较低的独立任务。有关任务管理的更多信息，请参阅您使用的控制器编程指南中的系统和任务看门狗章节。

2）超时参数 i_timTimeout 用于监控写入操作。如果在功能块执行期间超过所指定的超时值，写入操作便会被取消，而功能块则会指示错误。为了选择合适的超时参数值，请考虑让写入操作包含多个任务循环。这样，只需要计算所需任务循环数与任务时间间隔的乘积，就能得出超时参数的最小值。

3）循环的数量除了取决于要写入的数据量之外，还取决于 GPL 中参数 Gc_uiXmlWriteProcessingBlockSize 可以指定的处理块大小。将文件创建拆分为多个写入操作，可减小单个任务循环的负荷。在每个写入操作期间，处理一个数据块，并将该数据块写入文件。处理块越大，文件创建和写入所需的循环就越少。但处理块较大也增加了每个写入操作的执行时间。

4）只要功能块的输出 q_xBusy 指示为 True，就不要处理通过 i_refXmlItems 提供的缓冲区数据。

5）不要同时以不同的功能块访问同一个文件。使用输出 q_xBusy 锁定不同功能块的执行。

3. FB_XmlWrite 功能块引脚介绍

FB_XmlWrite 功能块引脚描述见表 9-36。

表 9-36　FB_XmlWrite 功能块引脚描述

输入	数据类型	描　述
i_xExecute	BOOL	功能块创建指定的 XML 文件，并在输入的上升沿将指定内容写入此文件中
i_sFilePath	STRING[255]	XML 文件的路径。如果指定的文件名不包含扩展名，则功能块会添加扩展名 .xml
i_xOverwriteFile	BOOL	指定是否要覆盖现有文件。将该输入设置为 True，可替换现有文件
i_sRootElement	STRING[GPL.Gc_ui XmlLengthOfString]	在结构为 XmlElements 的数组包含不止一个根元素的情况下创建的根元素
i_stUserDefinedHeader	ST_XmlUserDefinedHeader	该结构包含用户定义的内容，这些内容应写入新建的 XML 文件的开头处
i_timTimeout	TIME	在经过了这个时间之后，会取消执行。如果值为 T#0s，则应用默认值 T#2s
i_refXmlItems	REFERENCE TO XmlItems	应用程序提供的缓冲区，其中包含要写入 XML 文件的内容
输出	数据类型	描　述
q_xDone	BOOL	如果此输出设置为 True，则执行已成功完成
q_xBusy	BOOL	如果此输出设置为 True，则正在执行功能块
q_xError	BOOL	如果此输出设置为 True，则检测到错误。有关详细信息，请参阅 q_etResult 和 q_etResultMsg
q_etResult	ET_Result	以数字值的形式提供诊断和状态信息。如果 q_xBusy=True，该值指示状态。如果 q_xDone 或 q_xError=True，该值指示结果
q_sResultMsg	STRING[80]	以文本消息的形式提供附加的诊断和状态信息

9.8　Email 协议及应用

9.8.1　Email 协议介绍

Email 协议（Electronic Mail，电子邮件）是一种用电子手段提供信息交换的通信方式，是互联网应用最广的服务。通过网络的电子邮件系统，用户可以以非常低廉的价格（不管发送到哪里，只需负担网费）、非常快速的方式（几秒钟之内可以发送到世界上任何指定的目的地）与世界任何一个角落的网络用户联系，如图 9-37 所示。

SMTP（Simple Mail Transfer Protocol，简单邮件传输协议）是维护传输秩序、规定邮件服务器之间进行哪些工作的协议，它的目标是可靠、高效地传送电子邮件。SMTP 独立于传送子系统，并且能够接力传送邮件。

Controller   Email server   Recipient/Sender

图 9-37   EMail

POP（Post Office Protocol，邮局协议）版本为 POP3，POP3 是将邮件从电子邮箱中传输到本地计算机的协议。是 TCP/IP 族中的一员。本协议主要用于支持使用客户端远程管理在服务器上的电子邮件。提供了 SSL 加密的 POP3 协议被称为 POP3S。

IMAP（Internet Message Access Protocol），版本为 IMAP4，是 POP3 的一种替代协议，提供了邮件检索和邮件处理的新功能，用户可以不必下载邮件正文就可以看到邮件的标题摘要，从邮件客户端软件可以对服务器上的邮件和文件夹目录等进行操作。IMAP 协议增强了电子邮件的灵活性，同时也减少了垃圾邮件对本地系统的直接危害，相对节省了用户查看电子邮件的时间。

9.8.2   Email 协议实现方式

施耐德电气 Modicon M262 控制器支持 Email，可直接与云平台相连，使得 OEM 厂商能够轻松地部署面向工业物联网的机器。与 Modicon M262 控制器配套的编程 ESME 软件集成了 Email 客户端功能的库 EmailHandling。

利用 EmailHandling 库提供的电子邮件客户端功能，控制器可以将电子邮件发送至一个或多个收件人，并且可以定制内容。EmailHandling 库允许从电子邮件服务器发送 / 接收 / 删除带有附件的电子邮件。

9.8.3   EmailHandling 库

1）添加 EmailHandling 库。在 ESME 软件中，在工程的库管理器里添加 EmailHandling 库，如图 9-38 所示。

图 9-38   添加 EmailHandling 库

2）在 POU 中，调用功能块、程序实例，如图 9-39 所示。

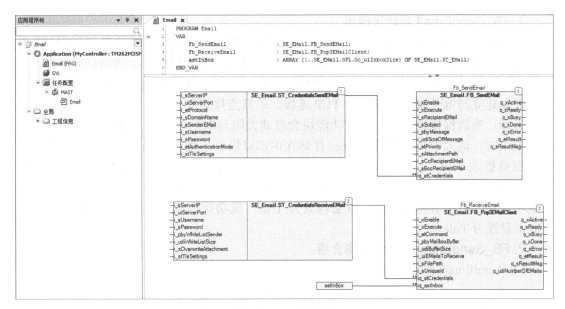

图 9-39　程序实例

3）时序图如图 9-40 所示。

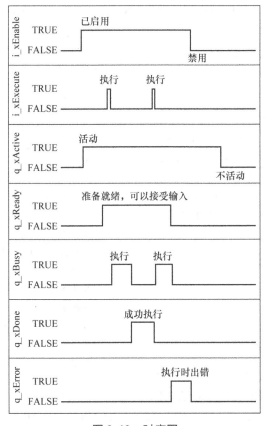

图 9-40　时序图

9.8.4 FB_SendEmail 功能块

1. FB_SendEmail 功能块描述

FB_SendEmail 功能块包括与发送电子邮件相关的功能。每个实例处理一个 SMTP 连接。FB_SendEmail 功能块是与外部电子邮件服务器交互的用户接口，利用它可以发送电子邮件。启用并执行该功能块时，就会利用通过输入 / 输出变量 iq_stCredentials 提交的用户凭据建立与电子邮件服务器的 TCP 连接。一旦连接建立，就会将电子邮件数据传输到服务器。当数据传输完毕时，该功能块会自动关闭与电子邮件服务器的 TCP 连接。执行功能块时，输入引脚 i_pbyMessage 存储在内部以供日后使用。如果在执行功能块时检测到在线更改事件（q_xBusy=True），则会以输入的当前值来更新内部使用的变量。应注意：执行功能块时，不得将输入引脚 i_pbyMessage 重新分配给另一个存储区。只要执行此功能块，输出引脚 q_xBusy 就会设置为 True。成功执行该功能块之后，输出引脚 q_xDone 设置为 True。

2. FB_SendEmail 功能块引脚介绍

FB_SendEmail 功能块引脚描述见表 9-37。

表 9-37　FB_SendEmail 功能块引脚描述

输入	数据类型	描　述
i_xEnable	BOOL	功能块的激活与初始化
i_xExecute	BOOL	功能块在此输入的上升沿发送电子邮件
i_sRecipientEMail	STRING [GPL.Gc_udiRecipientEMailSize]	包含收件人电子邮件地址的字符串[1]
i_sSubject	STRING[200]	邮件主题
i_pbyMessage	POINTER TO BYTE	存储消息的字符串起始地址
i_udiSizeOfMessage	UDINT	消息数据大小
i_etPriority	ET_Priority	枚举，指示为电子邮件指定的优先级
i_sAttachmentPath	STRING[255]	控制器文件系统上附件的绝对或相对路径。如果该字符串为空，则未发送附件
i_sCcRecipientEMail	STRING [GPL.Gc_udiRecipientEMailSize]	为 CC 字段指定的包含收件人电子邮件地址的字符串
i_sBccRecipientEMail	STRING [GPL.Gc_udiRecipientEMailSize]	为 BCC 字段指定的包含收件人电子邮件地址的字符串
输入 / 输出	数据类型	描　述
iq_stCredentials	ST_CredentialsSendEMail	用于传递包含用户名或密码等用户设置的结构
输出	数据类型	描　述
q_xActive	BOOL	如果此功能块活动，则该输出设置为 True
q_xReady	BOOL	如果初始化成功，则该输出在功能块能够接受输入期间一直指示 True 信号
q_xBusy	BOOL	如果此输出设置为 True，则正在执行功能块
q_xDone	BOOL	如果此输出设置为 True，则执行已成功完成
q_xError	BOOL	如果此输出设置为 True，则检测到错误
q_etResult	ET_Result	提供诊断和状态信息
q_sResultMsg	STRING[80]	提供附加诊断和状态信息

3. ST_CredentialsSendEmail 结构体

ST_CredentialsSendEmail 结构体包含针对用户的信息，用于连接外部电子邮件服务器以发送电子邮件，结构描述见表 9-38。

表 9-38　ST_CredentialsSendEmail 结构描述

名称	数据类型	描　　述
i_sServerIP	STRING[GPL.Gc_uiIpStringSize]	外部电子邮件服务器的 IP 地址
i_uiServerPort	UINT	外部电子邮件服务器的端口
i_etProtocol	ET_Protocol	指示协议的枚举
i_sDomainName	STRING[200]	客户端的域
i_sSenderEMail	STRING[200]	发送者的电子邮件地址
i_sUsername	STRING[60]	访问外部电子邮件服务器的用户名
i_sPassword	STRING[60]	访问外部电子邮件服务器的密码
i_etAuthenticationMode	ET_AuthenticationMode	指示身份验证模式的枚举
stTlsSettings	ST_TlsSettings	用于指定 TLS（传输层安全）的结构

4. 注意事项

1）仅支持 ASCII 符号。

2）仅支持 IPv4 IP 地址。

3）EmailHandling 包含地址的指针。

4）不支持接收确认。

5）电子邮件方式的文件收发会导致文件属性丢失。

6）如果收件人地址不存在，则依赖于服务器配置，例如：是否已创建反馈邮件，或者 FB_SendEmail 是否能够创建诊断消息。

7）必须在应用程序中执行电子邮件存档（发送和接收的项目）。不会自动将电子邮件存储在控制器文件系统中，因为电子邮件主要在控制器 RAM（随机存取存储器）中处理。

9.8.5　FB_Pop3EmailClient 功能块

1. FB_Pop3EmailClient 功能块描述

FB_Pop3EmailClient 功能块包括与使用 POP3 接收和删除电子邮件相关的功能。每个实例处理一个 POP3 连接。FB_Pop3EmailClient 功能块是与外部 POP3（电子邮件）服务器交互的用户接口。利用它可以接收和删除电子邮件。通过以附件形式添加接收的电子邮件，能够为以系统内存中的文件为基础的多个系统功能提供所需的信息输入。某些文件扩展名不允许经由 FB_Pop3EmailClient 存储在控制器文件系统中。这适用于控制器自动处理的文件以及系统文件，例如有助于防止意外覆盖的控制器固件。

启用并执行该功能块时，能够通过输入 / 输出引脚 iq_stCredentials 提交的用户凭据建立与 POP3 服务器的 TCP 连接。一旦建立了连接，便会执行输入引脚 i_etCommand 指定的命令。执行功能块时，i_pbyMessage 和 iq_stCredentilas.i_pbyWhiteListSender 处的指针存储在内部以供日后使用。如果在执行功能块时检测到在线更改事件（q_xBusy=True），则会以指针的当前值来更新内部使用的变量。

应注意：①执行功能块时，不得将 i_pbyMessage 和 iq_stCredentilas.i_pbyWhiteList-Sender 重新分配给另一个存储区。当数据传输完毕时，该功能块会关闭到 POP3 服务器的 TCP 连接。从 POP3 服务器中删除接收的电子邮件。②在修改指针 i_pbyMailboxBuffer 的地址以供下次执行之前，处理来自所接收的电子邮件的信息。

功能块 FB_Pop3EmailClient 将所接收的电子邮件的信息保存在由指针 i_pbyMailboxBuffer 寻址的存储区中。缓冲区中包含多个电子邮件的相应信息的位置有结构体 iq_astInbox 中的指针指示。在功能块 FB_Pop3EmailClient 已启用并且检测到在线更改事件的情况下，功能块识别 i_pbyMailboxBuffer 处指针的可能变化，从而相应地更新结构 iq_astInbox 中所提供的指针。

也可以在输入引脚 i_sUniqueId 处以唯一的 ID 指定电子邮件并以 i_etCommand 执行删除命令，以此手动删除电子邮件。通过执行其他命令，可复位 q_astInbox 处可用的包含电子邮件数据引用的收件箱结构。

接收的电子邮件保存在易失性存储器中。断电后，易失性存储器被清除，所有保存的电子邮件也将因此删除。

2. FB_Pop3EmailClient 功能块引脚介绍

FB_Pop3EmailClient 功能块引脚描述见表 9-39。

表 9-39　FB_Pop3EmailClient 功能块引脚描述

输入	数据类型	描　述
i_xEnable	BOOL	功能块的激活与初始化
i_xExecute	BOOL	功能块在此输入的上升沿接收或删除电子邮件
i_etCommand	ET_Command	指示要执行的命令的枚举
i_pbyMailboxBuffer	POINTER TO BYTE	存储来件的第一个字节的起始地址
i_udiBufferSize	UDINT	收件箱缓冲区大小
i_uiEMailsToReceive	UINT	从服务器接收的电子邮件数
i_sFilePath	STRING[200]	创建有文件夹 EmailAttachments 的控制器文件系统中的文件夹路径。接收的电子邮件的附件存储在此文件夹中。无法存储 ET_EmailStatus.InvalidAttachmentExtension 参数定义的文件扩展名 注意：如果所接收附件的名称与此文件夹中已有附件的名称相同，则在全局参数 ST_CredentialsReceiveEmail.i_xOverwriteAttachment 设置为 True 的情况下，旧文件可能被覆盖 如果此字符串为空，则以控制器的默认文件路径创建文件夹 EmailAttachments
i_sUniqueID	STRING[70]	电子邮件删除所需的唯一 ID。在从服务器接收电子邮件之后，输出引脚 q_astInbox 处会显示唯一的 ID
输入 / 输出	数据类型	描　述
iq_stCredentials	ST_CredentialsReceiveEmail	用于传递包含用户名或密码等用户设置的结构
iq_astInbox	ARRAY [1···GPL.Gc_udiInboxSize] OF ST_Email	包含已接收电子邮件信息的结构
输出	数据类型	描　述
q_xActive	BOOL	如果此功能块活动，则该输出设置为 True
q_xReady	BOOL	如果初始化成功，则该输出在功能块运行期间一直指示 True 信号
q_xBusy	BOOL	如果此输出设置为 True，则正在执行功能块
q_xDone	BOOL	如果此输出设置为 True，则执行已成功完成
q_xError	BOOL	如果此输出设置为 True，则检测到错误
q_etResult	ET_Result	提供诊断和状态信息
q_sResultMsg	STRING[80]	提供附加诊断和状态信息
q_udiNumberOfEmails	UDINT	取决于所执行的 i_etCommandET_Command.CheckInbox：指示服务器上可用电子邮件的数量 ET_Command.Receive：指示从服务器接收的电子邮件数量。如果检测到错误，此输出便会提供成功下载的电子邮件数量

3. ST_CredentialsReceiveEmail

ST_CredentialsReceiveEmail 结构体包含针对用户的信息，用于连接外部电子邮件服务器，以便使用 POP3 接收和删除电子邮件，见表 9-40。

表 9-40　ST_CredentialsReceiveEmail 结构描述

名称	数据类型	描　述
i_sServerIP	STRING[GPL.Gc_uiIpStringSize]	外部电子邮件服务器的 IP 地址
i_uiServerPort	UINT	外部电子邮件服务器的端口
i_sUsername	STRING[200]	访问外部电子邮件服务器的用户名
i_sPassword	STRING[60]	访问外部电子邮件服务器的密码
i_pbyWhiteListSender	POINTER TO BYTE	包含白名单地址的字符串的起始地址 如果此列表包含不止一个目录，必须用分号分隔电子邮件地址。单个地址的大小不得超过 200 个字节 若字符串为空，则会拦截所有电子邮件。输入星号与域（*@yourdomain.com）的组合，以允许从此域的发件人那里接收电子邮件。来自其他域的电子邮件会遭到拦截
i_udiWhiteListSize	UDINT	白名单大小
i_xOverwriteAttachment	BOOL	在设置为 True 的情况下，如果从服务器下载名称相同的附件，则 EmailAttachments 文件夹中存储的附件会被覆盖

4. ST_Email

ST_Email 结构体包含接收电子邮件的信息，见表 9-41。

表 9-41　ST_Email 结构描述

名称	数据类型	描　述
q_etEmailStatus	ET_EmailStatus	邮件状态
q_pbyDate	POINTER TO BYTE	包含日期字符串的起始地
q_udiLengthOfDate	UDINT	日期字符串的长度
q_pbySenderEMail	POINTER TO BYTE	包含发件人电子邮件地址字符串的起始地址
q_udiLengthOfSenderEMail	UDINT	发件人电子邮件地址字符串的长度
q_pbySubject	POINTER TO BYTE	包含电子邮件主题的字符串的起始地址
udiLengthOfSubject	UDINT	主题字符串的长度
q_pbyMessage	POINTER TO BYTE	包含电子邮件消息的字符串的起始地址
q_udiLengthOfMessage	UDINT	消息字符串的长度
q_asAttachmentPath	ARRAY [1..GPL.Gc_udi MaxNumberOfAttachments] OF STRING[255]	文件系统上附件的相对或绝对路径
q_audiSizeOfAttachment	ARRAY [1..GPL.Gc_udi MaxNumberOfAttachments] OF UDINT	文件系统上的附件大小
q_sUniqueID	STRING[70]	电子邮件的唯一 ID

9.9 TCP、UDP 及应用

9.9.1 TCP、UDP 介绍

TCP（Transmission Control Protocol，传输控制协议）是一种面向连接的、可靠的、基于字节流的传输层通信协议。旨在适应支持多网络应用的分层协议层次结构。连接不同但互连的计算机通信网络的主计算机中的成对进程之间依靠 TCP 提供可靠的通信服务。TCP 假设它可以从较低级别的协议获得简单的，也许不可靠的数据报服务。原则上，TCP 应该能够在硬线连接分组交换或电路交换网络的各种通信系统上操作。

UDP（User Datagram Protocol，用户数据报协议）是 OSI（Open System Interconnection，开放式系统互联）参考模型中一种无连接的传输层协议，提供面向事务的简单不可靠信息传送服务。它主要用于不要求分组顺序到达的传输中，分组传输顺序的检查与排序由应用层完成，提供面向事务的简单不可靠信息传送服务。UDP 基本是 IP 与上层协议的接口。UDP 适用端口分别运行在同一台设备上的多个应用程序。

UDP 与 TCP 一样用于处理数据包，在 OSI 模型中，两者都位于传输层，处于 IP 的上一层。UDP 有不提供数据包分组、组装和不能对数据包进行排序的缺点，也就是说，当报文发送后，是无法得知其是否安全完整到达的。UDP 用来支持那些需要在计算机之间传输数据的网络应用。包括网络视频会议系统在内的众多的客户 / 服务器模式的网络应用都需要使用 UDP。UDP 从问世至今已经使用了很多年，虽然其最初的光彩已经被一些类似协议所掩盖，但即使在今天 UDP 仍然不失为一项非常实用和可行的网络传输层协议。

9.9.2 TCP 主要特点

TCP 是一种面向广域网的通信协议，目的是在跨越多个网络通信时，为两个通信端点之间提供一条具有下列特点的通信方式：

1）基于流的方式；
2）面向连接；
3）可靠通信方式；
4）在网络状况不佳时尽量降低系统由于重传带来的带宽开销；
5）通信连接维护是面向通信的两个端点的，而不考虑中间网段和节点。

9.9.3 UDP 主要特点

1）UDP 是一个无连接协议，传输数据之前源端和终端不建立连接，当它想传送时就简单地去抓取来自应用程序的数据，并尽可能快地把它扔到网络上。在发送端，UDP 传送数据的速度仅仅是受应用程序生成数据的速度、计算机的能力和传输带宽的限制；在接收端，UDP 把每个消息段放在队列中，应用程序每次从队列中读一个消息段。

2）由于传输数据不建立连接，因此也就不需要维护连接状态，包括收发状态等，因此一台服务机可同时向多个客户机传输相同的消息。

3）UDP 信息包的标题很短，只有 8 个字节，相对于 TCP 的 20 个字节信息包而言 UDP 的额外开销很小。

4）吞吐量不受拥挤控制算法的调节，只受应用软件生成数据的速率、传输带宽、源端和终端主机性能的限制。

5）UDP 是面向报文的。发送方的 UDP 对应用程序交下来的报文，在添加首部后就向下交付给 IP 层。既不拆分也不合并，而是保留这些报文的边界，因此应用程序需要选择合适的报文大小。

6）虽然 UDP 是一个不可靠的协议，但它是分发信息的一个理想协议，广泛用在多媒体应用中。

施耐德电气 Modicon M262 控制器支持 TCP、UDP，使 OEM 厂商能够轻松地部署面向工业物联网的机器。与 Modicon M262 控制器配套的编程软件 ESME 集成了实现 MQTT 客户端功能的库 TcpUdpCommunication。

TcpUdpCommunication 此库提供使用 TCP（传输控制协议）客户端和服务器或 UDP（用户数据报协议）实施基于套接字的网络通信协议的核心功能，在平台支持的情况下，还包括广播和多播。只支持通过控制器 Ethernet 端口进行的基于 IPv4 的通信。

9.9.4 TcpUdpCommunication 库

添加 TcpUdpCommunication 库，在 ESME 软件中，在工程的库管理器中添加 TcpUd-pCommunication 库，如图 9-41 所示。

图 9-41 添加 TcpUdpCommunication 库

9.9.5 FB_TCPClient/ FB_TCPClient2 功能块

1. 功能块描述

库提供两种版本的 FB_TCPClient 功能块。FB_TCPClient2 是增强版本，支持使用 TLS（传输层安全）的连接。是否支持使用 TLS 建立连接取决于使用 FB_TcpClient2 的控制器。两种功能块的工作原理相同，它们在所提供的属性和方法上有一定区别。

通常的命令顺序是首先调用 ConnectConnectTls 方法指定要连接的服务器 IP 和 TCP端口。然后循环地检索 State 属性值，直至属性值不同于 Connecting。如果状态不是 Con-nected，则不能建立连接。验证 Result 属性值以确定原因。必须先调用 Close 方法，然后才能再开始另一次连接尝试。一旦状态为 Connected，并且属性 IsWritable 的值为 True，便可使用 Send 和 Receive 方法交换数据。要验证是否有数据处于读取就绪状态，可使用属性 IsReadable。

Peek 方法在使用方法上与 Receive 方法相同。差别在于 Peek 调用将数据保留在 TCP 栈的接收缓冲区，数据可以读取多次。在实际有数据可用之前无法确定长度时，可以用来确定是否已到达足够的数据以用于处理。如果到达的数据足够进行正确处理，则使用 Receive 方法从接收缓冲区中移除数据，以便为更多的传入数据腾出空间。应检测远程站点是否断开，读取 PeerHasDisconnected 属性的值。如果连接已被服务器关闭，则 State 的值自动更改为 Shutdown。如果发生这种情况，虽然仍可读取剩余未处理的数据，但再也不可发送数据。要正确地关闭连接，请调用 Shutdown 方法。连接的状态更改为 Shutdown，在这种状态下虽然可以读取传入数据，但不能发送更多的数据。如果传入数据已经被读取、处理或者不重要，可调用 Close 方法终止连接。

如果处理的方法不成功，在 Result 属性值中会指出。每次调用方法后必须验证 Result 的值。结果可使用 ResetResult 方法重置为 Ok。应注意：只要属性 Result 的值不等于 Ok，便会阻止所有方法。在这种情况下，会在不影响 Result 属性信息的情形下终止方法的调用。

2. 属性介绍

FB_TCPClient 和 FB_TCPClient2 功能块为它们的监视和控制提供了多个属性。这些功能块属性及成员关系见表 9-42。

表 9-42　FB_TCPClient 和 FB_TCPClient2 功能块属性

名称	数据类型	访问	描　　述
IsReadable	BOOL	读取	指示 Receive 方法已经收到数据但还没有处理
IsWritable	BOOL	读取	指示在连接所处的状态下数据可以发送到服务器
PeerHasDisconnected	BOOL	读取	指示连接已被远程站点关闭。如果属实，将自动调用方法 Shutdown，并且状态更改为 Shutdown
Result	ET_Result	读取	指示上一次方法调用的结果。如果结果不为 Ok，则即使调用了另一个方法，也会保持该结果值
State	ET_State	读取	指示套接字的状态
TotalBytesReceived	ULINT	读取	统计已接收字节的总数（范围：$1 \cdots 2^{64}-1$）
TotalBytesSent	ULINT	读取	统计已发送字节的总数（范围：$1 \cdots 2^{64}-1$）
SockOpt_CustomPort	UDINT	读/写	用于指定通过 FB_TcpClient 打开的连接应绑定的 TCP 端口。如果这个值设置为 0（默认），则使用下一个可用端口
SockOpt_KeepAlive	BOOL	读/写	如果为 True，则指示 TCP 栈定期发送空数据包以验证是否可抵达远程站点。如果不再如此，连接状态更改为 Shutdown 注意：在大多数情况下，设置此选项，以便在远程站点不可达（关机或电缆断开）的情况下，可以检测到这种不可达 注意：如果对服务器禁用了 KeepAlive 套接字选项，则不可为已连接客户端启用
SockOpt_NoDelay	BOOL	读/写	如果为 True，指示 TCP 堆栈发送数据，无需等待收到整个数据包。此选项可以降低吞吐量，但可改善延迟情况，这一点在工业应用中非常重要
SockOpt_ReceiveBufferSize	UDINT	读/写	用于设置或获取栈的接收缓冲区大小。必须总是比一次接收的数据量大，以避免数据丢失。（范围：1 2147483647）
SockOpt_SendBufferSize	UDINT	读/写	用于设置或获取栈的发送缓冲区大小。必须总是比一次发送的数据量大

FB_TCPClient 功能块的其他属性见表 9-43。

表 9-43　FB_TCPClient 功能块的其他属性

名称	数据类型	访问	描　述
BytesAvailableToRead	UDINT	读取	指示接收缓冲区中使用 Receive 方法可读取的字节数。(范围：0…2147483647)
SockOpt_OutOfBandInline	BOOL	读/写	如果为 True，指示 TCP 堆栈将 OutOfBand 数据作为常规数据流的一部分发送

FB_TCPClient2 功能块的其他属性见表 9-44。

表 9-44　FB_TCPClient2 功能块的其他属性

名称	数据类型	访问	描　述
TimeoutConnectTls	UDINT	读取/写入	指示使用方法 ConnectTls 建立连接时的超时(秒)
TlsUsed	BOOL	读取	指示服务器的 TCP 连接是否已使用方法 ConnectTls 来建立

3. 方法介绍

FB_TCPClient2 功能块提供的方法在功能上与 FB_TCPClient 功能块提供的相应方法相同。它们的属性见表 9-45。

表 9-45　FB_TCPClient2 功能块的其他属性

方法	FB_TCPClient	FB_TCPClient2
Close	x	x
Connect	x	x
ConnectTls	−	x
GetBoundIPAddress	x	x
GetBoundPort	x	x
Peek	x	x
Receive	x	x
ReceiveOutOfBand	x	−
ResetByteCounters	x	x
ResetResult	x	x
Send	x	x
SendOutOfBand	x	−
Shutdown	x	x

注：x：受功能块支持　−：不受功能块支持

4. 实现例子

变量声明，如图 9-42 所示。
程序实例，如图 9-43 所示。

```
 TCPClient ×
 1   PROGRAM TCPClient
 2   VAR
 3       xConnect          : BOOL;
 4       xConnectTls       : BOOL;
 5       xClose            : BOOL;
 6       etResult          : TCPUDP.ET_Result;
 7       etState           : TCPUDP.ET_State;
 8       iState            : INT;
 9       fbTcpClient       : TCPUDP.FB_TCPClient2;
10       stTlsSettings     : TCPUDP.ST_TlsSettingsClient;
11       sIp               : STRING(15) := '192.168.1.2';
12       uiPort            : UINT := 12345;
13   END_VAR
```

图 9-42　变量声明

```
 1   CASE iState OF
 2   0: // idle
 3       IF xConnect OR xConnectTls THEN
 4           IF xConnect AND_THEN fbtcpclient.Connect(sIp, uiPort) THEN
 5               iState := 10;
 6           ELSIF xConnectTls AND_THEN fbtcpclient.ConnectTls(sIp, uiPort, stTlsSettings) THEN
 7               iState := 10;
 8           ELSE
 9               iState := 100; // error state
10           END_IF
11           xConnect := xConnectTls := FALSE;
12       END_IF
13
14   10: // connecting
15       CASE fbtcpclient.State OF
16           TCPUDP.ET_State.Connecting:
17           iState := 10; // stay in connecting
18           TCPUDP.ET_State.Connected:
19           iState := 20; // connected
20       ELSE
21           iState := 100; // unexpected state
22       END_CASE
23
24   20: // connected
25       IF xClose OR fbTcpClient.State = TCPUDP.ET_State.Shutdown THEN
26           xClose := FALSE;
27           fbTcpClient.Close();
28       END_IF
29       IF fbTcpClient.State = TCPUDP.ET_State.Closing THEN
30               ;
31       ELSIF fbTcpClient.State = TCPUDP.ET_State.Idle THEN
32           iState := 0;
33       ELSIF fbTcpClient.State <> TCPUDP.ET_State.Connected THEN
34           iState := 100;
35       END_IF
36       (* your code comes here, e.g send data to the connected server *)
37
38   100: // error state
39       (* your code comes here*)
40   END_CASE
41   etResult := fbTcpClient.Result;
42   etState := fbTcpClient.State;
```

图 9-43　程序实例

9.9.6　FB_TCPServer/ FB_TCPServer2 功能块

1.功能块描述
TCP 服务器侦听并处理指定端口上的传入客户端连接。在接收连接后，可从客户端接收数据，并将数据发送到一个或所有客户端。库提供两种版本的 FB_TCPServer 功能块。FB_TCPServer2 功能块是增强版本，支持使用 TLS（传输层安全）的连接。是否支持使用 TLS 建立连接取决于使用 FB_TcpClient2 功能块的控制器。两种功能块的工作原理相同，但它们在所提供的属性和方法上有一定区别。

命令的正常顺序是，首先调用 Open 或 OpenTls 方法，指定 TCP 端口号，并且视情况指定要侦听接口的 IP 地址。然后循环地检索 State 属性值，直至属性值不同于 Opening。如果状态未切换到 Opened，则说明出现了错误。验证 Result 属性值以确定原因。成功后（状态 =Opened），服务器就可以接受传入的连接。这一点由属性 IsNewConnectionAvailable 指示。应用程序必须定期对其进行验证，如果值是 True，则必须调用 Accept 方法。它返回连接源 IP 地址和端口，然后可以用编程的方式确定是否保持连接。已连接客户端的数目可通过用 NumberOfConnectedClients 属性来验证。要验证客户端是否已将数据发送到现在可以读取的服务器，使用属性 IsDataAvailable。方法 ReceiveFromFirstAvailableClient 和 PeekFromFirstAvailableClient 可用于从第一个客户端读取数据，该客户端的数据在不知道客户端 IP 和端口的情况下也可获得。由于应用程序在调用方法前没有确定从哪个客户端读取数据，因此客户端的 IP 和端口用作方法的输出。除非本文另有说明，否则 FB_TCPServer/FB_TCPServer2 功能块方法运行方式与 FB_TCPClient/FB_TCPClient2 功能块相同。SendToSpecificClient 方法可在使用 ReceiveFromFirstAvailableClient 方法收到数据后直接回复特定客户端，因此应用程序必须提供连接 TCP 服务器客户端的 IP 地址和端口，然后它的工作方式类似于 FB_TCPClient/FB_TCPClient2 功能块的 Send 方法。使用 SendToAll 方法，发送数据到已连接的客户端。在使用 SendToAll 方法时，客户端出错将使向该客户端传输数据终止，并返回已发送量的字节。然后通过将已发送字节的总数与待发送数据量和客户端数量的乘积进行比较，可以确定字节是否已发送到客户端。

当 TCP 服务器状态是 Listening 时，必须循环调用方法 CheckClients，以检测客户端是否已经关闭连接。另外可检索 NumberOfConnectedClients 属性。如果已检测到客户端发起断开操作，并且无法从该客户端读取更多的数据，它将关闭，以备建立新的传入连接。否则，保持连接处于可用状态，直到数据已被读取，或者直到已为该连接调用了方法 DisconnectClient。调用方法 DisconnectClient 时，会丢弃从指定客户端接收的尚未处理的数据。

如果方法的处理不成功，Result 属性的值中会指出。每次调用方法后必须验证 Result 的值。结果可使用 ResetResult 方法重置为 Ok。应注意：只要属性 Result 的值不等于 Ok，便会阻止所有的方法。在这种情况下，会在不影响 Result 属性信息的情形下终止方法调用。

2. 属性介绍

FB_TCPServer2 功能块提供的属性在功能上与 FB_TCPServer 功能块提供的属性相同。它们的区别见表 9-46。

FB_TCPServer 功能块的其他属性见表 9-47。

FB_TCPServer2 功能块的其他属性见表 9-48。

3. 方法介绍

FB_TCPServer2 功能块提供的方法在功能上与 FB_TCPServer 功能块提供的方法相同，它们的区别见表 9-49。

表 9-46　FB_TCPServer2 和 FB_TCPServer 功能块属性

名称	数据类型	访问	描　述
IsDataAvailable	BOOL	读取	指示是否可从至少 1 个客户端中读取数据
IsNewConnectionAvailable	BOOL	读取	指示有新的传入连接正等待接收
NumberOfConnectedClients	UINT	读取	返回已连接客户端的数量（包括已断开但具有数据可读的客户端）。（范围：0~GPL.Gc_uiTCPServerMaxConnections）
Result	ET_Result	读取	指示上一次方法调用的结果。如果结果不为 Ok，则即使调用了方法，也不会覆盖值
State	ET_State	读取	指示套接字的状态
TotalBytesReceived	ULINT	读取	统计已接收字节的总数（范围：1…$2^{64}-1$）
TotalBytesSent	ULINT	读取	统计已发送字节的总数（范围：1~$2^{64}-1$）
SockOpt_CustomPort	UDINT	读/写	用于启用/禁用供通过 FB_TcpServer 打开的连接，使用 SO_LINGER 插口选项
SockOpt_KeepAlive	BOOL	读/写	如为 True，则指示 TCP 栈定期发送空数据包以验证是否可抵达远程站点。如果不再如此，连接状态更改为 Shutdown 注意：在大多数情况下，设置此选项，以便在远程站点连接断开（关机或电线被拔下）的情况下，可以检测到这种连接断开 注意：如果对服务器禁用了 KeepAlive 套接字选项，则不可为已连接客户端启用
SockOpt_ReuseAddress	BOOL	读/写	如果为 True，则可以打开服务器，即使端口仍绑定到另一资源，也没有被大量使用
SockOpt_ReceiveBufferSize	UDINT	读/写	用于设置或获取栈的接收缓冲区大小。应总比一次接收的数据量大，以避免数据丢失。（范围：1…2147483647）
SockOpt_SendBufferSize	UDINT	读/写	用于设置或获取栈的发送缓冲区大小。应总比一次发送的数据量大

表 9-47　FB_TCPServer 功能块的其他属性

名称	数据类型	访问	描　述
BytesAvailableToReadFirstAvailableClient	UDINT	读取	指示从具有数据可用的第一个客户端中可读取的字节数。（范围：0…2147483647）
BytesAvailableToReadTotal	UDINT	读取	指示从已连接的客户端中可读取的字节总数（总和）。（范围：0…2147483647）
ConnectedClients	ARRAY [1..GPL.Gc_uiTCPServerMaxConnections] OF ST_ClientConnection	读取	通过阵列返回已连接客户端的信息

表 9-48　FB_TCPServer2 功能块的其他属性

名称	数据类型	访问	描　述
ConnectedClients2	ARRAY [1..GPL.Gc_uiTCPServerMaxConnections] OF ST_ClientConnection2	读取	通过阵列返回已连接客户端的信息
TimeoutAcceptTls	UDINT	读/写	指示在使用方法 OpenTls 打开的端口上使用方法 Accept 接收传入连接时的超时（秒）
TlsUsed	BOOL	读取	指示端口是否已使用方法 OpenTls 打开

表 9-49　FB_TCPServer2 和 FB_TCPServer 功能块方法的比较

方　　法	FB_TCPServer	FB_TCPServer2
Accept	x	x
CheckClients	x	x
Close	x	x
DisconnectAll	x	x
DisconnectClient	x	x
GetBoundIPAddress	x	x
GetBoundPort	x	x
打开	x	x
OpenTls	–	x
PeekFromFirstAvailableClient	x	x
PeekFromSpecificClient	x	x
ReceiveFromFirstAvailableClient	x	x
ReceiveFromSpecificClient	x	x
ReceiveOutOfBandFromFirstAvailableClient	x	–
ReceiveOutOfBandFromSpecificClient	x	–
ResetByteCounters	x	x
ResetResult	x	x
SendOutOfBandToAll	x	–
SendOutOfBandToSpecificClient	x	–
SendToAll	x	x
SendToSpecificClient	x	x

注：x：受功能块支持　 –：不受功能块支持

4. 实现例子

变量声明，如图 9-44 所示。

```
TCPServer  X
1   PROGRAM TCPServer
2   VAR
3       xOpen           : BOOL;
4       xOpenTls        : BOOL;
5       xClose          : BOOL;
6       etResult        : TCPUDP.ET_Result;
7       etState         : TCPUDP.ET_State;
8       iState          : INT;
9       fbTcpServer     : TCPUDP.FB_TCPServer2;
10      stTlsSettings   : TCPUDP.ST_TlsSettingsServer;
11      sIp             : STRING(15) := '';
12      uiPort          : UINT := 12345;
13  END_VAR
14
```

图 9-44　变量声明

程序实例如图 9-45 所示。

```
1    CASE iState OF
2    0: // idle
3        IF xOpen OR xOpenTls THEN
4            IF xOpen AND_THEN NOT fbTcpServer.Open(sIp, uiPort) THEN
5                iState := 100; // error state
6            ELSIF xOpenTls AND_THEN NOT fbTcpServer.OpenTls(sIp, uiPort, stTlsSettings) THEN
7                iState := 100; // error state
8            END_IF
9            xOpen := xOpenTls := FALSE;
10       END_IF
11       IF fbTcpServer.State = TCPUDP.ET_State.Listening THEN
12           iState := 10;
13       END_IF
14
15   10: // listening
16       IF fbTcpServer.State = TCPUDP.ET_State.Idle THEN
17           iState := 0;
18       ELSIF fbTcpServer.State <> TCPUDP.ET_State.Listening AND fbTcpServer.State <> TCPUDP.ET_State.Closing THEN
19           iState := 100; // unexpected state
20       ELSIF fbtcpserver.IsNewConnectionAvailable THEN
21           fbTcpServer.Accept();
22           iState := 20; // state accepting
23       ELSE
24           IF xClose THEN
25               xClose := FALSE;
26               fbTcpServer.Close();
27           END_IF
28           (* your code comes here, e.g. check for data available to read *)
29       END_IF
30
31   20: // accepting
32       IF fbTcpServer.State <> TCPUDP.ET_State.Accepting AND fbTcpServer.State <> TCPUDP.ET_State.Listening THEN
33           iState := 100; // unexpected, go to error state
34       ELSIF fbTcpServer.State = TCPUDP.ET_State.Listening THEN
35           iState := 10;// incoming connection successful accepted
36       END_IF
37
38   100: // error state
39   (* your code comes here*)
40   END_CASE
41   etResult := fbTcpServer.Result;
42   etState := fbTcpServer.State;
```

图 9-45   程序实例

9.9.7   FB_UDPPeer 功能块

1. FB_UDPPeer 功能块描述

正常的命令顺序为先调用 Open 方法。如果调用成功，则可发送消息。若要监听特定端口，必须使用方法 Bind 将套接口绑定到此端口，或者也可以绑定到特定 Ethernet 接口。如果通过所有可用 Ethernet 接口接收消息并自动使用外发接口，则使用空字符串或 0.0.0.0 作为该方法的输入接口。若要发送数据到其他对等设备，使用 Send 方法。第一次从非绑定套接口发送时，将自动绑定该套接口，然后才可使用 Receive 方法。如果运行时支持，则可使用 BoundIPAddress 和 BoundPort 属性请求套接口绑定的 IP 和端口。要验证是否有数据处于读取就绪状态，可使用 IsReadable 和 BytesAvailableToRead 属性。对于 Send 和 Receive 两个方法，应用必须提供缓冲区供 Received 填充，缓冲区中包含 Send 方法将发送的数据。广播无需任何准备就可以发送和接收。多播需要加入组后才能接收多播消息。为此提供了 JoinMulticastGroup 和 LeaveMulticastGroup 方法。如要使用 FB_UDPPeer 功能块发送 UDP 多播包，则将属性 SockOpt_MulticastDefaultInterface 的值设置为用于发送数据包接口的 IP 地址。必须在调用 Open 方法之后以及在首次调用 SendTo 方法之前执行这个操作。应注意：若通过属性 SockOpt_MulticastDefaultInterface 的值来指定多播包的默认接口，则有助于避免将数据包发送到整个可用网络。

Close 方法可用于阻止进一步将数据传输并关闭套接口。如果方法的处理不成功，Result 属性的值中将会指出。每次调用方法后必须验证 Result 的值。结果可使用 ResetResult 方法重置为 Ok。应注意：只要属性 Result 的值不等于 Ok，便会阻止所有方法。在这种情况下，会在不影响 Result 属性信息的情形下终止方法的调用。

2. FB_UDPPeer 功能块属性介绍

FB_UDPPeer 功能块属性见表 9-50。

表 9-50　FB_UDPPeer 功能块属性介绍

名称	数据类型	访问	描　　述
BytesAvailableToRead	UDINT	读取	指示接收缓冲区中使用 Receive 方法可读取的字节数。（范围：0…2147483647）
IsReadable	BOOL	读取	指示 Receive 方法已经收到数据但还没有处理
IsWritable	BOOL	读取	指示在连接所处的状态下数据可以发送到服务器
Result	ET_Result	读取	指示上一次方法调用的结果。如果结果不为 Ok，则即使调用了方法，也不会覆盖值
State	ET_State	读取	指示套接口的状态
TotalBytesReceived	ULINT	读取	统计已接收字节的总数。（范围：$1…2^{64}-1$）
TotalBytesSent	ULINT	读取	统计已发送字节的总数。（范围：$1…2^{64}-1$）
SockOpt_Broadcast	BOOL	读 / 写	使您能够通过 UDP 套接字发送广播数据包。如果结果为 False，Send 方法在发送 UDP 广播消息时将返回错误消息
SockOpt_MulticastDefaultInterface	STRING（15）]	读 / 写	使您能够指定在没有执行促使套接字进行绑定的操作时用于发送多播消息接口的 IP 地址
SockOpt_MulticastLoopback	BOOL	读 / 写	如果设置为 True，已发送的多播消息也会被复制到接收缓冲区，就像它们是由外部 UDP 对等设备发送的一样
SockOpt_MulticastTTL	SINT	读 / 写	指定已发送多播消息的存活时间（TTL）此值可影响数据包的转发范围（范围：0…255）
SockOpt_ReceiveBufferSize	UDINT	读 / 写	设置 UDP 堆栈的接收缓冲区大小。应总比一次接收的数据量大，以避免数据丢失。（范围：1…2147483647）
SockOpt_SendBufferSize	UDINT	读 / 写	设置 UDP 堆栈的发送缓冲区大小。应总比一次发送的数据量大，以避免错误。（范围：1…2147483647）

3. 方法

1）.Bind

2）.Close

3）.GetBoundIPAddress

4）.GetBoundPort

5）.JoinMulticastGroup

6）.LeaveMulticastGroup

7）.Open

8）.ReceiveFrom

9）.ResetByteCounters

10）.ResetResult

11）.SendTo

4. 实现例子

UDPPeer1 变量声明，如图 9-46 所示。

```
UDPPeer1  ×
1    PROGRAM UDPPeer1
2    VAR
3        xOpen            : BOOL ;
4        xSend            : BOOL ;
5        xClose           : BOOL ;
6        fbUdpPeer1       : TCPUDP.FB_UDPPeer ;
7        etResult         : TCPUDP.ET_State ;
8        etState          : TCPUDP.ET_Result ;
9        iState           : INT ;
10       sSendMessage     : STRING ;
11       sIpAddressLocal  : STRING := '120.120.120.13' ;
12       sMulticastIP     : STRING := '224.0.1.38' ;
13       uiPortPeer2      : UINT := 8002 ;
14   END_VAR
```

图 9-46　UDPPeer1 变量声明

UDPPeer1 程序实例，如图 9-47 所示。

```
1    CASE iState OF
2    0 : //idle
3        IF xOpen THEN
4            fbUdpPeer1.Open ( ) ;
5            IF fbUdpPeer1.State = TcpUdp.ET_State.Opened THEN //opened
6                fbUdpPeer1.SockOpt_MulticastDefaultInterface := sIpAddressLocal ;
7                //IP address of the interface from which the packages should be sent
8                iState := 20 ;
9            ELSE
10               iState := 100 ; //error detected
11           END_IF
12       END_IF
13
14   20 : //opened
15       IF xSend THEN //Send from peer1 to multicast group
16           sSendMessage := 'Hello world!' ;
17           fbUdpPeer1.SendTo ( i_pbySendBuffer := ADR (sSendMessage ) ,
18           i_udiNumBytesToSend := INT_TO_UDINT ( LEN ( sSendMessage ) ) ,
19           i_sPeerIP := sMulticastIP ,
20           i_uiPeerPort := uiPortPeer2 ) ;
21           IF fbUdpPeer1.Result <> TcpUdp.ET_Result.Ok THEN
22               iState := 100 ; //error detected
23           END_IF
24       ELSIF xClose THEN
25           fbUdpPeer1.Close ( ) ;
26           IF fbUdpPeer1.State = TcpUdp.ET_State.Idle THEN
27               iState := 0 ; //closed = idle
28           ELSE
29               iState := 100 ; //error detected
30           END_IF
31       END_IF
32
33   100 : //error state
34       (*your code comes here*)
35   END_CASE
36   etResult := fbUdpPeer1.State ;
37   etState := fbUdpPeer1.Result ;
38   xOpen := xSend := xClose := FALSE ;
```

图 9-47　UDPPeer1 程序实例

UDPPeer2 变量声明，如图 9-48 所示。

```
UDPPeer2 ✕
 1   PROGRAM UDPPeer2
 2   VAR
 3       xOpenAndBind            : BOOL ;
 4       xJoinMulticastGroup     : BOOL ;
 5       xReceive                : BOOL ;
 6       xClose                  : BOOL ;
 7       fbUdpPeer2              : TCPUDP.FB_UDPPeer ;
 8       etResult               : TCPUDP.ET_State ;
 9       etState                : TCPUDP.ET_Result ;
10       iState                 : INT ;
11       sReceiveMessage        : STRING ;
12       sIpAddressLocal        : STRING := '120.120.120.13' ;
13       uiPortLocal            : UINT := 8002 ; //Port
14       sMulticastIP           : STRING := '224.0.1.38' ;
15   END_VAR
```

图 9-48　UDPPeer2 变量声明

UDPPeer2 程序实例，如图 9-49 所示。

```
 1   CASE iState OF
 2   0 : //idle
 3       IF xOpenAndBind THEN   //open
 4           fbUdpPeer2.Open ( ) ;
 5           IF fbUdpPeer2.State = TcpUdp.ET_State.Opened THEN
 6               fbUdpPeer2.Bind ( i_sLocalIP := '' , i_uiLocalPort := uiPortLocal ) ; //opened... now bind
 7               IF fbUdpPeer2.State = TcpUdp.ET_State.Bound THEN
 8                   iState := 20 ; //bound
 9               END_IF
10           END_IF
11           IF fbUdpPeer2.Result <> TcpUdp.ET_Result.Ok THEN
12               iState := 100 ; //error detected
13           END_IF
14       END_IF
15
16   20 : //bound
17       IF xJoinMulticastGroup THEN
18           fbUdpPeer2.JoinMulticastGroup ( i_sInterfaceIP := sIpAddressLocal , i_sGroupIP := sMulticastIP ) ;
19           IF fbUdpPeer2.Result <> TcpUdp.ET_Result.Ok THEN
20               iState := 100 ; //error detected
21           END_IF
22       ELSIF xReceive THEN //Receive message
23           fbUdpPeer2.ReceiveFrom ( i_pbyReceiveBuffer := ADR ( sReceiveMessage ) ,
24           i_udiReceiveBufferSize := SIZEOF ( sReceiveMessage ) ) ;
25           IF fbUdpPeer2.Result <> TcpUdp.ET_Result.Ok THEN
26               iState := 100 ; //error detected
27           END_IF
28       ELSIF xClose THEN
29           fbUdpPeer2.Close ( ) ;
30           IF fbUdpPeer2.State = TcpUdp.ET_State.Idle THEN
31               iState := 0 ; //closed = idle
32           ELSE
33               iState := 100 ; //error detected
34           END_IF
35       END_IF
36
37   100 : //error state
38               ('your code comes here')
39   END_CASE
40   etResult := fbUdpPeer2.State ;
41   etState := fbUdpPeer2.Result ;
42   xOpenAndBind := xJoinMulticastGroup := xReceive := xClose := FALSE ;
```

图 9-49　UDPPeer2 程序实例

9.10 DNS 协议及应用

9.10.1 DNS 协议介绍

DNS（Domain Name Server，域名服务器）是互联网的一项服务。它作为将域名和 IP 地址相互映射的一个分布式数据库，能够使人更方便地访问互联网。DNS 使用 UDP 端口 53。当前，对于每一级域名长度的限制是 63 个字符，域名总长度则不能超过 253 个字符，如图 9-50 所示。

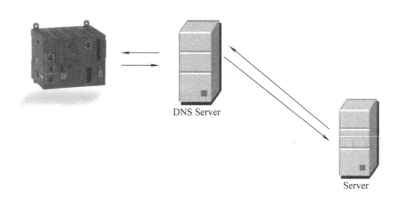

图 9-50 DNS

DNS 是因特网使用的命名系统，用于人们将使用的机器名字转换成为 IP 地址。域名系统其实就是名字系统。为什么不叫"名字"而叫"域名"呢？因为在因特网的命名系统中使用了许多的"域（domain）"，因此就出现了"域名"这个名词。"域名系统"明确地指出这个系统是应用在因特网中，就像拜访朋友要先知道别人家怎么走一样。在 Internet 上，当一台主机要访问另外一台主机时，首先必须获知其地址，TCP/IP 中的 IP 地址是由四段以"."分开的数字组成（此处以 IPv4 的地址为例，IPv6 的地址同理），记起来总是不如名字那么方便，所以就用了域名系统来管理名字和 IP 的对应关系。

施耐德电气 Modicon M262 控制器支持 DNS Client，可直接与 DNS Server 相连，使得 OEM 厂商能够轻松地部署面向工业物联网的机器。与 Modicon M262 控制器配套的编程软件 ESME 集成了实现 MQTT 客户端功能的库 TcpUdpCommunication。

TcpUdpCommunication 库提供使用 TCP（传输控制协议）客户端和服务器或 UDP（用户数据报协议）实施基于套接字的网络通信协议的核心功能，在平台支持下，还包括广播和多播。只支持通过控制器 Ethernet 端口进行的基于 IPv4 的通信。

9.10.2 TcpUdpCommunication 库

1）功能块描述添加 TcpUdpCommunication 库，在 ESME 软件中，工程的库管理器中添加 TcpUdpCommunication 库，如图 9-51 所示。

2）在 POU 中调用功能块如图 9-52 所示。

图 9-51　添加 TcpUdpCommunication 库

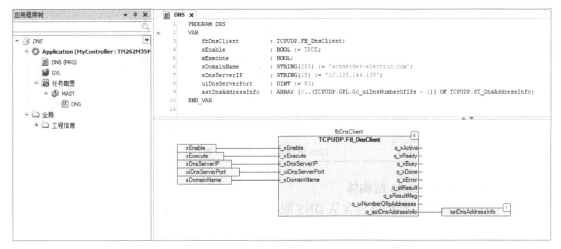

图 9-52　调用功能块

9.10.3　FB_DnsClient 功能块

1. FB_DnsClient 功能块描述

FB_DnsClient 功能块与指定的 DNS 服务器通信，以请求将域名解析为 IPv4 地址。此功能块用于（根据 RFC1035）与 DNS 服务器通信，以便获取对应于指定域名的已注册 IPv4 地址。因此，UDP 套接口打开，并向服务器发送 DNS 请求，该请求由输入引脚 i_sDnsServerIp 和 i_uiDnsServerPort 指定。接收服务器的响应或者达到超时时，套接口便再次关闭。应注意：此功能块支持 DNS 服务器提供的授权和递归响应。如果服务器无法解析域名并且响应接收正确，则解析的 IPv4 地址和相应的存活时间（TTL）在输出引脚 q_astDnsAddressInfo 上可用。为了限制网络通信量，可使用 TTL 值缓存解析的地址。另外，应注意：根据 TTL 提供的信息刷新 IP 缓存。与 DNS 服务器的通信需要通过多个程序循环来完成。功能块的状态由输出引脚 q_xBusy、q_xError 和 q_xDone 指示。只要执行此功能块，输出引脚 q_xBusy 就会设置为 True。成功执行该功能块之后，输出引脚 q_xDone 设置为 True。状态消息和诊断信息使用输出引脚 q_xError（如果检测到错误则为 True）、q_etResult 和 q_etResultMsg 提供。如需确认检测到的错误，应禁用功能块，然后重新启用，以便能够重新尝试解析域名。

2. FB_DnsClient 功能块引脚介绍

FB_DnsClient 功能块引脚描述见表 9-51。

表 9-51　FB_DnsClient 功能块引脚描述

输入	数据类型	描　　述
i_xEnable	BOOL	功能块的激活与初始化
i_xExecute	BOOL	在此输入的上升沿，向 DNS 服务器发送 DNS 请求
i_sDnsServerIP	STRING（15）	指定外部 DNS 服务器的 IP 地址
i_uiDnsServerPort	UINT	指定外部 DNS 服务器的端口。如果未分配引脚，则使用默认值 53
i_sDomainName	STRING（255）	要解析的域名（仅支持 ASCII 符号）
输出	数据类型	描　　述
q_xActive	BOOL	如果此功能块活动，则该输出设置为 True
q_xReady	BOOL	如果功能块已准备好接收执行命令，则为 True
q_xBusy	BOOL	如果此输出设置为 True，则正在执行功能块
q_xDone	BOOL	如果此输出设置为 True，则执行已成功完成
q_xError	BOOL	如果此输出设置为 True，则检测到错误。有关详细信息，请参阅 q_etResult 和 q_etResultMsg
q_etResult	ET_Result	以数字值的形式提供诊断和状态信息
q_sResultMsg	STRING（80）	以文本消息的形式提供附加的诊断和状态信息
q_uiNumberOfIpAddresses	UINT	DNS 服务器返回的 IP 地址数

3. ST_DnsAdressInfo 结构体

ST_DnsAddressInfo 结构体包含从 DNS 服务器接收的解析域名有关的信息，见表 9-52。

表 9-52　ST_DnsAddressInfo 结构体

名称	数据类型	描　　述
sIpAddress	STRING（15）	解析域名的 IP 地址
dwTTL	DWORD	IP 地址的有效时间（TTL）。（指示 IP 地址的缓存时间，单位为秒）

第10章 高级应用

10.1 M262 控制器与 HMI 仿真

10.1.1 M262 控制器通过以太网与计算机上的 Vijeo Designer 仿真连接

对于一个项目，当我们前期准备程序时，如果身边只有 M262 控制器而没有 HMI 时，或者在 M262 控制器项目现场调试时，要测试某个动作是否正确而 HMI 又不在手边时，这时我们可以将计算机（安装有 Vijeo Designer 软件）启动模拟生成，把计算机作为一台 HMI 来使用。但是，需要注意此时的计算机上如果没有 Runtime 授权的话，模拟画面是有时间限制的，如图 10-1 所示。

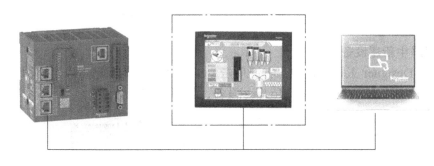

图 10-1　以太网仿真

您可以将设备直接连接到将要模拟目标机器的 PC 编辑器。用这种方法，您可以模拟目标机器与设备之间的通信。这种模拟方法与实际的 Runtime 操作非常接近，因为它可以模拟目标机器与设备之间的通信，并且可以运行在设备上的阶梯程序，如图 10-2 所示。

1. 设置 PLC 的 IP 地址

在"设备树"中，双击"Ethernet_2"，选择固定 IP 地址方式，并配置 IP 地址、子网掩码、网关地址。并且激活安全参数，如图 10-3 所示。

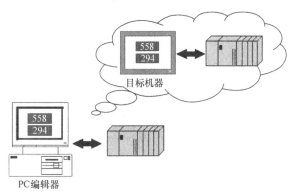

图 10-2　模拟 Runtime

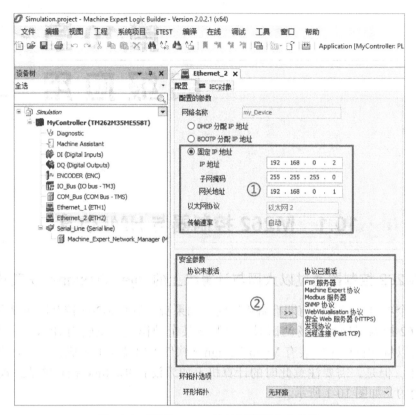

图 10-3　配置 PLC IP 地址并激活安全参数

2. 触摸屏中新建设备

在 Vijeo Designer 工程窗口中，右键单击 I/O 管理器，选择新建驱动程序，驱动程序选择"ModbusTCPIP"，设备选择 Modbus 设备，如图 10-4 所示。

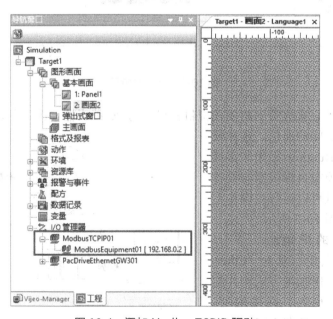

图 10-4　添加 ModbusTCPIP 驱动

3. 新建变量

在 Vijeo Designer 工程窗口中，双击"变量"，新建文件夹"ModbusTCPIP"，分别添加变量使之与 PLC 中的变量地址一一对应起来，如图 10-5 所示。

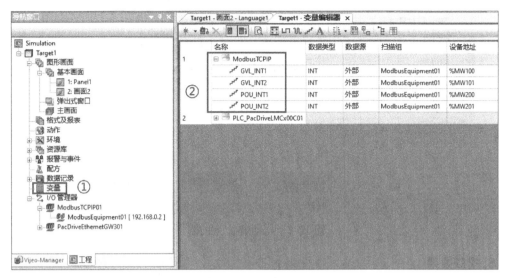

图 10-5 添加变量

4. 新建画面数值显示

在 Vijeo Designer 中，新建"画面"，在画面中添加与 PLC 通信的变量，验证以太网仿真的效果，如图 10-6 所示。

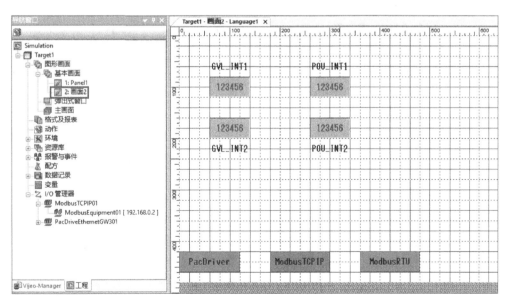

图 10-6 新建画面

5. 启动模拟

在 Vijeo Designer 中，右键单击"Target1"，选择启动模式（生成），启动以太网仿真，如图 10-7 所示。

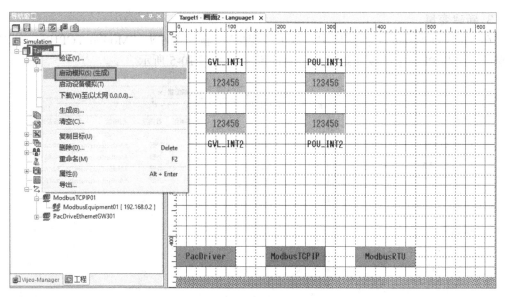

图 10-7　启动模拟（生成）

6. 模拟效果

PLC 在线，Vijeo Designer 启动模拟窗口，可以发现 PLC 中变量的值与 Vijeo Designer 模拟窗口的值一样，如图 10-8 所示，于是计算机通过以太网可以充当一台触摸屏，监控变量的值或者通过 HMI 启动、停止机器。

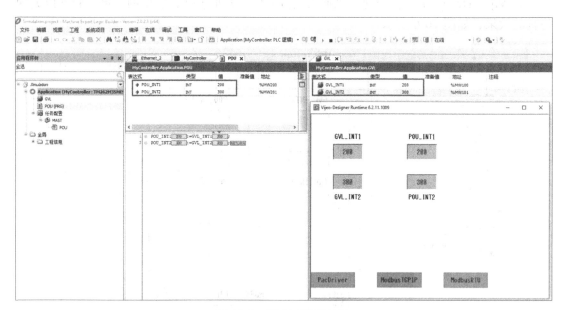

图 10-8　以太网模拟效果

10.1.2　M262 控制器通过串口与计算机上的 Vijeo Designer 仿真连接

M262 控制器本身拥有以太网的同时，又有一个 RJ45 串口。如果 HMI 没有以太网口而有串口时，同样可以将计算机（安装有 Vijeo Designer 软件）启动模拟生成，将计算机作为一台 HMI 使用。也就是说计算机可以通过以太网与 PLC 仿真，也可以通过串口方式与 PLC 仿真，如图 10-9 所示。

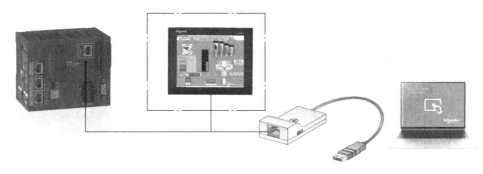

图 10-9　串口仿真

1. 设置串口参数

在"设备树"中，双击"Serial_Line"，配置串行线路，波特率为 19200、偶校验、数据位 8 位、停止位 1 位，物理介质选择 RS485，如图 10-10 所示。

图 10-10　配置 PLC 的串口参数

2. 配置从站地址

在"设备树"中，删除默认的 Machine Expert-Network Manager，添加"Modbus_Manager（Modbus Manager）"，配置 PLC 为从站，从站地址为 1，如图 10-11 所示。

3. 配置计算机串口

打开"计算机管理"，选择"设备管理器"，找到端口（COM 口），双击"TSXC USB 485"，在其属性窗口设好波特率、数据位、奇偶校验位、停止位，使其余 PLC 串口一致，并单击高级设置，将 COM 端口号改为 COM2 口，如图 10-12 所示。

4. 新建设备

在 Vijeo Designer 工程窗口中，右键单击"I/O 管理器"，选择新建驱动程序，驱动程序选择"ModbusRTU"，设备选择 Modbus 设备，如图 10-13 所示。

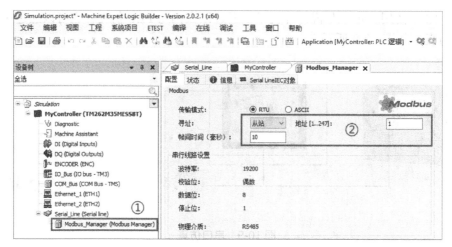

图 10-11　配置 Modbus Manager

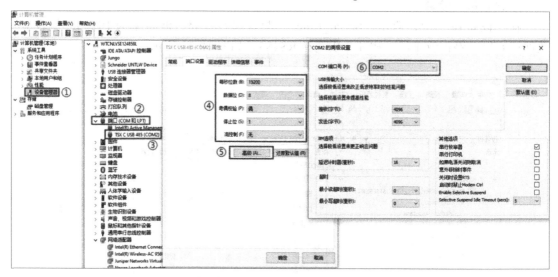

图 10-12　电脑 COM 口设置

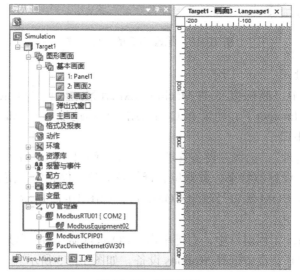

图 10-13　新建驱动

5. 新建变量

在 Vijeo Designer 工程窗口中，双击变量，新建文件夹 "ModbusRTU"，分别添加变量使之与 PLC 中的变量地址——对应起来，如图 10-14 所示。

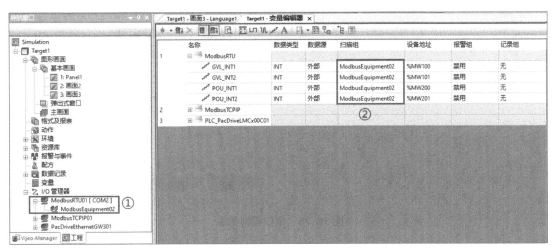

图 10-14　新建变量

6. 启动模拟

在 Vijeo Designer 中，右键单击 "Target1"，选择 "启动模拟（S）（生成）"，启动串口仿真，如图 10-15 所示。

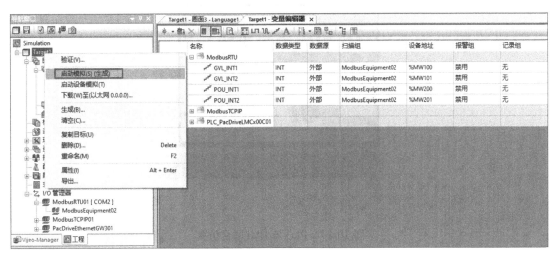

图 10-15　启动串口仿真

7. 模拟效果

PLC 在线，Vijeo Designer 启动模拟窗口，可以发现 PLC 中变量的值与 Vijeo Designer 模拟窗口的值一样，如图 10-16 所示，于是计算机通过串口仿真可以充当一台触摸屏，监控变量的值或者通过 HMI 启动、停止机器。

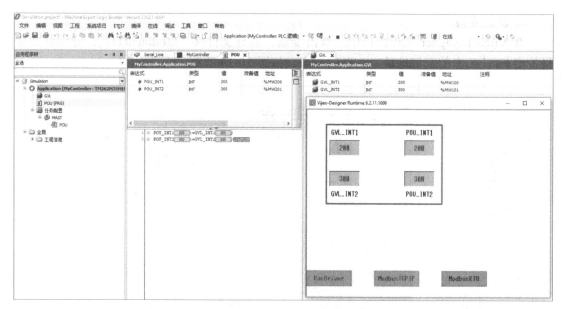

图 10-16　串口模拟效果

10.1.3　ESME 仿真与 Vijeo Designer 仿真连接

对一个项目，当我们准备前期程序时，有可能还没有拿到 PLC 和 HMI 时，而此时需要提前对 PLC 逻辑与 HMI 画面联合仿真时，于是就需要 PLC 与 HMI 一起联合起来仿真，如图 10-17 所示。

图 10-17　PLC 与 HMI 联合仿真

1. 添加符号配置

在已编译好的项目中，添加符号配置表，工具树→右键"Application"→"添加对象"→"符号配置"，如图 10-18 所示。

2. 勾选变量

打开符号配置表，先进行编译，然后勾选需要与 HMI 一起仿真的变量，如图 10-19 所示。

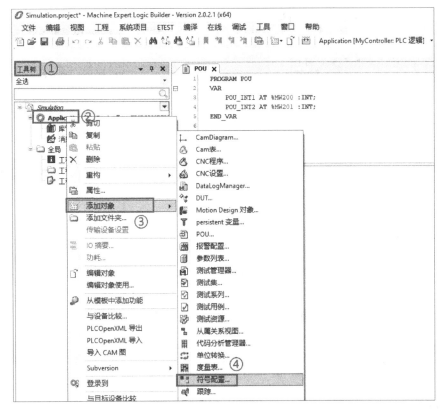

图 10-18　添加符号配置表

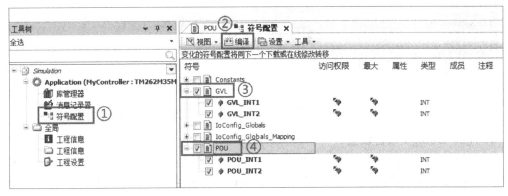

图 10-19　勾选变量

3. PLC 仿真

PLC 设置为仿真模式，"在线"菜单→选择"仿真"，如图 10-20 所示。

4. PLC 仿真的节点名

设置仿真模式时，应注意 PLC 的节点名称，该节点名称只有在图示②中位置可以看到，应注意的是千万不能填写成图示①位置的"NodeName"，在 Vijeo Designer 中，设置节点名称应设置图示②位置的"0000.4001"，如图 10-21 所示。

图 10-20　PLC 设置为仿真模式

图 10-21　PLC 的节点名称

5. Vijeo Design 语言设置

在 Vijeo Designer V6.2.10 中，可以直接用中文版与 PLC 一起仿真，但是在 Vijeo Designer V6.2.11 需要先将设置为英文版，在 Windows 搜索栏中输入 "Language Selection Tool"，如图 10-22 所示。

6. 设置为英语

选择 "English"，单击 Set Language，如图 10-23 所示。

7. 添加设备

在项目中添加驱动，右键单击 "IO Manager" → "New Driver"，如图 10-24 所示。

8. 添加驱动

在 Manufacture 中，选择 "Schneider Electric Industries SAS"，在 "Driver" 中选择 "Pac-Driver-Ethernet"，在 "Equipment" 中选择 "PacDriver LMC x00C"，如图 10-25 所示。

图 10-22　将 Vijeo Designer 设置为英文版

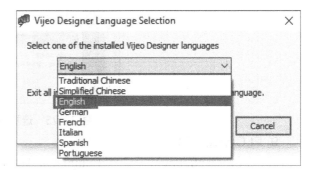

图 10-23　选择 English

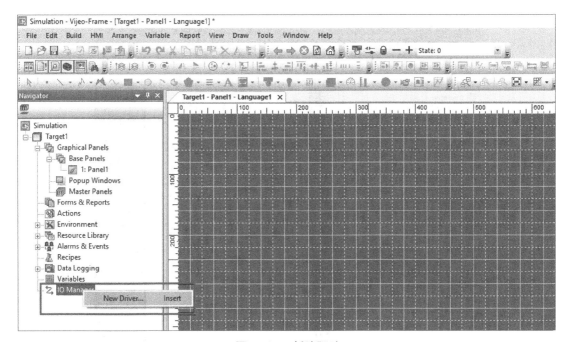

图 10-24　新建驱动

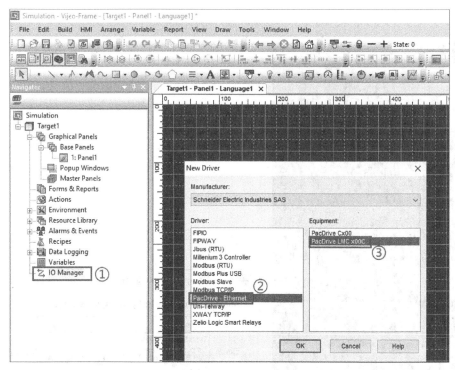

图 10-25　选择驱动

9. PLC 节点名称

在 "PLC Configuration" → "Equipment Address or Node Name" 中填入 PLC 的节点名称 "0000.4001"，如图 10-26 所示。

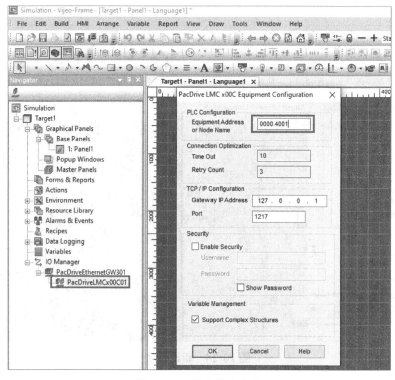

图 10-26　填入节点名称

设备地址：定义与目标机器进行通信的设备地址。

超时：显示目标机器在输出超时错误或发送另一次通信之前等待响应所用的秒数，默认为 10。实际超时时间可能比设置时间短。例如，对于重复发生的通信错误，通信系统可以在超时时间逝去之前最大化输出重试计数。

重试计数：显示当连接断开时目标机器进行重新连接的尝试次数，默认为 3。

网关 IP 地址：定义网络中的网关 IP 地址，默认为 127.0.0.1。

端口：定义用于 TCP/IP 通信的端口，默认为 1217。

10. 连接变量

右键单击"Variable"，选择"Link Variables……"，如果是 PLC 那边变量有变化，则在 Vijeo Designer 的 Variable 选择"Update Link Variable"，如图 10-27 所示。

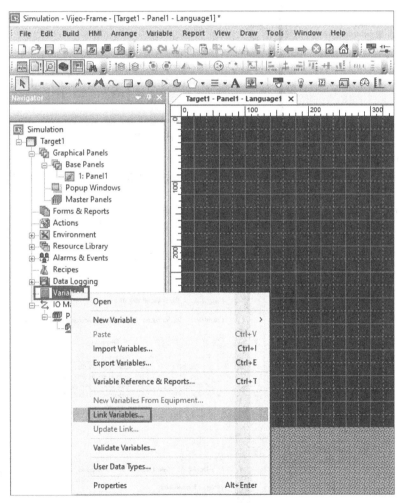

图 10-27　连接变量

11. 选择 PLC xml 文件

选择 PLC 程序文件目录，在"文件类型"中选择"SoMachine Motion symbol files（*.xml）"，选择程序中的 xml 文件，在该 xml 文件中包含了 Machine Expert 的符号配置表中勾选的所有变量，如图 10-28 所示。

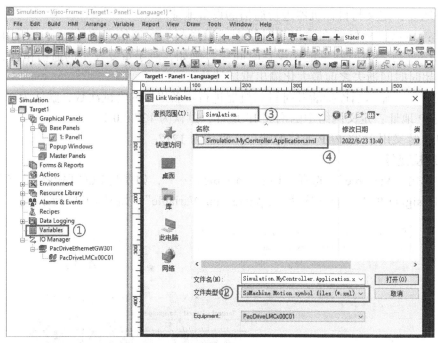

图 10-28　选择 PLC 中的变量表

12. 选择变量

勾选与 HMI 通信的变量，单击"Add"，再单击"Close"，如图 10-29 所示。

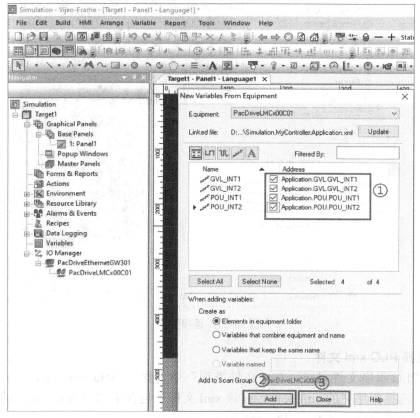

图 10-29　勾选变量

13. 查看选中的变量

此时可以看到 PLC 程序文件目录下的 xml 文件中，变量全部被添加至 Vijeo Designer 的"Variables"中，如图 10-30 所示。

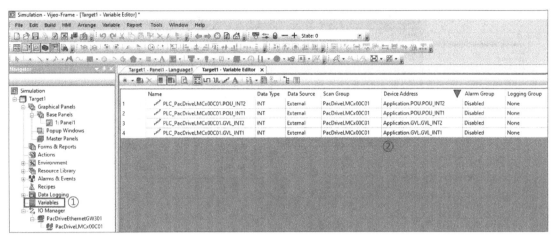

图 10-30　变量表

14. 启动模拟

启动 HMI 的仿真，右键单击"Target1"，选择"Start Simulation（Build）"，如图 10-31 所示。

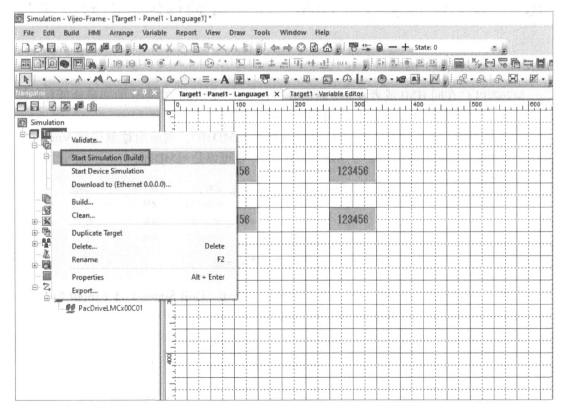

图 10-31　启动模拟

15. 模拟效果

启动仿真后，在 PLC 仿真界面输入变量值，在 HMI 仿真界面可以查看变量值与 PLC 仿真界面的值一致，如图 10-32 所示。

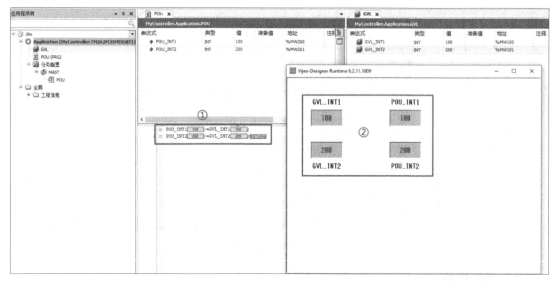

图 10-32   模拟效果

10.2   M262 控制器与 HMI、Scada 通信地址的对应关系

10.2.1   IEC61131 语法

M262 PLC 在同 HMI 或者 Scada 通信时，在 HMI 或 Scada 中创建的变量地址有两种格式，其中一种是同 PLC 变量地址一致的，如图 10-33 所示。

如果是 DINT 时需注意，如 PLC 变量地址是 %MD100，则施耐德触摸屏 Vijeo De-signer 平台这边创建的变量地址可以是 %MW200，也可以是 %MD200。

	名称	数据类型	数据源	扫描组	▲	设备地址	报警组	记录组
1	⊓ BOOL01	BOOL	外部	ModbusEquipment01		%MW0:X0	禁用	无
2	⌇ INT01	INT	外部	ModbusEquipment01		%MW100	禁用	无
3	⌇ DINT01	DINT	外部	ModbusEquipment01		%MW200	禁用	无

图 10-33   同 PLC 地址一致

另外一种同 PLC 变量地址不一致，而是标准的 0（Coil Status）、1（Input Status）、3（Holding Register）、4（Input Register）格式的，如图 10-34 所示。

	名称	数据类型	数据源	扫描组	▲	设备地址	报警组	记录组
1	⊓ BOOL01	BOOL	外部	ModbusEquipment01		40001,00	禁用	无
2	⌇ INT01	INT	外部	ModbusEquipment01		40101	禁用	无
3	⌇ DINT01	DINT	外部	ModbusEquipment01		40201	禁用	无

图 10-34   标准的 0、1、3、4 格式

两种地址格式不同之处在于 Vijeo Designer 中对通信设备的设置不一样，在 M262 PLC 编程中，一般贯彻的是 IEC61131 语法。

IEC61131 语法，International Electrotechnical Commission 国际电工委员会，IEC61131-3 用于规范 PLC（可编程逻辑控制器，Programmable Logic Controller）、DCS（分散控制系统，Distributed Control System）、IPC（进程间通信，Inter-Process Communication）、SCADA（数据采集与监视控制系统，Supervisory Control And Data Acquisition）编程系统的标准。

所以在 Vijeo Designer 通信设备的配置中，如图 10-35 所示。如果勾选"IEC61131 语法"，则地址格式与 PLC 一致或者类似。如图 10-33 所示。如果不勾选"IEC61131 语法"，则地址格式采用标准的 0、1、3、4 格式，如图 10-34 所示。

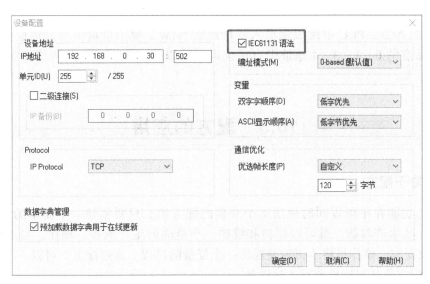

图 10-35　IEC 语法

10.2.2　标准地址格式的对应关系

采用标准地址格式时，M262 PLC 的变量 %IX、%QX、%MX、%MB、%MW、%MD 对应关系见表 10-1、表 10-2。

表 10-1　输入 / 输出地址对应表

M262 地址	标准地址	M262 地址	标准地址
%IX0.0	100000	%QX0.0	000000
⋮	⋮	⋮	⋮
%IX0.7	100007	%QX0.7	000007
%IX1.0	100008	%QX1.0	000008
⋮	⋮	⋮	⋮
%IX1.7	100015	%QX1.7	000015
%IX2.0	100016	%QX2.0	000016
⋮	⋮	⋮	⋮
%IX2.7	100023	%QX2.7	000023

表 10-2　字地址对应表

标准地址	M262 PLC			
400000.7······400000.0	%MX0.7···%MX0.0	%MB0	%MW0	%MD0
400000.15······400000.8	%MX1.7···%MX1.0	%MB1		
400001.7······400001.0	%MX2.7···%MX2.0	%MB2	%MW1	
400001.15······400001.8	%MX3.7···%MX3.0	%MB3		
400002.7······400002.0	%MX4.7···%MX4.0	%MB4	%MW2	%MD1
400002.15······400002.8	%MX5.7···%MX5.0	%MB5		
400003.7······400003.0	%MX6.7···%MX6.0	%MB6	%MW3	
400003.15······400003.8	%MX7.7···%MX7.0	%MB7		

应注意：M262 PLC 中模拟量输入变量地址 %IW、模拟量输出变量地址 %QW，可能无法在标准的 0、1、3、4 地址中直接读取，可以将 %IW、%QW 转移到 %MW 中去读取或者写入。

10.3　配方的应用

10.3.1　关于配方

配方的功能在于可以同时使用多个变量的配方值。只要创建一个简单的用户界面，并且定义一些生产参数，就可以保持和维护一个全面的生产流程。现在，当工作流程改变或需要改变时，操作员将不再需要经历一个复杂的过程。通过配方，可以：

1）将配方值从目标机器写入到设备；

2）将配方值从设备读取到目标机器；

3）在不同的配方间进行切换，然后选择其中一个配方发送到设备，覆盖其当前配方值。

配方管理器提供功能来处理用户定义的以下列表：项目变量、指定的配方定义、配方定义中这些变量的定值集、指定的配方。可将配方用于设置和监视控制器上的控制参数，也可从文件载入它们，或将它们保存至文件。可使用您必须相应配置的可视化元素进行这些交互（输入配置执行命令），也可使用应用程序中的特定配方命令。如果选择了配方，验证配方是否适合将要控制的过程。

10.3.2　配方管理器

将配方管理器对象添加至工具树，可选择"应用程序树"，右键单击"Application"选择"添加对象"，选择"配方管理器"，通过单击添加确认 Add Recipe Manager 对话框，然后将"配方管理器节点"插入工具树下，如图 10-36 所示。

配置配方管理器如图 10-37 所示。

在配置界面可以看到存储类型、文件路径、文件扩展名见表 10-3。

还有分离器、可用列、选择列、箭头按钮、上下按钮、保存等见表 10-4。

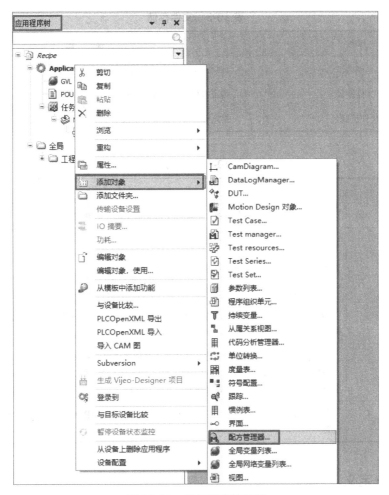

图 10-36 添加配方管理器

图 10-37 配置配方管理器

表 10-3　文件存储

参数	描　述
存储类型	选择文本或二进制存储类型
文件路径	指定将用来存储配方的位置
文件扩展名	指定配方文件的文件扩展名

表 10-4　设置界面

参数	描　述
分离器	对于文本存储，为存储选择的列将由分隔符来分离。选择提议的 6 个选项中的 1 个
可用列	配方定义的所有列，由相应标题来表示
选择列	配方定义的选择列，即要保存的列
	在该部分中至少包含具有当前值的列。无法将其取消选择
箭头按钮	通过选择相应的条目并单击箭头按钮，可将其他列移位至右侧或左侧。也可通过使用双箭头按钮，一次性将所有条目从一侧移动至另一侧
上下按钮	单击按钮来调整所选列的顺序，该顺序为存储文件中列的顺序 将对每个配方在指定文件夹中创建文件 < 配方名称 >.< 配方定义 >.< 文件扩展名 >。在每次重新启动应用程序时，该文件将重新载入配方管理
以默认状态保存	单击另存为默认值按钮，将在该对话框中所做的设置用作另外插入的每个配方管理器的默认设置

10.3.3　配方定义

可将一个或数个配方定义对象添加至配方管理器下方。为此，可右键单击配方管理器，选择添加对象，选择配方定义，在 Add Recipe Definition 对话框中输入名称，并单击添加。双击节点以查看并编辑配方定义，包括单独编辑器窗口中的特定配方，配方定义包含变量列表以及这些变量的 1 个或数个配方（值集）。通过使用不同的配方，可在一次操作中，将另一个值集分配至控制器上的一组变量。对于配方定义、配方以及每个配方的变量没有限制，如图 10-38 所示。

在配方定义中添加变量，或者称为添加配方成分，如图 10-39 所示。

在配方成分中有变量、类型、名称、注释、最小值、最大值和当前值，见表 10-5。

通过选择表格的一个单元格时按下 DEL 键，从表格中删除变量（行）。通过选择单元格的同时按住 CTRL 键，选择多个行。通过复制、粘贴来复制所选行。粘贴命令可将复制的行插在当前选择的行上方。在该情况下，将配方值插入匹配的配方列。将配方添加至配方定义，在关注点位于编辑器视图中时，执行添加新配方命令。对于每个配方，将创建其自身的列，以配方名称为标题。

在线模式下，通过相应地配置可视化元素（输入配置执行命令）或使用 Recipe_Management.library 的功能块 RecipeManCommands 的相应方法更改配方。

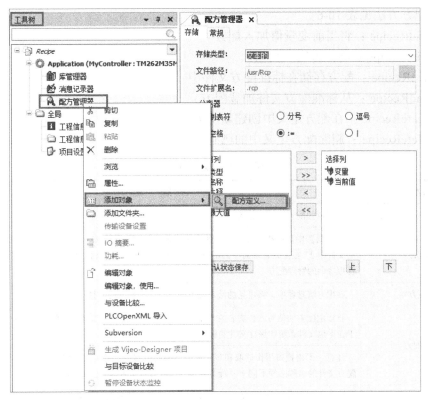

图 10-38　添加配方定义

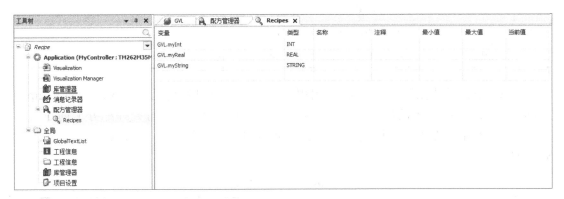

图 10-39　添加配方成分

表 10-5　配方成分

参数	描　　述
变量	在表格中，输入对其定义 1 个或数个配方的数个项目变量。为此在光标处于任何行的任何字段时，使用输入助手插入变量，也可双击变量字段，或者选择并按下空格条进入编辑器模式。输入项目变量的有效名称，例如 GVL. Var。单击…按钮打开输入助手
类型	将自动填写类型字段，也可选择性定义符号名称
名称	可定义符号名称
注释	输入其他信息，例如在变量中记录值的单位
最小值和最大值	可选择性地指定应当允许在该变量上写入的这些值
当前值	在线模式下监视该值

支持配方方法见表 10-6。

- ReadRecipe：将当前变量值加入配方。
- WriteRecipe：将配方写入变量。
- SaveRecipe：配方存储在标准配方文件中。
- LoadRecipe：从标准配方文件加载配方。
- CreateRecipe：在配方定义中创建新配方。
- DeleteRecipe：删除配方定义中的已有的配方。

表 10-6　配方方法

动作	描　述
创建配方（即添加新配方）	将指定的配方定义创建新配方
读配方	从控制器中读取指定配方定义的变量当前值并写入指定配方。即将隐式存储值（在控制器的文件中）。在配方管理器中的配方定义表格中立即监视它们，使用控制器的实际值更新配方管理器中的管理配方
写配方	在配方管理器中，将可见的给定配方的值写入控制器的变量
保存配方	将指定配方的值写入扩展名为 *.txtrecipe 的文件，必须定义该文件的名称。为此，将打开用于在本地文件系统中保存文件的标准对话框
	注意：不得覆盖用作读取和写入配方值的必要缓冲区的显式使用的配方文件。这意味着新配方文件的名称必须不同于 < 配方名称 >.< 配方定义名称 >.txtrecipe
加载配方	可从文件中重新加载已存储在该文件中的配方（请参阅保存配方说明）。为此将打开用于浏览文件的标准对话框。将过滤器自动设置为扩展名 *.txtrecipe。重新加载文件后，在配方管理器中更新相应配方值
删除配方（即移除配方）	将从配方中定义删除指定的配方
更改配方	可更改项目变量的值。借助写入配方操作，使用新值写入相应的项目变量

在线模式下使用配方时，应在应用程序节点或通过可视化元素输入，借助 Recipe_Management.libray 提供的功能块 RecipeManCommands 的方法，可处理配方（创建、读取、写入、保存、加载、删除）。在激活自动保存修改、配方时，在线模式下处理配方，见表 10-7。

表 10-7　激活自动保存

动作	在项目中定义的配方	在运行期间创建的配方
在线热复位	使用当前项目外的值设置所有配方定义的配方	动态创建的配方保持不变
在线冷复位		
下载		
在线初始值复位	将从控制器中删除应用程序。如果此后完成了新下载，将以类似在线热复位的方式恢复配方	
关闭并重新启动控制器	在重启后，将从自动创建的文件重新载入配方。因此关闭前将恢复状态	
在线修改	配方值保持不变。运行期间，仅可通过 RecipeManCommands 功能块的命令修改配方	
停止	在停止 / 启动控制器时，配方保持不变	

未激活自动保存修改到配方时与在线模式下处理配方见表 10-8。

表 10-8 未激活自动保存

动作	在项目中定义的配方	在运行期间创建的配方
在线热复位	使用当前项目外的值设置所有配方定义的配方。但仅限在内存中进行这些设置。为了将配方保存在文件中，必须显式使用保存命令	动态创建的配方丢失
在线冷复位		
下载		
在线初始值复位	将从控制器删除应用程序，如果此后完成了新的下载，将恢复配方	动态创建的配方丢失
关闭并重新启动控制器	在重启后，将以初始值重新加载从项目外的值下载时创建的配方。因此将不会恢复其在关闭前的状态	
在线修改	配方值保持不变。运行期间，仅可通过 RecipeManCommands 功能块的命令修改配方	
停止	在停止 / 启动控制器时，配方保持不变	

10.3.4 RecipeMan 命令

在调用配方命令时，将执行内部数据访问。根据设备类型，将需要数毫秒时间。确认这些调用未由 MAST 任务或未由具有已配置看门狗任务或实时任务执行。此操作有可能导致某个应用程序错误，并且控制器将进入 HALT 状态。请注意：在每次配方更改时，通过选项自动保存修改、配方也将执行文件的访问。如果配方的存储由应用程序触发，则停用该选项。配方命令可具有以下返回值，见表 10-9。

表 10-9 返回值

返回值	描 述
ERR_NO_RECIPE_MANAGER_SET	控制器上没有可用配方管理器
ERR_RECIPE_DEFINITION_NOT_FOUND	配方定义不存在
ERR_RECIPE_ALREADY_EXIST	配方已存在配方定义中
ERR_RECIPE_NOT_FOUND	配方未存在配方定义中
ERR_RECIPE_FILE_NOT_FOUND	配方文件不存在
ERR_RECIPE_MISMATCH	配方文件的内容与当前配方不匹配。该返回值仅在存储类型是文本并且文件中的变量名称与配方定义中的变量名称不匹配时生成。未载入配方文件
ERR_RECIPE_SAVE_ERR	无法通过写入权限打开配方文件
ERR_FAILED	操作不成功
ERR_OK	操作成功

1. CreateRecipe

该方法可在指定的配方定义中新建配方，并在此后将当前控制器的值读入新配方。在结束时，新配方将保存在默认文件中见表 10-10。

返回值：ERR_NO_RECIPE_MANAGER_SET、ERR_RECIPE_DEFINITION_NOT_FOUND、ERR_RECIPE_ALREADY_EXIST、ERR_FAILED、ERR_OK。

表 10-10 配方定义与配方名

参 数	描 述
RecipeDefinitionName :	配方定义的名称
RecipeName :	配方的名称

2. CreateRecipeNoSave

该方法可在指定的配方定义中新建配方，并在此后将当前控制器的值读入新配方见表 10-10。

返回值：ERR_NO_RECIPE_MANAGER_SET、ERR_RECIPE_DEFINITION_NOT_FOUND、ERR_RECIPE_NOT_FOUND、ERR_FAILED、ERR_OK。

3. DeleteRecipe

该方法可从配方定义删除配方见表 10-10。

返回值：ERR_NO_RECIPE_MANAGER_SET、ERR_RECIPE_DEFINITION_NOT_FOUNDERR_RECIPE_NOT_FOUND、ERR_FAILED、ERR_OK。

4. DeleteRecipeFile

该方法可从配方删除标准配方文件见表 10-10。

返回值：ERR_NO_RECIPE_MANAGER_SET、ERR_RECIPE_DEFINITION_NOT_FOUND、ERR_RECIPE_NOT_FOUND、ERR_RECIPE_FILE_NOT_FOUND、ERR_OK。

5. LoadAndWriteRecipe

该方法可从标准配方文件加载配方并在此后将配方写入控制器变量见表 10-10。

返回值：ERR_NO_RECIPE_MANAGER_SET、ERR_RECIPE_DEFINITION_NOT_FOUND、ERR_RECIPE_NOT_FOUND、ERR_RECIPE_FILE_NOT_FOUND、ERR_RECIPE_MIS-MATCH、ERR_FAILED、ERR_OK。

6. LoadFromAndWriteRecipe

该方法可从指定配方文件加载配方并在此后将配方写入控制器变量见表 10-11。

表 10-11　配方定义、配方名及文件名

参　　数	描　　述
RecipeDefinitionName：	配方定义的名称
RecipeName：	配方的名称
FileName：	文件的名称

返回值：ERR_NO_RECIPE_MANAGER_SET、ERR_RECIPE_DEFINITION_NOT_FOUND、ERR_RECIPE_NOT_FOUND、ERR_RECIPE_FILE_NOT_FOUND、ERR_RECIPE_MIS-MATCH、ERR_FAILED、ERR_OK。

7. LoadRecipe

该方法可从标准配方文件加载配方。标准配方文件名为 < 配方 >.< 配方定义 >.< 配方扩展名 >，见表 10-10。

返回值：ERR_NO_RECIPE_MANAGER_SET、ERR_RECIPE_DEFINITION_NOT_FOUND、ERR_RECIPE_NOT_FOUND、ERR_RECIPE_FILE_NOT_FOUND、ERR_RECIPE_MIS-MATCH、ERR_FAILED、ERR_OK。

8. ReadAndSaveRecipe

该方法将当前控制器值读入配方，并在此后将配方存储在标准配方文件中，见表 10-10。

返回值：ERR_NO_RECIPE_MANAGER_SET、ERR_RECIPE_DEFINITION_NOT_FOUND、ERR_RECIPE_NOT_FOUND、ERR_RECIPE_SAVE_ERR、ERR_FAILED、ERR_OK。

9. ReadAndSaveRecipeAs

该方法将当前控制器值读入配方，并在此后将配方存储在指定的配方文件中，将会覆盖现有文件的内容，见表 10-11。

返回值：ERR_NO_RECIPE_MANAGER_SET、ERR_RECIPE_DEFINITION_NOT_FOUND、ERR_RECIPE_NOT_FOUND、ERR_RECIPE_SAVE_ERR、ERR_FAILED、ERR_OK。

10. SaveRecipe

该方法可将配方保存到标准配方文件中，将会覆盖现有文件的内容。标准配方文件名为 < 配方 >.< 配方定义 >.< 配方扩展名 >，见表 10-10。

返回值：ERR_NO_RECIPE_MANAGER_SET、ERR_RECIPE_DEFINITION_NOT_FOUND、ERR_RECIPE_NOT_FOUND、ERR_RECIPE_SAVE_ERR、ERR_FAILED、ERR_OK。

11. ReadRecipe

该方法将当前控制器值读入配方，见表 10-10。

返回值：ERR_NO_RECIPE_MANAGER_SET、ERR_RECIPE_DEFINITION_NOT_FOUND、ERR_RECIPE_NOT_FOUND、ERR_FAILED、ERR_OK。

12. WriteRecipe

该方法将配方写入控制器变量见表 10-10。

返回值：ERR_NO_RECIPE_MANAGER_SET、ERR_RECIPE_DEFINITION_NOT_FOUND、ERR_RECIPE_NOT_FOUND、ERR_FAILED、ERR_OK。

13. ReloadRecipes

该方法可从文件系统重新加载配方列表见表 10-12。

表 10-12 配方定义名称

参　　数	描　　述
RecipeDefinitionName :	配方定义的名称

返回值：ERR_NO_RECIPE_MANAGER_SET、ERR_RECIPE_DEFINITION_NOT_FOUND、ERR_FAILED、ERR_OK。

14. GetRecipeCount

该方法从相应的配方定义返回配方数目见表 10-12。

返回值：-1：，如果未找到配方定义。

15. GetRecipeNames

该方法从相应的配方定义返回配方名称见表 10-13。

表 10-13 返回配方名称

参　　数	描　　述
RecipeDefinitionName :	配方定义的名称
pStrings :	应当在其中保存配方值的字符串
iSize :	字符串数组的大小
iStartIndex :	开始索引

返回值：ERR_NO_RECIPE_MANAGER_SET、ERR_RECIPE_DEFINITION_NOT_FOUND、ERR_FAILED、ERR_OK。

16. GetRecipeValues

该方法从相应配方返回配方变量值见表 10-14。

表 10-14　返回配方变量值

参　　数	描　　述
RecipeDefinitionName :	配方定义的名称
RecipeName	配方的名称
pStrings :	应当在其中保存配方值的字符串
iSize :	字符串数组的大小
iStartIndex :	开始索引，可用于滚动功能
iStringLength :	阵列中字符串的长度

返回值：ERR_NO_RECIPE_MANAGER_SET、ERR_RECIPE_DEFINITION_NOT_FOUND、ERR_RECIPE_NOT_FOUND、ERR_FAILED、ERR_OK。

17. GetRecipeVariableNames

该方法返回相应配方的变量名称见表 10-15。

表 10-15　返回配方变量名称

参　　数	描　　述
RecipeDefinitionName :	配方定义的名称
RecipeName	配方的名称
pStrings :	应当在其中保存配方值的字符串
iSize :	字符串数组的大小
iStartIndex :	开始索引，可用于滚动功能

返 回 值：ERR_NO_RECIPE_MANAGER_SET、ERR_RECIPE_DEFINITION_NOT_FOUND、ERR_RECIPE_NOT_FOUND、ERR_FAILED、ERR_OK。

18. SetRecipeValues

该方法将配方值设置到相应配方中见表 10-15。

返 回 值：ERR_NO_RECIPE_MANAGER_SET、ERR_RECIPE_DEFINITION_NOT_FOUND、ERR_RECIPE_NOT_FOUND、ERR_FAILED、ERR_OK。

19. GetLastError

该方法返回上次检测之前操作的错误。

返回值：ERR_NO_RECIPE_MANAGER_SET、ERR_OK。

20. ResetLastError 该方法将上次检测的错误复位。

返回值：ERR_NO_RECIPE_MANAGER_SET、ERR_OK。

10.3.5　配方示例

1）配方变量声明，如图 10-40 所示。

2）配方程序实例，如图 10-41 所示。

3）Visualization 配方实例如图 10-42 所示。

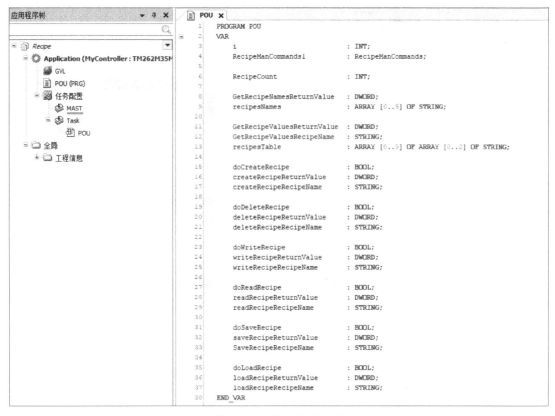

图 10-40　配方变量声明

图 10-41　配方程序实例

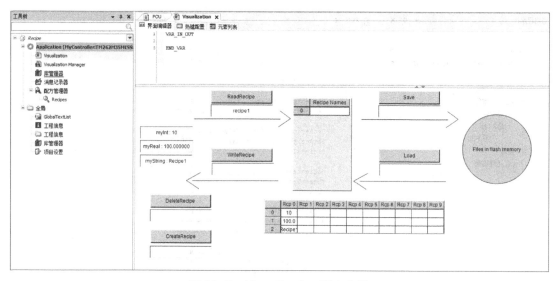

图 10-42　Visualization 配方实例

参 考 文 献

[1] 天津电气传动设计研究所.电气传动自动化技术手册 [M].3 版.北京：机械工业出版社，2011.

[2] 李幼涵.施耐德 EcoStruxture 控制器应用及编程进阶 [M].北京：机械工业出版社，2019.

[3] 王兆宇.深入理解施耐德 TM241/M262 PLC 及实战应用 [M].北京：中国电力出版社，2020.